太湖流域（江苏）
水生态健康评估

张　咏　吕学研　蔡　琨　牛志春　等　著

科学出版社
北　京

内 容 简 介

本书是“十二五”国家水体污染控制与治理科技重大专项课题——“太湖流域（江苏）水生态监控系统建设与业务化运行示范”（2012ZX07506-003）研究成果的系统总结。在回顾国内外生态健康概念及评估方法的基础上，综合考虑水质和生物要素，并结合流域内环境监测机构人员、设备等基础条件，确定服务于江苏省太湖流域水生态环境功能区划的水生态健康监测与评估指标体系。通过系统平台开发，实现数据管理、长期健康变化分析、湖泊生态长期变化模拟及决策辅助支撑等功能的自动化、集成化。

本书可供生态学、环境科学、环境规划与管理学、湖泊生态学以及水生态环境保护等相关领域的科研技术人员、政府部门相关管理人员和高等院校师生阅读和参考。

图书在版编目（CIP）数据

太湖流域（江苏）水生态健康评估 / 张咏等著. —北京：科学出版社，2021.3

ISBN 978-7-03-068448-6

Ⅰ. ①太…　Ⅱ. ①张…　Ⅲ. ①太湖－流域－水环境质量评价－江苏　Ⅳ. ①X824

中国版本图书馆 CIP 数据核字（2021）第 049102 号

责任编辑：王腾飞　石宏杰 / 责任校对：杨聪敏
责任印制：张　伟 / 封面设计：许　瑞

科学出版社 出版
北京东黄城根北街 16 号
邮政编码：100717
http：//www.sciencep.com

北京中石油彩色印刷有限责任公司 印刷
科学出版社发行　各地新华书店经销

*

2021 年 3 月第　一　版　开本：720 × 1000　1/16
2021 年 3 月第一次印刷　印张：14 1/4
字数：288 000

定价：129.00 元

（如有印装质量问题，我社负责调换）

前　言

太湖流域是典型的湖泊型流域之一，位于长江三角洲的南缘，河流纵横交错，湖泊星罗棋布，水面总面积约 5551km^2，水面面积 0.5km^2 以上的大小湖泊共有 189 个，湖泊面积 40km^2 以上的有 6 个。作为流域的中心，太湖承载着流域水资源调蓄与水生态维系的核心作用。太湖蓝藻水华防控以及流域水生态恢复一直是国内外关注的重点。在各级政府的努力下，太湖流域水质逐步改善，管理目标也由水质向水生态健康管理转变。

针对太湖流域管理目标由水质向水生态健康管理转变、施行水生态环境功能分区管理的发展趋势以及流域水生态监测技术薄弱的现状，本书在回顾国内外生态健康概念及评估方法的基础上，基于江苏省太湖流域野外调查数据，采用生物完整性技术思路，从大型底栖无脊椎动物和浮游藻类角度构建江苏省太湖流域不同类型水体的水生态健康评估指标体系。在江苏省太湖流域水质污染尚未发生根本扭转的现状下，综合考虑水质和生物要素，并结合流域内环境监测机构人员、设备等基础条件，确定服务于江苏省太湖流域水生态环境功能区划的水生态健康监测与评估指标体系。利用建立的评估技术方法对流域内的水生态环境功能区开展年度水生态健康状况评估。开发建成水生态监控数据管理系统、水生态健康长期变化分析系统、湖泊生态场景模拟演示系统和水生态辅助管理决策系统等，实现太湖流域水生态监控数据管理、太湖流域水生态物种资源数据管理、太湖流域水生态健康监测与评价方法管理、太湖流域水生生境健康变化分析评价、太湖流域水生生物健康变化分析评价功能、太湖流域水生态环境功能区健康变化分析评价功能、太湖水生态系统动力学模拟、太湖水生态环境功能区场景模拟、太湖水生态情景模拟、太湖流域主要法律法规管理、太湖流域水生态管理辅助决策方案生成。

全书共分为十章。各部分撰写人员如下：前言由张咏撰写；第 1 和第 2 章由吕学研和张咏撰写；第 3 章由陈桥、吕学研和张翔撰写；第 4 章由蔡琨和李继影撰写；第 5 章由吕学研、陈桥、蔡琨和李继影撰写；第 6～8 章由张咏、蔡琨、牛志春和张宏撰写；第 9 章由王策和吕学研撰写；第 10 章由吕学研撰写。全书由张咏和吕学研统稿、定稿。

本书的出版得到“十二五”国家水体污染控制与治理科技重大专项课题——“太湖流域（江苏）水生态监控系统建设与业务化运行示范”（2012ZX07506-003）

资助。撰写过程中，水生态健康监测与评估指标体系建设部分得到了江苏省常州环境监测中心、江苏省苏州环境监测中心和江苏省环境科学研究院的帮助，系统平台开发部分得到了南京师范大学和南京大学的帮助，在此一并致谢。

水生态系统变化是一个长期的过程，需要进行长期监测与动态评估，受限于监测资料和作者水平，书中难免有不妥之处，恳请读者批评指正，以便在今后研究工作中加以改进。

作　者

2020年8月

目　录

第1章　生态健康概念及评估方法

1.1　生态系统健康概念的发展

Kaiser（1997）认为生态系统健康的概念萌芽于苏格兰生态学家 James Hutton 在 18 世纪 80 年代（1788 年）提出的“自然健康”这一理念。Leopold（1941）延续这一思路，对“土地健康”（land health）进行了定义，并使用“土地疾病”（land sickness）这一名词来描述土地功能的紊乱状态，从他的视角看，土地是一种生态系统，即有机体与周围环境构成的关系网，“土壤有机体健康”是指土壤的内部自我更新能力。

刘建军等（2002）述及 Holling 于 1986 年从宏观方面探讨了判定生态系统健康与否的原则，认为健康的生态系统在面对外界干扰时，仍可以保持其自身的结构和生态功能。Karr 等（1986）则将个体生物系统的健康纳入评价范畴，认为对于健康的生态系统，无论是个体生物系统还是整个生态系统，在受到外界干扰时仍然具有自我修复的能力，能自我实现内在的功能，而且状态稳定。

Schaeffer 等（1988）提出了评价生态系统健康的原则及方法，但是没有给出生态系统健康的明确定义，只是简单给出了“没有疾病”（absence of disease）这一模糊的准则。随后，Rapport（1989）在此基础上论述了生态系统健康的内涵，认为生态系统健康是指一个生态系统所具有的稳定性和可持续性，即系统在时间序列上具有的维持其组织结构、自我调节和对胁迫的恢复能力。生态系统健康主要研究生态、环境以及人类可持续发展之间的相互关系等。后来又提出生态系统健康可以通过系统的活力、组织结构和自我恢复能力 3 个特征进行定义。“健康”是指能为人类的生存和发展提供持续良好生态服务的功能。Haskell 等（1992）认为健康的生态系统是稳定的和可持续的，或者说生态系统是活跃的，能保持自身的组织和自主性，具有对胁迫的恢复性能。从系统层次来说，随着时间的推移，生态系统有活力并且能够维持其组织及其自主性，在外界胁迫下容易恢复。

Schaeffer 等（1988）在其论文中，把人类的期望值引入生态系统健康的考查范围，认为生态系统健康是生态学上健康或良好状态的可能性与人类当前期望值之间的重叠程度。Jørgensen 等（1995）提及健康的生态系统应包括以下特征：生长能力、恢复能力和健康的结构，就人类社会而言，一个健康的生态系统可以为人类社会提供生态系统服务支持。Costanza（1992）认为如果生态系统是稳定和持续的，即它是活跃的并且随着时间推移能够维持它的组织结构，对外力胁迫具有抵抗力，并能够在一段时间后自动从胁迫中恢复过来，这样的生态系统就是健康的。Rapport 等（1998）将生态系统健康的概念总结为“以符合适宜标准来定义的一个生态系统的状态、条件或表现”。

国内对生态系统健康的关注较晚，现有的研究多是对国外已有成果的总结，或结合研究对象的具体情况进行相应地改进。肖风劲和欧阳华（2002）认为生态系统健康是一门研究人类活动、社会经济组织、自然系统和人类健康的跨学科综合性的学科。如果一个生态系统是稳定的、持续的、活跃的，能够维持其组织结构，受到干扰后能够在一段时间内自动恢复过来的话，则这个生态系统就是健康的和不受胁迫综合征影响的。高桂芹（2006）认为生态系统健康应表现出多功能性，而且能够为多物种提供生命支持，健康的湖泊生态系统是活跃的，是对压力具有弹性的，特别是对于人类产生的压力，并且总是保持它的有机联系。

1.2 河流、湖泊健康概念的发展

河流、湖泊健康评价的概念是在河流、湖泊生态系统受到严重干扰，从而影响其生态系统服务功能发挥的背景下提出的。从河流、湖泊健康评价的提出背景可以看出，健康评价的重点是河流、湖泊生态系统的健康水平。

1.2.1 河流健康概念的发展

1. 国外河流健康概念的发展

河流健康的概念出现于 20 世纪 80 年代。当时在欧洲和北美，随着社会经济的快速发展，人类对河流的开发程度也日益加剧。由于在开发的同时对河流的保护不够，许多河流出现污染、断流等现象，河流生态系统退化，影响了河流的自然和社会功能，破坏了人类的生存环境，甚至出现了严重不可逆转的生态危机，对社会的可持续发展构成严重威胁。人们在充分认识到河流的价值后开始了河流的保护行动。作为一个新词汇，河流健康是在与人类健康相类比的基础上提出的，其含义尚不十分明确，还处于探讨阶段。

所谓“健康”是指系统在各种不良环境影响中，结构和功能保持相对稳定的状态，并可持续发展、不断完善的特性（Karr，1995）。虽然“健康”一词近几十年来才应用于河流方面，但在许多领域，它已经成为一个指导性观念的象征。将“健康”这一概念引入河流方面并不意味着这些更高水平的系统与个体以同样的方式起作用，而是意味着定义一个功能正常、可持续的系统是可能的。

由于河流健康的概念是伴随生态系统健康的概念出现的，所以起初定义的河流健康着重强调河流生态系统自然属性的健康，属于从生态系统观念出发的河流健康定义。Parsons等（2002）把河流受扰前的原始状态当作健康状态，认为河流健康是指河流生态系统支持与维持主要生态过程，以及具有一定种类组成、多样性和功能组织的生物群落尽可能接近受扰前状态的能力。后来的河流健康概念又把人类作为生态系统的组成部分考虑在内。Karr（1995）认为即使生态系统的完整性有所破坏，但只要其当前与未来的使用价值不退化且不影响其他与之相联系的系统的功能，也可以认为此生态系统是健康的。许多学者即是基于此，在河流健康概念中体现了人类社会价值的判断。Fairweather（1999）认为，河流健康包含着活力、生命力、功能未受损害及其他表述健康的状态，应包含公众对河流的环境期望，河流健康的社会、经济和政治观点在定义河流健康时是必不可少的。Norris和Thoms（1999）强调，河流健康与否必须依赖于社会系统的判断，对其判断应考虑生态功能与人类的福利要求。Meyer（1997）的理解比较全面，他认为健康的河流除了要维持生态系统的结构与功能，还要包括生态系统的社会价值，在健康的概念中涵盖了生态完整性与生态对人类的服务价值。Kevin和Harry（1999）从管理的角度，坚持河流健康管理目标的设定必须以社会期望为基础。这种体现人类价值判断的河流健康理解将河流自然生态特征维护与生态服务功能的持续供给协调起来，认为健康的河流不但要保持生态学意义上的完整性，还应强调为人类生态服务这一功能的发挥。完整性影响生态系统的恢复能力，服务功能是生态系统管理的重要目标之一，两者有机统一有助于实现河流生态系统的良性循环与服务的持续供应，促进人与自然的和谐相处。

刘恒和涂敏（2005）认为澳大利亚新南威尔士州健康河流委员会（Healthy River Commission）关于健康河流的定义具有相当的代表性。他们认为，能够与其环境、社会和经济特征相适应，并能够支撑社会所希望的河流生态系统、经济行为和社会功能的河流为健康河流。

2. 国内河流健康概念的发展

国内关于河流健康的研究尚处于起步阶段，胡春宏等（2005）提出维持黄河健康生命的内涵包括河道的健康、流域生态环境系统的健康、流域社会经济发展与人类活动的健康三个方面。这些概念强调的是维持河流自身生命的健康。

孙治仁和宋良西（2005）认为健康的河流具有以下3个基本特征：一是具有良好的恢复能力和自我维持能力；二是能满足原生生态系统基本的水需求；三是具有相对稳定性，河流特征不出现重大改变，对邻近的生态系统和人类没有大的危害。随着人类社会的发展，健康的河流还必须具有社会经济保障功能的特征，即满足区域或流域人类生产、生活需求。

刘恒和涂敏（2005）认为河流健康的基本范畴表现在 4 个方面：一是水，表现为充足的水量、天然的流态和良好的水质；二是土，表现为河岸和河床条件应当符合自然、稳定、渐变的态势；三是生物，表现为沿河动植物，尤其是水生生物应保持丰富和多样性；四是功能，表现为河流健康的社会经济价值应体现在满足区域或流域生产生活的需要。

高永胜等（2007）认为科学的河流健康内涵应包括 3 个方面内容：一是河流自身的健康程度，主要是指河流的水循环程度和河岸的稳定状况，它是河流生命存在的基础，也是河流实现诸多功能的前提；二是河流对人类社会经济系统的支撑程度，它综合反映了河流对人类社会和经济的贡献，是人类维护河流健康的初衷和意义所在；三是河流对依赖其丰枯而兴衰的流域生态系统的支撑程度，它是河流生命活力的重要标志，并最终影响着流域社会经济的可持续发展。

刘晓燕和张原峰（2006）以黄河为研究对象指出，所谓健康的河流，是指在河流生命存在的前提下，相应时期或河段的人类利益和其他生物利益能够取得平衡的河流，或河流的社会功能与自然生态功能能够取得平衡的河流。河流健康只能是相对意义上的健康，不同背景下的河流健康标准实际上是一种社会选择。

1.2.2 河流健康的评价

1. 国外河流健康评价研究现状

国外对河流健康的研究较早。在早期研究的相当长时间内，河流健康主要从生物物理的生态观点来考虑，河流健康概念及其评价指标大多反映的是河流生态系统健康。表 1.1 总结了目前国外使用较多的河流健康评价方法。

表 1.1 国外河流健康评价方法

国家	评价方法	评价指标	优缺点
澳大利亚	AUSRIVAS	水文地貌（栖息结构、水流状态、连续性）、物理化学参数、无脊椎动物和鱼类集合体、水质、生态毒理学	能预测河流理论上应该存在的生物量，结果易于被管理者理解，但该方法仅考虑了大型无脊椎动物，未能将水质及生境退化与生物条件相联系
	溪流状态指数（ISC）	河流水文学、形态特征、河岸带状况、水质及水生生物	将河流状态的主要表征因子融合在一起，能够对河流进行长期的评价，其缺陷在于只适用于长度为 10～30km 且受扰历时较长的农村河流，缺乏对指标动态性变化的反映，其设定的参照系统是真实的原始状态河道，选择较为主观。指标数量比较少，不能完全揭示河流存在的健康问题
	河流状态调查（SRS）	水文、河道栖息地、横断面、景观休闲和保护价值等方面的内容	从不同的空间尺度上对河流状态进行测量，信息比较全面，不足之处是变量中没有考虑水质和水生生物指标，一些测量参数和生物之间的联系不是很明确

续表

国家	评价方法	评价指标	优缺点
美国	快速生物评价协议（RBPs）	河流着生型藻类、大型无脊椎动物、鱼类及栖息地。对河道纵坡不同河段采用不同的参数设置，每一个监测河段等级数值范围为 0～20，20 代表栖息地质量高	提供了河流着生藻类、大型无脊椎动物和鱼类的检测评价方法和标准，在调查方法中包括栖息地目测评估方法，可推广用于其他地区，但是设定“可以达到的最佳状态”的参照状态比较难确定，对数据要求较高，需要基于大量的实测数据
	生物完整性指数（IBI）	水文情势、水化学情势、栖息地条件、水的连续性以及生物组成与交互作用	当前广泛使用的河流健康状况评价方法之一，可对所研究河流的健康状况做出全面的评价。但各项指标评分主观性较强，指示地域差异大，缺乏有效的统计评判，对分析人员专业要求较高
英国	河岸带、河道、环境目录（RCE）	河岸土地利用方式、河岸宽度、河岸带完整性等 16 个特征值	使用比较简单，不足之处是评分过程人为主观性较大，准确性不高
	河流生态环境调查（RHS）	背景信息、河道数据、沉积物特征、植被类型、河岸侵蚀、河岸带特征以及土地利用	是一种快速评估栖息地的调查方法，适用于经过人工大规模改造的河流，能够较好地将生境指标与河流形态、生物组成相联系，但选用的某些指标与生物的内在联系未能明确，部分用于评价的数据以定性为主，使得数理统计较为困难
	河流无脊椎动物预测与分类计划（RIVPACS）	利用区域特征预测河流自然状况下应存在的大型无脊椎动物，并将预测值与该河流大型无脊椎动物的实测值相比较，从而评价河流健康状况	能较为精确地预测某地理论上应该存在的生物量，但该方法基于河流任何变化都会影响大型无脊椎动物这一假设，具有一定片面性。指标数据要求比较高，需要大量的生物数据及生物与环境变量间关系的研究做基础，在缺少生物数据及相关性研究的地区，该方法的使用受到限制
	河流保护评价系统（SERCON）	自然多样性、天然性、代表性、稀有性、物种丰富度以及特殊特征等指标	用于评价河流的生物和栖息地属性及其自然保护价值，是一种综合性评价方法，但需要大范围的资料收集，对于“自然性”的标准也存在很大争议
南非	河流健康计划（RHP）	河流无脊椎动物、鱼类、河岸植被带、生境完整性、水质、水文、形态等河流生境状况	较好地用生物群落指标来表征河流系统对各种外界干扰的响应，但在实际应用中，部分指标的获取存在一定的困难
	栖息地完整性指数（IHI）	饮水、水流调节、河床与河道的改变、岸边植被的去除和外来植被的侵入等干扰因素的影响	仅从物理生境进行评价，较为片面

2. 国内河流健康评价研究现状

河流健康评价需要依靠由一系列指标构成的指标体系来进行。河流健康评价指标体系的建立应遵循指标选择的原则，以河流健康内涵为依据，以维持河流健康生命为最终目标。可考虑选择以下 3 类指标对河流健康水平进行评价（高永胜等，2007）。

（1）河流地貌特征结构指标。人类对河流的改造，使河流地貌特征发生了很大的改观，引起河流水文水力条件的变化，从而影响了自然河流的水循环程度以及河流稳定状况，引起河流功能的相应改变。因此，河流结构的改变是影响河流健康生命的重要因素。根据自然河流地貌特征和人类活动对河流结构干扰的主要方式，可选择河流横向、纵向和垂向的特征表示。

（2）河流社会经济功能指标。河流的社会经济功能综合反映了河流对人类社会经济的贡献，其大小是评价河流健康生命的主要内容之一。其中，河流社会功能反映了河流防御洪水、抵抗干旱以及维护人类健康等内容，因此可选择表征河流防洪、抗旱以及水质安全等特征指标；河流的经济功能包括河流供水、发电以及养殖等，河流可利用水量是表征这些经济功能大小的主要依据，因此可选用表征河流水量的相关指标表示。

（3）河流生态功能指标。河流的生态功能指河流对流域生态系统的支撑程度，它是健康河流的重要外在表现，也是人们关注河流健康的重点之一。按照空间尺度可将流域生态功能分为河道生态功能、河口生态功能以及流域生态功能。

国内较为典型的河流健康评价指标体系有水利部长江水利委员会提出的健康长江指标体系（水利部长江水利委员会，2005；吴道喜和黄思平，2007）、水利部黄河水利委员会提出的健康黄河指标体系（刘晓燕和张原峰，2006）、水利部珠江水利委员会提出的健康珠江指标体系（金占伟等，2009）、付爱红等（2009）提出的塔里木河流域生态系统健康评价指标体系等。

健康长江指标体系指出，健康的长江是在一定的经济社会发展条件下，具有足够的、优质的水量供给和维持其自身的动力，保持河道和河势的基本稳定，在一定的泥沙、污染物物质输入以及其他外界干扰下，河流生态系统能够承受并自行恢复水体的各种功能，能满足人类合理要求，不致对人类健康和经济社会发展的安全构成威胁或损害。同时健康长江的研究提出了由总目标层、系统层、状态层和要素层构成的健康长江指标体系，从生态保护、防洪安全保障、水资源开发利用 3 个系统提出了河道生态需水量满足程度、水功能区水质达标率、水土流失比例、血吸虫病传播阻断率、水系连通性、湿地保留率、优良河势保持率、通航水深保证率、鱼类生物完整性指数、珍稀水生动物存活状况、防洪工程措施完善率、防洪非工程措施完善率、水资源开发利用率、水能资源利用率 14 个单项指标。该指标体系以河流的整体管理为目标，以流域为评价单元，反映了健康长江管理的总体内容和管理目标。

健康黄河的研究指出，维持黄河健康生命就是要维持黄河的生命能力，黄河的生命力主要体现在水资源总量、洪水造床能力、水流挟沙能力、水流自净能力、河道生态维护能力等方面，同时提出现阶段黄河健康评价指标体系，包括低限流量、河道最大排洪能力、平滩流量、滩地横比降、水质类别、湿地规模、水生生物和供水能力 8 个单项指标。

水利部珠江水利委员会开展健康珠江的研究，提出珠江健康指标体系由自然属性指标和社会属性指标组成。其中，自然属性指标由河流形态稳定性、河流廊道连续性、生态用水保障程度、水功能区达标率和生物多样性指数 5 个指标组成；社会属性指标由防洪达标率、灌溉保证率、供水保证率、通航保证率、水电开发率、洪灾损失率、水土流失率、河道水情变化率和日径流变差系数 9 个指标组成。

付爱红等（2009）结合塔里木河流域生态系统的特点，构建了涵盖目标层、项目层、因素层和指标层 4 个层次的塔里木河流域生态系统健康评价指标体系（表 1.2）。该体系在考虑系统活力、组织结构、恢复力等指标体系共有项目的基础上，还考察了人口动态、人口健康、经济状况以及人类活动健康，更是将当地居民的环境意识以及法律法规的完善程度作为指标体系的组成部分予以考虑。

表 1.2 塔里木河流域生态系统健康评价指标体系

目标层	项目层	因素层	指标层
塔里木河流域生态系统健康综合指数（A）	系统结构（B1）	系统活力（C1）	植被生产力（D1），生物多样性（D2），土壤健康和质量（D3）
		组织结构（C2）	物种多样性（D4），生态复杂性（D5）
		恢复力（C3）	自救能力（D6），恢复能力（D7）
	系统功能（B2）		资源利用率（D8），群落生产力（D9），固氮功能（D10）
	生态系统服务功能（B3）		防风效应（D11），生物多样性（D12），净化功能（D13），调节小气候（D14），药材及薪材（D15），禽群食物承载力（D16）
	社会发展与人类健康指标（B4）	人口动态（C4）	密度（D17），分布（D18），变化趋势（D19），死亡率（D20）
		人口健康（C5）	主要疾病发生程度（D21），文化水平（D22），环境因子对健康的潜在危害（D23），对健康有害的资源的消费限制（D24）
		经济状况（C6）	区域内主要经济活动（D25），经济发展的可持续性（D26），技术发展水平（D27），资源衡却和耗竭产生的经济限制（D28）
		人类活动健康（C7）	土地利用和分布（D29），流域保护（D30），土地退化（D31），公众参与（D32），环境意识（D33），法制完善程度（D34）

1.2.3 湖泊健康概念与评价

湖泊作为重要的水体类型之一，湖泊健康也伴随着河流健康概念的产生而产生，发展而发展。综合来看，湖泊健康的概念与河流健康的概念没有本质上的区别，差异仅体现在一些具体指标的取舍上。湖泊健康概念与河流健康概念本质上的一致性，也直接导致评价方法的一致性与连贯性。从文献资料来看，国内湖泊健康评价研究的重点主要集中在评价方法上。

赵臻彦等（2005）提出生态系统健康指数法这一湖泊生态系统健康评价方法。该方法首先设计了一个 0～100 的生态系统健康指数作为定量尺度，然后通过评价指标选择、各指标生态系统健康分指数计算、各指标权重计算、生态系统健康综合指数计算等基本步骤，评价湖泊生态系统健康状态，并对意大利西西里湖泊群进行生态系统健康评价。胡志新等（2005a，2005b，2005c）基于长期监测资料，计算了表征湖泊生态系统健康的系统能、系统能结构和生态缓冲容量指标以及湖泊营养状态指数，提出了太湖生态系统健康指标阈值和湖泊系统能量健康指数及其健康状况分级，并在梅梁湾分别和营养状态指数法、生物多样性指数法的结果进行比较。

湖泊健康评价的一个重要方面是指标体系的建立。卢媛媛（2006）认为从生态学角度看，健康的湖泊生态系统作为自然-经济-社会复合生态系统是稳定的，对外界不利因素具有抵抗力；从社会经济角度看，健康的湖泊生态系统应具备为人类持续提供完善生态服务功能的能力。由于关注点不同，指标体系的建立也存在较大的差异。金苗等（2009）在对兴庆湖生态系统进行健康评价时，仅选择溶解氧、生化需氧量、锌、铅、汞和氨氮等水质指标。李灿等（2011）以湖泊生态系统健康的概念为依据，构建湖泊生态系统健康评价指标体系，主要包含湖泊自身生态特征和服务功能两方面，共 16 个具体指标。梁延鹏等（2013）选取入湖污染物作为外部指标、营养状态作为环境要素指标、浮游植物和底栖动物作为生态指标，进行桂林市 4 个湖泊生态健康状况评价。王佳（2014）采用基于熵权的综合健康指数法，选取物理化学指标、生态指标和社会经济指标组成指标体系，用 15 项具体指标来评价瀛湖水生态系统健康状况。贺方兵（2015）从区域层面筛选构建了包含总氮（TN）、总磷（TP）、高锰酸盐指数、浮游动物总生物量、底栖动物密度、水生植物覆盖度、叶绿素 a、湖泊补给系数、湖泊水量 9 项指标的湖泊水生态系统健康评价指标体系，并对湖北省 23 个湖泊开展生态健康评价。陈星等（2016）以太湖流域东南部苏州市吴江区的湖泊群为研究对象，在分析浅水湖泊特征的基础上，提出这一类型湖泊生态健康的概念框架，构建湖泊水生态健康评价体系，选择生态因子、环境因子、人类活动干扰与生态建设 4 个要素共 12 个指标描述湖泊健康水平。李雪松（2018）从水文水资源、物理结构、水质、水生态、社会服务功能 5 个方面构建查干湖湖泊健康评估指标体系，共 16 个指标。贾海燕等（2018）结合研究区域特点，从湖泊生态完整性和社会服务功能两方面出发，综合探讨水文水资源、物理结构、水质、水生生物、湿地生态系统和社会经济等因素，构建了长江中下游大型通江湖泊健康状况综合评价指标体系，包含 14 个具体指标。安婷和朱庆平（2018）从水文水资源、物理结构、水质、生物、社会服务 5 个方面构建湖泊健康状况评价指标体系，具体包括 15 个指标。孙天翊（2019）以“驱动力-压力-状态-影响-响应”（DPSIR）模型为基础，初步构建了白洋淀生态系统健康评价指标体系，涵盖水文水资源、物理结构、水质、水生态、社会服务功能 5 个方面共 21 个指标，最终优化成 15 个指标。詹诺等（2019）基于“压力-状态-响应”（PSR）框架模型，结合湖泊生态系统影响因子的代表性、整体性和系统性，并考虑指标数据的易得性和可操作性，从水质、生态学和社会环境3个方面选取18个指标构建了广州市典型湖泊生态系统健康评价指标体系。蔡永久等（2020）根据生态系统完整性和管理需求，从水文水资源、自然形态、水环境质量、水生态和服务功能5个方面筛选12个指标建立评价指标体系。高劲松等（2020）从湖泊水安全、水生物、水生境和水空间入手，利用14项指标，构建骆马湖湖泊健康生态评估体系。

湖泊健康评价指标体系的差异不仅体现在不同的湖泊上，还体现在研究者的理念差异上。针对洞庭湖，安贞煜（2007）在分析洞庭湖生态环境问题的基础上，从生态系统健康的概念、评价方法和评价体系入手，选定以外部特征、水环境要素状态指标、生态指标和生态环境需水情况作为洞庭湖生态系统健康的评价指标体系；钟振宇（2010）则运用生态系统健康指标体系（EHI）的思想来衡量洞庭湖的生态健康，具体选择底栖动物、浮游植物、叶绿素a、透明度等13个指标构建洞庭湖生态综合健康指数，并采用熵权法确定指标的权重，又从“驱动力-压力-状态-影响-响应”模型的角度构建了包含14个指标在内的洞庭湖生态安全评价指标体系；帅红（2012）认为洞庭湖整体健康是建立在湖泊形态结构、生态系统、服务功能均健康的基础上，并通过“压力-状态-响应”框架模型，构建洞庭湖整体健康综合评价指标体系，具体涵盖25个指标。于长水等（2013）从水质、鸟类栖息领地和食物来源等生态要素的变化，分析乌梁素海生态健康状态；张春媛等（2011）在对湖泊生态系统健康评估的研究基础上，选用乌梁素海物理化学指标（透明度、溶解氧、化学需氧量、氨氮、生化需氧量、TN、TP）数据及生物指标（浮游植物数量、浮游动物数量、底栖动物生物量、水生植物覆盖度、浮游植物叶绿素a）12项具体指标计算乌梁素海生态健康综合指数。

湖泊健康评价的另一个重要方面是评估指标体系的优化方法和评价方法选择。卢媛媛（2006）采用主成分分析方法定量筛选初始指标，去除带有重复信息的指标，通过定性和定量分析相结合的方法，建立最终的湖泊生态系统健康评价指标体系，同时采用模糊数学方法建立湖泊生态系统健康评价模型，最终形成完整的包含指标体系、指标权重、评价标准、评价模型的评价方法。赵峰（2009）认为主成分分析及因子分析在简化生态系统健康评价指标中能较好地去除冗余信息，提取有效的指标作为生态系统健康评价的依据，同时发现，胁迫因素、重金属和营养化指标对反映湖泊生态系统健康状况意义重大，而香农多样性指数、水温及结构能质3个指标的意义不大。毕温凯等（2012）利用支持向量机在处理分类问题、小样本问题和泛化推广方面的优势，构建基于支持向量机的湖泊生态系统健康评价模型。孔令阳（2012）结合江汉湖泊湿地实际情况并根据科学性、可操作性等原则，去除带有重复信息和不易获得的指标，由社会经济指标、维持湖泊自身生态平衡指标以及外界干扰因素等指标构成江汉湖群典型湖泊的生态健康评估初始指标体系，通过定性和定量分析相结合的方法确定评价等级，采用层次分析法确定评价指标权重，采用模糊数学方法作为湖泊生态系统健康评价模型，最终建立完整的江汉湖群湖泊生态系统健康评价体系，完成江汉湖群典型湖泊的生态系统健康评价。孙天翊（2019）对湖泊生态系统健康评价指标体系的优化同样采用了层次分析法。吴易雯等（2017）根据湖泊的水质、沉积物和水生生物群落现状和特点，运用主观赋权的层次分析法和客观赋权的熵权法结合模糊综合评价法，对长江中游地区江汉湖群 27 个湖泊水生态系统进行健康状态评价。王通（2014）利用单因子污染指数法、营养状态指数法和微生物多样性指数法对蠡湖生态系统健康进行评价。杨林（2016）分别应用历史数据法、类比法、指示物种生境法、指标最优法和综合分析法 5 种不同的参照系，对综合健康指数法进行计算。鞠永富（2017）通过对水体物理指标、化学指标和水生生物指标进行调查与分析，分别构建以物理、化学、生物完整性为准则层的生态系统完整性健康评价体系和以人类、社会、经济指标、维持湖泊自身健康指标为准则层的生态系统综合指标评价体系，运用单因子评价法、模糊综合评价法、多样性指数法、物理完整性指数法、化学完整性指数法、生物完整性指数法和综合健康评价法等多种数学、物理、化学和生态分析与评价方法，对小兴凯湖水生态系统的健康状况进行评价。张淑倩等（2017）从生物、水质、生境特征及生态压力 4 个方面选择了 15 个代表性指标，构建了江汉湖泊群典型湖泊生态系统健康评价指标体系，并利用基于模糊综合评价模型的评价方法，对江汉湖群五大湖泊生态系统健康进行评价。樊贤璐和徐国宾（2018）首先通过文献检索，采用频度分析法构建湖泊生态系统健康评价指标体系，然后，应用变异系数法与信息熵权法相结合的组合赋权法计算指标权重，提出基于生态-社会服务功能协调发展度的湖泊生态系统健康评价方法。吴明洋和程家兴（2019）选取 15 个指标构建湖泊健康评价指标体系，建立了湖泊健康评价的集对分析-分级贴近度耦合模型，并改进其指标权重的计算，以距离函数将层次分析法、熵值法两种赋权法取得的权重进行结合，得到最优组合赋权。

第 2 章　太湖流域水生态健康评价需求分析

2.1　流域管理需求分析

作为我国第三大淡水湖，太湖承担着周边上海、无锡、苏州、湖州等城市的供水任务。受人类活动干扰，从 20 世纪 60 年代开始太湖水质逐渐变差。自 1990 年梅梁湾发生全面蓝藻水华以来，太湖富营养化问题一直广受关注（Dokulil et al.，2000；Gao et al.，2009；Chen et al.，2009；Li et al.，2009；Xiao et al.，2009）。很多污染治理措施被应用到太湖水质的改善中，但是太湖的富营养化问题仍然很严重，几乎每年都会发生不同程度、不同规模的蓝藻水华。2007 年蓝藻水华导致的无锡市饮用水危机，将太湖蓝藻治理需求推上了更新的高度（Qin，2009）。

在国家、省、市等各级政府的积极推动下，太湖流域被列为水体污染控制与治理科技重大专项（简称水专项）的重点实施区之一。经过“十一五”期间的专项整治，流域的水体污染得到一定程度控制，湖体富营养化状况也得到缓解，蓝藻水华情势得到控制。在水质得到改善的前提下，太湖流域的管理目标也由水质目标向生态目标转变。“十二五”期间，水专项资助的部分课题着手划分太湖流域水生态环境功能区、建立太湖流域水生态监控系统并开展业务化运行。在这样的背景下，构建流域生态目标管理的技术支撑体系，从流域水生态健康角度开展研究并建立操作性强的目标评估体系和方法成为亟须解决的问题。

水生生物是水生态系统的关键构成要素之一。水生态系统内的所有变化均会对水生生物的生理功能、种类丰富度、群体密度、群落结构和功能等产生影响。因此，水生态环境中通常采用一种或几种水生生物来开展生态评价，如底栖大型无脊椎动物或鱼类。

利用水生生物对水生态环境变化的响应关系，部分敏感物种被选择作为水生态评价的指示物种，由此建立了水生态评价的方法之一——指示物种法。Sonstegard 和 Leatherland（1984）利用大马哈鱼指示北美大湖区的生态系统健康状况。Edwards 等（1990）以鲑鱼为指示物种进行湖泊贫营养化监测。顾笑迎（2008）认为在上海市苏州河生态恢复过程中，小球藻和梅尼小环藻的密度百分比可在一定程度上作为评价水质恢复的指标。吴波等（2007）则认为颗粒直链藻及其变种和四尾栅藻等是黄浦江水环境的指示物种。指示物种法简单易行，仅需物种存在与否这一指标就能快速判断水生态健康状况，但是最大的难点是指示物种的确定。对于人类大规模开发前历史生物数据匮乏的区域，筛选指示物种则更为困难。

生物指标法是当前使用较为广泛的生态评价方法，其中最为完善的是生物完整性指数（index of biotic integrity，IBI）法。IBI 法融合了生物物种群落多种属性来评价水质状况，是一种多尺度的评价方法，最早由 Karr 提出，并应用到农业活动对水质影响的评价中。随后，各种基于实地修正的 IBI 法被广泛应用到全球各地的水生态健康评估中。IBI 法提供了生物数据的处理方法，根据特征生物的不同，IBI 法从早期的鱼类扩展到底栖大型无脊椎动物（也称底栖动物）和藻类（浮游型的或者着生型的）等水生生物类群（Norris and Thoms，1999；Belpaire et al.，2000；Eaton and Lydy，2000；An et al.，2002；Scardi et al.，2008；Qadir and Malik，2009；Butcher et al.，2003；Davis et al.，2003；Wang et al.，2005；Zhang et al.，2007；Isabelle，2007；Zalack et al.，2010）。

随着国内对生态恢复问题关注度的提升，生态评价研究也逐步开展。底栖大型无脊椎动物是国内水生态评价关注度较高的物种。周晓蔚等（2009）以此为目标生物，建立了长江口及其毗邻海域水生态健康评价的 IBI 评价指标体系和评价标准，被纳入指标体系的指标包括多样性指数、种类数、总栖息密度、总生物量、甲壳类的密度百分比和棘皮动物的密度百分比 6 个。殷旭旺等（2015）在渭河流域水生态综合健康评估过程中也采用了底栖动物。仲嘉等（2015）则选择底栖动物中的摇蚊为着眼点，分析了摇蚊幼虫的群落结构特征，并最终判定大清河大部分地区已达富营养化水平。此外，底栖动物完整性指数还被用到了滦河流域（张海萍等，2014）、淮河流域（张颖等，2014）、京杭运河（王亚超等，2013）、牡丹江（王皓冉，2015）、密云水库上游河流（张楠等，2014）、辽河水系等河流或湖泊水体（李艳利等，2013；渠晓东等，2013；梁婷等，2014）等的水生态评价中。

国内关于浮游藻类（也称浮游植物）的研究较多，但是多集中在浮游藻类群落的时空变化特征及与水质变化的关系分析上，关于利用浮游藻类开展生态评价的成果较少。方慷等（2013）利用浮游植物密度指数评价大清河水系保定段城市河道的水质状况为富营养化，与理化指标的评价结果基本一致。刘麟菲等（2015）应用硅藻生物完整性评价法（D-IBI）和生物硅藻指数法（BDI）对渭河流域进行健康评价，结果显示，渭河流域丰水期和枯水期整体健康状况一般，渭河水系上游及右岸支流、泾河水系源头及北洛河水系中游地区健康状况较好，渭河水系下游、泾河水系中下游以及北洛河水系上游和下游地区健康状况较差。

与国外研究不同，国内对鱼类的关注度较低。当前鱼类的研究成果多是将鱼类的分布与生态分区联系在一起，利用鱼类开展生态评价的成果很少。王伟等（2013）根据对各采样点鱼类的渔获量、香农多样性指数的聚类分析，并且结合各采样点的水温、水深、饵料生物组成、岸边植被、底质、流速、土壤等生态环境因素，以及鱼类分布和种群的结构特征，将太子河流域划分为2个生态区。钱红等（2016）研究发现，巢湖流域河流鱼类群落结构的季节动态变化显著，随生态分区显著变化，但不受水系、河流级别的显著影响。

太湖流域是典型的以湖泊为中心的湖泊型流域，且具有平原河网的水系特征。特殊的水系结构使得其污染特征也较为明显，受到的关注度也较高。熊春晖等（2016）对太湖流域内第二大淡水湖滆湖的底栖动物群落开展研究，并分析了环境因子对它们分布的影响，认为TN和硝酸盐氮（NO_3^--N）是影响滆湖大型底栖动物群落结构的主要环境因子。沈宏等（2016）对沟通京杭大运河和蠡湖的梁塘河的大型底栖动物群落开展调查，并用调查结果开展水质生物学评价。张又等（2015）的研究结果表明，从大型底栖动物群落结构角度看，西部丘陵水生态功能区和东部平原水生态功能区底栖动物群落具有显著差异，基于底栖动物的水质评价的结果显示，西部丘陵区整体处于轻污染状态，而东部平原区部分采样点处于轻污染状态和中污染状态，部分测点处于重污染状态。张皓等（2015）则将底栖动物用于流域内河道整治成果的评估。

作为流域的中心，针对太湖的研究成果也陆续发表。周笑白等（2014）分别利用内梅罗指数法和底栖动物完整性指数法评价2008～2012年太湖水质和水生生物健康状况发现，太湖全湖水质受到污染，水生生物健康基本处于亚健康状态，水质评价和水生生物评价结果在较大的尺度上呈现相同的趋势。蔡琨等（2014）按非湖心区和湖心区两个生态区分别构建太湖底栖动物完整性指数，其中非湖心区包含4个构成指数，湖心区包含5个构成指数，并划分评价太湖水生态健康的等级，结果显示，2010～2012年，太湖生态健康总体上呈现逐步提升的趋势，影响太湖底栖动物完整性的重要环境变量是水体中的氮含量。蔡琨等（2016）利用浮游植物构建的生物完整性指数评价结果显示，在冬季，流域内湖泊水体的8个参照点中，仅1个点位的评价结果为健康，其余7个点位均为亚健康；25个受损点中，2个点位为亚健康，9个点位为一般，12个点位为差，2个点位为极差，太湖总体受到了不用程度的人为干扰。

在更大的范围内，陈丽等（2013）利用底栖动物监测数据，对流域内的湖泊、水库和河流开展了评价，结果显示，养殖型湖泊底栖动物密度显著高于非养殖型湖泊，而生物量、香农多样性指数和Pielou指数则相反；Wright指数显示，太湖流域水库多处在清洁—轻污染等级，香农多样性指数和生物污染学指数（BPI）说明绝大多数湖泊和河流处在中—重污染水平。陈桥等（2013）从流域内平原水网区域的角度着手，研究建立了太湖流域平原水网区域底栖动物完整性健康评价指标体系，包含6个核心指数，评价结果显示，太湖东部、南部沿岸湖区以及太湖上游水库健康状况较好，总体处于健康或亚健康水平；太湖北部三个湖湾、西部湖区较差，基本处于差或极差水平；太湖上游洮滆（长荡湖—滆湖）水系生态状况也不容乐观，从上游至下游沿程呈逐步恶化趋势；京杭大运河的监测断面均表现为极差水平；健康评价结果与基于水质及富营养化评价的结果高度吻合。

当前，关于太湖流域生态健康评估的生物指标体系已取得一定的成果。但是，水是水生生物生存的根本，水质变化对水生生物的影响显而易见，而水生生物对于水质变化存在一定的适应性。同时，虽然目前太湖流域的管理由水质目标向生态目标转变，但是水质目标实现的压力还存在。如果单以生物指标进行太湖流域水生态系统健康评价，忽略目前太湖流域水质污染仍较为严重的实际情况，可能导致评价结果偏向一方，尚需将水质因素纳入流域水生态健康的评估中。

与此同时，目前的相关报道均基于研究目的开展，指标选择差异较大，评判标准也各成体系。随着生态目标被提上管理程序，生态健康评价方法也将受到管理部门的关注。基于科学研究，构建一套简单实用的流域水生态健康评估指标体系，从而有利于流域水生态健康评估的业务化操作，也是需要解决的一个重点问题。

基于以上分析，本书拟在现有数据深度挖掘的基础上，结合现有研究成果，建立包含水质、生物指标在内的太湖流域水生态健康评估指标体系和方法。在确保评估指标体系和方法科学性的基础上，考虑环境监测现状，降低生物评估指标的获取难度，提升流域水生态健康评估业务化的可行性。

2.2　江苏省太湖流域水生态健康评价研究方案

2.2.1　监测方案

依据平原水网的特点，充分体现布点的科学性、代表性，实现水生态监测网络的流域全覆盖，结合研究工作需要，制定以下布点原则。

（1）全面兼顾、重点突出。监测点位覆盖流域主要水体类型，包括湖泊、河流、水库及溪流等；体现环境梯度差异，涵盖不同水生态状况，反映出不同强度的干扰；代表不同目标等级的水生态环境功能分区。根据研究需要，实施疏密差别化布点，突出不同研究区域或水域的重要性。

（2）依托水质、扩展生态。以现有各类水环境质量监测断面为基础开展水生态监测布点，实现水生态监测与水质理化监测的衔接，体现监测网络的延续性和系统性，并在此基础上根据研究需要酌情增加典型点位。

（3）量体裁衣、科学可行。监测点位的数量和代表性能够满足水生态监测与评估技术分析的需要。

根据以上原则在江苏省太湖流域范围内共布设点位 120 个，其中溪流监测点位 16 个，水库监测点位 15 个，湖泊监测点位 20 个，太湖湖体监测点位 29 个，河流监测点位 40 个，具体信息见附录一。

按照丰、平、枯三个水期开展生境、水质和水生生物同步监测，分别为 2012 年 12 月～2013 年 4 月、2013 年 8 月和 2013 年 11 月。生境监测以定性描述为主；水质监测指标包括 pH、溶解氧（DO）、透明度（SD）、总氮（TN）、总磷（TP）、氨氮（NH_4^+-N）、硝酸盐氮（NO_3^--N）、亚硝酸盐氮（NO_2^--N）、正磷酸盐（PO_4^{3-}）、高锰酸盐指数（COD_{Mn}）、五日生化需氧量（BOD_5）、叶绿素 a（Chla）；湖泊、水库点位的水生生物指标包括大型底栖无脊椎动物和浮游藻类，河流和溪流点位的水生生物指标为大型底栖无脊椎动物。

2.2.2　水质监测

依据地表水相关监测技术规范采集水体表层 0.5 m 处水样，送回实验室分析，实验室水质指标分析方法见表 2.1。同时使用 YSI 6600V2-4 型多参数水质监测仪现场测定 pH、DO，使用塞氏盘法测定 SD。

表 2.1　水质指标分析方法

指标	分析方法
TN	水质 总氮的测定 碱性过硫酸钾消解紫外分光光度法（HJ 636—2012）
TP	水质 总磷的测定 钼酸铵分光光度法（GB 11893—1989）
NH_4^+-N	水质 氨氮的测定 纳氏试剂分光光度法（HJ 535—2009）
NO_3^--N	水质 无机阴离子（F^-、Cl^-、NO_2^-、Br^-、NO_3^-、PO_4^{3-}、SO_3^{2-}、SO_4^{2-}）的测定 离子色谱法（HJ 84—2016）
NO_2^--N	水质 亚硝酸盐氮的测定 气相分子吸收光谱法（HJ/T 197—2005）
PO_4^{3-}	水质 总磷的测定 钼酸铵分光光度法（GB 11893—1989）
COD_{Mn}	水质 高锰酸盐指数的测定（GB 11892—1989）
BOD_5	水质 五日生化需氧量（BOD_5）的测定 稀释与接种法（HJ 505—2009）

第3章　基于大型底栖无脊椎动物评价的水生态健康评价

3.1　湖泊大型底栖无脊椎动物评价

3.1.1　参照状态

江苏省太湖流域湖泊氮、磷营养盐超标及富营养化问题突出，尚未得到明显恢复，且缺乏历史监测资料，因此，对照参照状态（reference condition）的建立条件，本书选择最少干扰状态（least disturbed condition）为参照状态。结合区域水生态特点及环境管理目标，初步确定湖泊参照状态需要满足水质较好、富营养化程度较轻、水生植被覆盖度较高、人为干扰强度较低等条件，具体包括：①全氮、全磷等营养盐指标达到地表水Ⅳ类标准；②综合营养状态指数小于52（约为监测样本的25%分位数）；③有沉水植被分布；④样点水域无航道、养殖和娱乐等功能，受水利工程影响小。

本书暂不考虑生物群落在时间尺度上的自然演替，同一点位3次监测结果视为独立样本。根据参照状态的遴选条件，最终选择浦庄（2012年12月、2013年8月、2013年11月）、胥湖南（2012年12月、2013年8月、2013年11月）、五里湖（2012年12月）、东西山铁塔（2013年8月、2013年11月）、阳澄东湖南（2013年11月）作为江苏省太湖流域湖泊大型底栖无脊椎动物完整性指数（benthic index of biotic integrity for lakes，$B\text{-}IBI_L$）构建的参照点，其余点位均视为受损点。

3.1.2　参数筛选

参照国内外相关文献并结合江苏省太湖流域水生态条件，共收集58个常用参数作为江苏省太湖流域湖泊$B\text{-}IBI_L$的候选参数（表3.1）。其中，反映群落丰富度的参数14个、反映物种组成的参数20个、反映耐污能力的参数14个、反映功能摄食类群的参数10个。

表 3.1　江苏省太湖流域湖泊 B-IBI$_L$ 的候选参数

候选参数编号	候选参数类型	候选参数名称	计算方法	预期胁迫响应
M1	群落丰富度	总分类单元数	样品中大型底栖无脊椎动物种类数	减小
M2		软体动物分类单元数	样品中软体动物种类数	减小
M3		甲壳动物分类单元数	样品中甲壳动物种类数	减小
M4		端足目分类单元数	样品中端足目动物种类数	减小
M5		（端足目 + 软体动物）分类单元数	样品中端足目及软体动物种类数	减小
M6		（甲壳动物 + 软体动物）分类单元数	样品中软体动物及甲壳动物种类数	减小
M7		EPT 分类单元数	样品中 EPT 种类数，其中 EPT 指蜉蝣目 Ephemeroptera、襀翅目 Plecoptera 和毛翅目 Trichoptera	减小
M8		ETO 分类单元数	样品中 ETO 种类数，其中 ETO 指蜉蝣目 Ephemeroptera、毛翅目 Trichoptera 和蜻蜓目 Odonata	减小
M9		水生昆虫（非摇蚊）分类单元数	样品中除摇蚊幼虫以外的水生昆虫种类数	减小
M10		摇蚊分类单元数	样品中摇蚊幼虫种类数	减小
M11		香农多样性指数	$H=-\sum_{i=1}^{S}\frac{n_i}{N}\log_2\frac{n_i}{N}$	减小
M12		Margalef 指数	$d=\frac{S-1}{\ln N}$	减小
M13		Pielou 指数	$J=\frac{H}{\ln S}$	减小
M14		Simpson 指数	$D_S=1-\sum_{i=1}^{S}\left(\frac{n_i}{N}\right)^2$	减小
M15	物种组成	Berger-Parker 指数	$\mathrm{BP}=\frac{N}{n_{\max}}$	减小
M16		优势分类单元%	第 1 优势种个体密度/总个体密度，%	增大
M17		前 3 位优势分类单元%	前 3 位优势种个体密度之和/总个体密度，%	增大
M18		颤蚓科%	颤蚓科个体密度/总个体密度，%	增大
M19		寡毛类%	寡毛类个体密度/总个体密度，%	增大
M20		摇蚊科%	摇蚊科个体密度/总个体密度，%	增大
M21		双翅目%	双翅目个体密度/总个体密度，%	增大
M22		（寡毛纲 + 摇蚊科）%	（寡毛纲个体密度 + 摇蚊科个体密度）/总个体密度，%	增大
M23		水生昆虫（非摇蚊）%	除摇蚊幼虫以外的水生昆虫个体密度/总个体密度，%	减小
M24		端足目%	端足目个体密度/总个体密度，%	减小

续表

候选参数编号	候选参数类型	候选参数名称	计算方法	预期胁迫响应
M25	物种组成	甲壳动物%	甲壳动物个体密度/总个体密度，%	减小
M26		软体动物%	软体动物个体密度/总个体密度，%	减小
M27		腹足纲%	腹足纲个体密度/总个体密度，%	减小
M28		瓣鳃纲%	瓣鳃纲个体密度/总个体密度，%	减小
M29		蚬属%	蚬属个体密度/总个体密度，%	减小
M30		（端足目 + 软体动物）%	（端足目个体密度 + 软体动物个体密度）/总个体密度，%	减小
M31		（甲壳动物 + 软体动物）%	（甲壳动物个体密度 + 软体动物个体密度）/总个体密度，%	减小
M32		（软体动物不含肺螺 + 甲壳动物 + 水生昆虫不含摇蚊幼虫）%	（软体动物不含肺螺个体密度 + 甲壳动物个体密度 + 水生昆虫不含摇蚊幼虫个体密度）/总个体密度，%	减小
M33		EPT%	EPT 个体密度/总个体密度，%	减小
M34		ETO%	ETO 个体密度/总个体密度，%	减小
M35	耐污能力	耐污值 TV≤3 分类单元数	耐污值 TV≤3 的物种数	减小
M36		（耐污值 TV≤3）%	耐污值 TV≤3 的物种个体密度/总个体密度，%	减小
M37		耐污值 TV≥7 分类单元数	耐污值 TV≥7 的物种数	增大
M38		（耐污值 TV≥7）%	耐污值 TV≥7 的物种个体密度/总个体密度，%	增大
M39		耐污值 TV≤5 分类单元数	耐污值 TV≤5 的物种数	减小
M40		（耐污值 TV≤5）%	耐污值 TV≤5 的物种个体密度/总个体密度，%	减小
M41		5<耐污值 TV<7 分类单元数	5<耐污值 TV<7 的物种数	不确定
M42		（5<耐污值 TV<7）%	5<耐污值 TV<7 的物种个体密度/总个体密度，%	不确定
M43		3<耐污值 TV<7 分类单元数	3<耐污值 TV<7 的物种数	不确定
M44		（3<耐污值 TV<7）%	3<耐污值 TV<7 的物种个体密度/总个体密度，%	不确定
M45		BMWP 指数	$\mathrm{BMWP} = \sum t_i$	减小
M46		ASPT 指数	$\mathrm{ASTP} = \sum \frac{t_i}{S_k}$	减小
M47		FBI 指数	$\mathrm{FBI} = -\sum_{i=1}^{S_k} \frac{n_{ki}}{N} B_{ki}$	增大
M48		BI 指数	$B = -\sum_{i=1}^{S} \frac{n_i}{N} B_i$	增大

续表

候选参数编号	候选参数类型	候选参数名称	计算方法	预期胁迫响应
M49	功能摄食类群	捕食者分类单元数	捕食者物种数	减小
M50		捕食者%	捕食者个体密度/总个体密度，%	减小
M51		滤食者分类单元数	滤食者物种数	减小
M52		滤食者%	滤食者个体密度/总个体密度，%	减小
M53		刮食者分类单元数	刮食者物种数	减小
M54		刮食者%	刮食者个体密度/总个体密度，%	减小
M55		直接收集者分类单元数	直接收集者物种数	增大
M56		直接收集者%	直接收集者个体密度/总个体密度，%	增大
M57		撕食者分类单元数	撕食者物种数	减小
M58		撕食者%	撕食者个体密度/总个体密度，%	减小

注：n_i 为物种 i 的个体数；n_{ki} 为科 i 的个体数；n_{max} 为数量最多的物种的个体数；N 为总个体数；S 为总分类单元数；S_k 为科级分类单元数；B_i 为物种 i 的耐污值；B_{ki} 为科 i 的耐污值；t_i 为科级敏感值。

湖泊参照点各候选参数值的分布范围见表 3.2。M3-甲壳动物分类单元数、M4-端足目分类单元数、M7-EPT 分类单元数、M8-ETO 分类单元数、M9-水生昆虫（非摇蚊）分类单元数、M10-摇蚊分类单元数、M13-Pielou 指数、M14-Simpson 指数、M23-水生昆虫（非摇蚊）%、M24-端足目%、M25-甲壳动物%、M28-瓣鳃纲%、M29-蚬属%、M33-EPT%、M34-ETO%、M35-耐污值 TV≤3 分类单元数、M36-（耐污值 TV≤3）%、M49-捕食者分类单元数、M50-捕食者%、M51-滤食者分类单元数、M52-滤食者%、M57-撕食者分类单元数、M58-撕食者%的 75%分位数较小，可变范围较窄，对胁迫响应的变化空间较小，不适宜参与完整性指标体系的构建，故剔除，其余参数进入判别能力分析。

表 3.2　湖泊参照点各候选参数值的分布范围

候选参数编号	湖泊参照点各候选参数值的分布范围							预期胁迫响应
	平均值	标准差	最小值	最大值	分位数			
					25%	50%	75%	
M1	19	6	13	35	15	17	22	减小
M2	8	3	3	12	6	8	10	减小
M3	3	2	1	6	2	3	5	减小
M4	1	1	0	2	0	0	1	减小
M5	8	3	5	13	6	8	10	减小

续表

候选参数编号	湖泊参照点各候选参数值的分布范围							预期胁迫响应
	平均值	标准差	最小值	最大值	分位数			
					25%	50%	75%	
M6	10	3	5	15	7	10	13	减小
M7	1	2	0	5	0	1	2	减小
M8	2	2	0	6	1	2	2	减小
M9	2	2	0	6	1	2	3	减小
M10	3	1	1	6	2	3	4	减小
M11	2.04	0.26	1.60	2.46	1.92	2.00	2.21	减小
M12	3.79	0.94	2.23	5.77	3.23	3.94	4.10	减小
M13	0.70	0.09	0.58	0.88	0.64	0.70	0.74	减小
M14	0.81	0.06	0.73	0.89	0.76	0.80	0.86	减小
M15	3.20	1.08	2.04	4.85	2.32	2.77	4.13	减小
M16	34.42%	10.74%	20.60%	49.00%	24.25%	36.25%	43.08%	增大
M17	63.69%	10.59%	48.70%	81.10%	55.23%	66.55%	68.53%	增大
M18	26.55%	23.28%	0.00%	61.30%	4.33%	26.85%	40.65%	增大
M19	26.81%	23.66%	0.00%	63.70%	4.33%	26.85%	40.65%	增大
M20	23.71%	21.34%	0.10%	51.70%	7.68%	14.20%	46.63%	增大
M21	23.71%	21.34%	0.10%	51.70%	7.68%	14.20%	46.63%	增大
M22	50.51%	28.13%	8.50%	93.20%	29.98%	58.05%	67.78%	增大
M23	4.89%	6.57%	0.00%	21.20%	0.68%	2.35%	6.03%	减小
M24	5.38%	11.54%	0.00%	32.10%	0.00%	0.00%	0.18%	减小
M25	15.72%	24.79%	0.20%	73.20%	1.03%	3.60%	15.80%	减小
M26	27.30%	16.19%	2.30%	44.00%	16.05%	27.80%	43.00%	减小
M27	24.93%	16.49%	1.70%	44.00%	13.88%	23.65%	40.90%	减小
M28	2.35%	3.86%	0.00%	12.40%	0.23%	0.45%	3.15%	减小
M29	1.71%	3.79%	0.00%	11.80%	0.00%	0.05%	0.53%	减小
M30	32.68%	17.13%	4.60%	64.80%	25.13%	31.65%	43.08%	减小
M31	43.01%	26.49%	4.90%	90.40%	29.60%	37.85%	58.13%	减小
M32	44.32%	28.32%	6.76%	85.63%	27.72%	31.12%	65.22%	减小
M33	1.69%	3.42%	0.00%	10.10%	0.00%	0.15%	0.53%	减小
M34	2.83%	3.30%	0.00%	10.10%	0.38%	1.80%	3.73%	减小

续表

候选参数编号	湖泊参照点各候选参数值的分布范围							预期胁迫响应
	平均值	标准差	最小值	最大值	分位数			
					25%	50%	75%	
M35	0	0	0	1	0	0	1	减小
M36	2.09%	6.50%	0.00%	20.60%	0.00%	0.00%	0.00%	减小
M37	5	2	2	9	3	4	5	增大
M38	41.82%	22.56%	11.00%	70.40%	24.08%	40.40%	63.68%	增大
M39	6	3	4	12	4	5	7	减小
M40	24.20%	22.65%	0.90%	83.10%	14.78%	16.15%	23.70%	减小
M41	9	3	5	14	7	9	11	不确定
M42	33.97%	19.88%	5.90%	63.20%	18.38%	32.40%	48.30%	不确定
M43	15	5	9	25	12	13	16	不确定
M44	56.08%	22.43%	29.60%	89.00%	36.10%	53.75%	73.68%	不确定
M45	83.82	22.30	58.10	135.70	71.73	79.90	83.88	减小
M46	5.72	0.34	5.06	6.26	5.50	5.80	5.86	减小
M47	6.34	1.00	4.60	7.95	5.89	6.30	6.58	增大
M48	6.75	0.99	4.99	7.87	6.14	7.00	7.54	增大
M49	3	2	1	6	2	2	4	减小
M50	9.87%	9.51%	1.10%	26.70%	2.83%	6.30%	15.80%	减小
M51	2	1	1	4	1	1	3	减小
M52	3.76%	4.35%	0.10%	12.40%	0.65%	2.10%	4.13%	减小
M53	7	3	2	11	5	7	8	减小
M54	24.93%	16.49%	1.70%	44.00%	13.88%	23.65%	40.90%	减小
M55	5	3	2	11	3	4	6	增大
M56	37.53%	16.20%	14.40%	63.70%	29.43%	32.35%	48.03%	增大
M57	1	1	0	1	0	1	1	减小
M58	3.86%	6.95%	0.00%	20.60%	0.00%	0.40%	3.50%	减小

采用箱线图法分析进入判别能力分析的各参数在参照点和受损点之间的分布情况。比较参照点和受损点25%～75%分位数范围即箱线图箱体IQR（interquartile range）相对重叠情况，分别赋予不同的值。箱体无重叠［图3.1（a）］，则IQR取为3；箱体部分重叠［图3.1（b）］，但各自中位数都在对方箱体范围以外，则IQR取为2；只有1个中位数在对方箱体范围之内［图3.1（c）、（d）］，则IQR取为1；

各自中位数均在对方箱体范围之内［图 3.1（e）］，则 IQR 取为 0。只有 IQR≥2 的候选参数才做进一步分析，其余参数剔除。

湖泊参照点各候选参数判别能力分析结果见表 3.3，IQR≥2 的 16 个参数进入相关性分析，其余参数剔除。

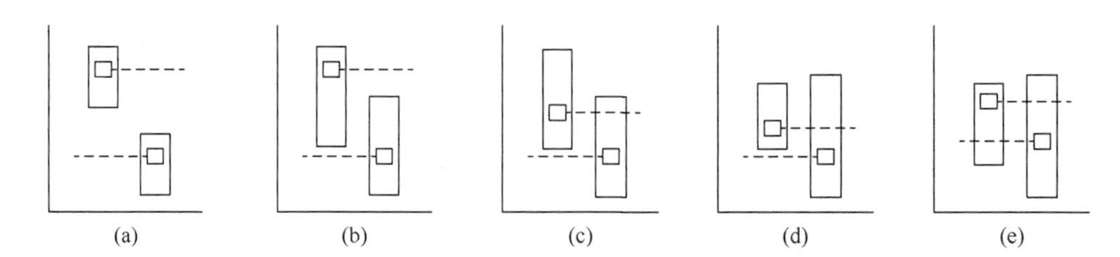

图 3.1 IQR 分值分级的箱线图示例

表 3.3 湖泊参照点各候选参数判别能力分析结果

候选参数编号	参照点			受损点			IQR
	25%分位数	中位数	75%分位数	25%分位数	中位数	75%分位数	
M1	15	17	22	7	9	12	3
M2	6	8	10	2	3	4	3
M5	6	8	10	2	4	5	3
M6	7	10	13	3	5	6	3
M11	1.92	2.00	2.21	1.00	1.28	1.58	3
M12	3.23	3.94	4.10	1.27	1.73	2.36	3
M15	2.32	2.77	4.13	1.57	1.91	2.42	2
M16	24.25%	36.25%	43.08%	41.33%	52.35%	63.88%	2
M17	55.23%	66.55%	68.53%	77.48%	87.30%	95.50%	3
M18	4.33%	26.85%	40.65%	0.00%	15.65%	39.18%	0
M19	4.33%	26.85%	40.65%	1.50%	18.00%	46.60%	0
M20	7.68%	14.20%	46.63%	0.00%	7.15%	36.95%	1
M21	7.68%	14.20%	46.63%	0.00%	7.15%	36.95%	1
M22	29.98%	58.05%	67.78%	7.78%	52.50%	95.83%	0
M26	16.05%	27.80%	43.00%	0.70%	4.60%	31.80%	1
M27	13.88%	23.65%	40.90%	0.20%	1.30%	6.50%	3
M30	25.13%	31.65%	43.08%	1.58%	9.75%	56.88%	1
M31	29.60%	37.85%	58.13%	2.78%	22.05%	66.50%	1
M32	27.72%	31.12%	65.22%	2.77%	22.98%	66.86%	1
M37	3	4	5	2	3	4	1
M38	24.08%	40.40%	63.68%	6.78%	32.20%	67.10%	0

续表

候选参数编号	参照点			受损点			IQR
	25%分位数	中位数	75%分位数	25%分位数	中位数	75%分位数	
M39	4	5	7	2	2	4	2
M40	14.78%	16.15%	23.70%	1.55%	14.50%	38.73%	1
M41	7	9	11	2	4	6	3
M42	18.38%	32.40%	48.30%	3.00%	30.60%	68.45%	0
M43	12	13	16	5	6	9	3
M44	36.10%	53.75%	73.68%	32.90%	67.80%	93.23%	0
M45	71.73	79.90	83.88	31.60	42.15	53.13	3
M46	5.50	5.80	5.86	5.69	5.91	6.20	1
M47	5.89	6.30	6.58	5.62	6.25	7.08	0
M48	6.14	7.00	7.54	5.90	6.69	7.70	0
M53	5	7	8	1	2	2	3
M54	13.88%	23.65%	40.90%	0.20%	1.30%	6.50%	3
M55	3	4	6	2	4	5	0
M56	29.43%	32.35%	48.03%	21.25%	40.85%	78.43%	0

对经过以上两个步骤筛选后的参数进行 Pearson 相关性分析，根据显著性水平判断参数间的信息重叠程度。具有显著相关性则说明参数间的重叠较大，选其中常用且代表性强的参数进入完整性指标体系。具体判别标准为相关系数 r 的绝对值＞0.75 则认为信息重叠程度较高。

湖泊参照点各候选参数间的 Pearson 相关性分析结果见表 3.4，对各候选参数依次进行相关性筛选（表 3.5）。M1 与 M12、M41、M43、M45 相关，其中 M1-总分类单元数使用广泛且表征的物种信息较全面，予以保留；M45-BMWP 指数不仅包含了物种科级分类单元信息，同时表达了物种对环境胁迫的敏感水平，也予以保留，其余剔除。M2 与 M5、M6、M53 相关，其中 M2-软体动物分类单元数在太湖流域湖泊生态系统中具有较好的指示意义，对生态状况具有较好的梯度响应，而甲壳动物分类单元数对湖泊的生态环境梯度响应不明显，未通过判别能力分析，因此剔除 M5、M6；湖泊物种名录中的刮食者主要为腹足纲，与 M2 部分重叠，因此，保留信息相对较全面的 M2，剔除 M53。M11 与 M15、M16、M17 相关，选择相对常用的 M17-前 3 位优势分类单元%，其余参数剔除。M27 与 M54 的相关系数为 1，两者信息完全重合，即本书样本中刮食者全部为腹足纲动物，故选择 M27。M39-耐污值 TV≤5 分类单元数与其他参数均不相关，故保留。

表 3.4　湖泊参照点各候选参数间的 Pearson 相关性分析结果

	M1	M2	M5	M6	M11	M12	M15	M16	M17	M27	M39	M41	M43	M45	M53	M54
M1	1															
M2	0.695	1														
M5	0.680	0.955	1													
M6	0.723	0.911	0.957	1												
M11	0.440	0.346	0.342	0.369	1											
M12	0.810	0.655	0.639	0.708	0.626	1										
M15	0.205	0.214	0.219	0.247	0.802	0.447	1									
M16	−0.194	−0.244	−0.248	−0.257	−0.894	−0.437	−0.877	1								
M17	−0.421	−0.291	−0.287	−0.327	−0.922	−0.602	−0.820	0.758	1							
M27	0.064	0.379	0.338	0.333	0.257	0.167	0.291	−0.326	−0.210	1						
M39	0.695	0.577	0.644	0.719	0.158	0.635	0.046	−0.053	−0.117	0.081	1					
M41	0.780	0.731	0.704	0.722	0.496	0.701	0.355	−0.301	−0.514	0.235	0.339	1				
M43	0.902	0.812	0.830	0.882	0.425	0.815	0.270	−0.236	−0.416	0.204	0.758	0.869	1			
M45	0.887	0.703	0.717	0.757	0.426	0.770	0.236	−0.230	−0.407	0.043	0.620	0.798	0.876	1		
M53	0.653	0.817	0.742	0.737	0.458	0.624	0.264	−0.293	−0.417	0.454	0.389	0.716	0.696	0.665	1	
M54	0.064	0.379	0.338	0.333	0.257	0.167	0.291	−0.326	−0.210	1	0.081	0.235	0.204	0.043	0.454	1

表 3.5　湖泊参照点各候选参数相关性筛选

序号	拟保留参数	拟剔除参数
1	M1-总分类单元数（3） M45-BMWP 指数（3）	M12-Margalef 指数（3） M41-5＜耐污值 TV＜7 分类单元数（3） M43-3＜耐污值 TV＜7 分类单元数（3）
2	M2-软体动物分类单元数（3）	M5-（端足目＋软体动物）分类单元数（3） M6-（甲壳动物＋软体动物）分类单元数（3） M53-刮食者分类单元数（3）
3	M17-前 3 位优势分类单元%（3）	M11-香农多样性指数（3） M15-Berger-Parker 指数（2） M16-优势分类单元%（2）
4	M27-腹足纲%（3）	M54-刮食者%（3）
5	M39-耐污值 TV≤5 分类单元数（2）	—

注：参数后括号内为 IQR 值。

经过 3 步筛选共计获得 6 个指数，分别为 M1-总分类单元数、M2-软体动物分类单元数、M17-前 3 位优势分类单元%、M27-腹足纲%、M39-耐污值 TV≤5 分类单元数和 M45-BMWP 指数。这 6 个参数共同构成江苏省太湖流域湖泊 B-IBI$_L$ 指标体系。

3.1.3　水生态目标及健康分级

采用比值法计算各参数的分值，统一评价量纲。参照国内外文献，对干扰越强，值越低的参数，以监测样本值的 95%分位数为期望值（即生态目标值），参数分值等于监测值除以期望值；对于干扰越强，值越高的参数，则以 5%分位数为期望值，参数分值计算方法为（最大值–监测值）/（最大值–期望值）。B-IBI$_L$ 指标体系各参数的期望值及单参数分值计算方法见表 3.6。若计算结果大于 1，则按 1 计；若小于 0，则按 0 计。

表 3.6　B-IBI$_L$ 指标体系各参数的期望值及单参数分值计算方法

单项参数	参数期望值	计算方法
M1-总分类单元数	19	M1/19
M2-软体动物分类单元数	8	M2/8
M17-前 3 位优势分类单元%	60.0%	(100%–M17)/(100%–60.0%)
M27-腹足纲%	44.8%	M27/44.8%
M39-耐污值 TV≤5 的分类单元数	7	M39/7
M45-BMWP 指数	78	M45/78

依据单参数生态目标及分值计算方法计算各参数值（M_i），相加作为各监测点位的 B-IBI$_L$ 值。

$$\text{B-IBI}_L = \sum M_i \tag{3.1}$$

参照国内外文献，基于以最少干扰状态为参照状态筛选的指标体系往往使评价结果相对“乐观”，特别是人类活动干扰比较强的区域，因此，需要提高水生态健康目标限值取值要求，最大限度地使评估结果与客观实际保持一致。本书取监测样本 B-IBI$_L$ 值的 95%分位数作为太湖流域湖泊水生态健康目标值，即 4.64，采用 4 分法进行分级，共得到 5 个评价等级（表 3.7），评估流域湖泊水生态健康状况。

表 3.7　江苏省太湖流域湖泊 B-IBI$_L$ 评价分级标准

等级划分	颜色表征	水生态健康分级
优	蓝色	4.64≤B-IBI$_L$
良	绿色	3.48≤B-IBI$_L$＜4.64
中	黄色	2.32≤B-IBI$_L$＜3.48
一般	橙色	1.16≤B-IBI$_L$＜2.32
差	红色	B-IBI$_L$＜1.16

3.1.4　江苏省太湖流域湖泊 B-IBI$_L$ 评价结果

利用筛选的指标体系及构建的健康评价分级方法对江苏省太湖流域内的主要湖泊水体进行 B-IBI$_L$ 水生态健康评价。评价结果显示，3 次调查评价结果略有差异，但总体而言，太湖下游湖泊水生态状况总体好于上游，上游洮滆水系中的滆湖、长荡湖水生态状况总体较差；太湖相对好的湖区也主要集中于下游，主要为胥湖和东部沿岸区，西北部沿岸及湖湾略差。

3.2　水库大型底栖无脊椎动物评价

3.2.1　参照状态

江苏省太湖流域水库集中分布在流域西部茅山和南山区域，主要作为乡镇供水水源。与平原河网地区不同的是，水库水质和水生态状况总体良好，但由于人类活动影响，水库及其小流域开发利用强度较高，氮、磷有逐步升高趋势，存在临近或超过水质管理目标限值的风险，并伴有水生态系统早期形态藻类水华出现。与此同时，水库的水生态监测主要为理化指标，缺乏系统的生物监测资料，因此，水库水生态状况的参照状态也选择最少干扰状态为参照状态。结合区域水库水生态特点及环境管理目标，确定水库的参照状态需要满足水质较好、水生态状况较好、人为干扰强度较低等条件，具体包括：①总磷≤0.05 mg/L，氨氮≤1.0 mg/L，高锰酸盐指数≤6.0 mg/L；②监测断面附近有适量的水生植物分布，水生态条件较好；③监测断面所在区域无航道、养殖和娱乐等功能，受水库调蓄影响小。

本书暂不考虑生物群落在时间尺度上的自然演替，同一点位3次监测结果视为独立样本。根据参照状态的遴选条件，最终选择大溪水库北、南（2013年4月），塘马水库（2013年4月、2013年8月），墓东水库（2013年4月、2013年8月），凌塘水库（2013年11月）作为江苏省太湖流域水库大型底栖无脊椎动物完整性指数（benthic index of biotic integrity for reservoir，B-IBI$_E$）构建的参照点，其余点位均视为受损点。

3.2.2　参数筛选

水库参照点候选参数同湖泊部分。

水库参照点各候选参数值的分布范围见表3.8。M3-甲壳动物分类单元数、M4-端足目分类单元数、M7-EPT分类单元数、M8-ETO分类单元数、M9-水生昆虫（非摇蚊）分类单元数、M23-水生昆虫（非摇蚊）%、M24-端足目%、M25-甲壳动物%、M28-瓣鳃纲%、M29-蚬属%、M33-EPT%、M34-ETO%、M35-耐污值TV≤3分类单元数、M36-（耐污值TV≤3）%、M51-滤食者分类单元数、M52-滤食者%、M57-撕食者分类单元数、M58-撕食者%的75%分位数较小，可变范围较窄，对胁迫响应的变化空间较小，不适宜参与完整性指标体系构建，故剔除。M5-（端足目＋软体动物）分类单元数、M6-（甲壳动物＋软体动物）分类单元数、M30-（端足目＋软体动物）%、M31-（甲壳动物＋软体动物）%、M32-（软体动物不含肺螺+甲壳动物＋水生昆虫不含摇蚊幼虫）%，这5个参数虽有较大的可变空间，但主要受软体动物的影响，端足目、甲壳动物和非摇蚊水生昆虫的分类单元数和丰度均较低，因此，保留M2-软体动物分类单元数和M26-软体动物%即可。

表 3.8　水库参照点各候选参数值的分布范围

候选参数编号	水库参照点各候选参数值的分布范围							预期胁迫响应
	平均值	标准差	最小值	最大值	分位数			
					25%	50%	75%	
M1	21	5	16	31	19	21	22	减小
M2	8	3	5	12	6	7	10	减小
M3	1	1	0	3	1	2	2	减小
M4	0	0	0	0	0	0	0	减小
M5	8	3	5	12	6	7	10	减小
M6	9	3	5	14	7	9	12	减小
M7	0	1	0	2	0	0	1	减小
M8	1	1	0	3	1	1	1	减小
M9	3	3	0	8	2	2	4	减小
M10	5	3	2	9	3	5	7	减小
M11	2.339	0.143	2.115	2.591	2.291	2.321	2.382	减小
M12	4.570	1.578	3.180	7.866	3.682	4.157	4.712	减小
M13	0.771	0.033	0.737	0.822	0.751	0.762	0.787	减小
M14	0.874	0.019	0.842	0.900	0.865	0.873	0.887	减小
M15	3.899	0.704	2.975	4.667	3.310	4.142	4.443	减小
M16	26.43%	5.16%	21.40%	33.60%	22.50%	24.10%	30.45%	增大
M17	54.43%	6.33%	46.00%	64.30%	50.70%	54.40%	57.45%	增大
M18	16.90%	14.29%	0.40%	37.40%	4.80%	18.00%	26.45%	增大
M19	17.21%	13.91%	0.40%	37.40%	5.90%	18.00%	26.45%	增大
M20	33.21%	27.29%	0.30%	69.00%	15.45%	23.20%	54.55%	增大
M21	36.27%	28.76%	0.30%	76.60%	15.70%	33.90%	55.85%	增大
M22	50.44%	17.45%	26.20%	76.10%	41.30%	45.50%	61.35%	增大
M23	6.83%	7.31%	0.00%	20.60%	1.60%	4.60%	9.70%	减小
M24	0.00%	0.00%	0.00%	0.00%	0.00%	0.00%	0.00%	减小
M25	4.19%	4.83%	0.00%	12.50%	0.60%	1.90%	6.85%	减小
M26	34.57%	20.66%	9.20%	63.40%	19.20%	33.60%	48.70%	减小
M27	29.03%	17.21%	7.30%	52.50%	16.20%	28.80%	41.10%	减小

续表

候选参数编号	水库参照点各候选参数值的分布范围							预期胁迫响应
	平均值	标准差	最小值	最大值	分位数			
					25%	50%	75%	
M28	5.57%	6.46%	0.00%	18.70%	1.05%	4.90%	6.65%	减小
M29	0.03%	0.08%	0.00%	0.20%	0.00%	0.00%	0.00%	减小
M30	34.57%	20.66%	9.20%	63.40%	19.20%	33.60%	48.70%	减小
M31	38.76%	22.32%	9.20%	68.30%	23.65%	34.80%	55.85%	减小
M32	40.25%	20.21%	13.38%	67.98%	25.18%	46.32%	51.84%	减小
M33	2.06%	5.27%	0.00%	14.00%	0.00%	0.00%	0.20%	减小
M34	2.41%	5.43%	0.00%	14.70%	0.20%	0.40%	0.70%	减小
M35	1	1	0	2	0	1	1	减小
M36	2.39%	4.83%	0.00%	13.20%	0.00%	0.40%	1.55%	减小
M37	4	1	3	5	4	4	5	增大
M38	29.04%	7.04%	20.50%	38.10%	23.15%	30.60%	33.90%	增大
M39	7	2	4	10	5	8	8	减小
M40	21.31%	12.18%	5.40%	36.70%	11.25%	26.00%	29.30%	减小
M41	11	4	7	18	8	10	12	不确定
M42	49.61%	16.16%	32.70%	72.60%	36.75%	46.20%	61.15%	不确定
M43	17	5	11	27	15	16	17	不确定
M44	68.57%	10.00%	50.00%	78.70%	65.25%	69.40%	75.70%	不确定
M45	69	15	51	98	61	66	71	减小
M46	5.59	0.41	5.11	6.18	5.30	5.47	5.90	减小
M47	6.21	0.62	5.33	7.14	5.78	6.27	6.57	增大
M48	6.50	0.26	6.31	7.08	6.36	6.44	6.49	增大
M49	5	2	2	9	3	4	6	减小
M50	16.10%	17.33%	1.80%	49.00%	4.00%	8.10%	22.90%	减小
M51	2	1	1	3	2	2	3	减小
M52	9.10%	8.54%	1.50%	23.60%	3.45%	5.60%	13.05%	减小
M53	7	3	3	10	5	6	9	减小
M54	29.03%	17.21%	7.30%	52.50%	16.20%	28.80%	41.10%	减小

续表

候选参数编号	水库参照点各候选参数值的分布范围							预期胁迫响应
	平均值	标准差	最小值	最大值	分位数			
					25%	50%	75%	
M55	4	1	3	5	4	4	5	增大
M56	26.59%	15.04%	9.30%	44.50%	14.75%	21.30%	40.75%	增大
M57	2	2	0	5	1	1	2	减小
M58	9.67%	14.27%	0.00%	39.00%	0.10%	2.70%	12.90%	减小

判别能力分析方法同湖泊部分，水库参照点各候选参数判别能力分析结果见表 3.9。M10-摇蚊分类单元数、M18-颤蚓科%、M19-寡毛类%、M37-耐污值 TV≥7 分类单元数、M38-（耐污值 TV≥7）%、M40-（耐污值 TV≤5）%、M42-（5＜耐污值 TV＜7）%、M44-（3＜耐污值 TV＜7）%、M46-ASPT 指数、M48-BI 指数、M49-捕食者分类单元数、M50-捕食者%、M55-直接收集者分类单元数、M56-直接收集者%的 IQR = 1 或 0，故剔除。

表 3.9 水库参照点各候选参数判别能力分析结果

候选参数编号	参照点			受损点			IQR
	25%分位数	中位数	75%分位数	25%分位数	中位数	75%分位数	
M1	19	21	22	9	12	15	3
M2	6	7	10	0	1	4	3
M10	3	5	7	4	5	6	0
M11	2.291	2.321	2.382	1.208	1.655	1.941	3
M12	3.682	4.157	4.712	1.758	2.415	2.623	3
M13	0.751	0.762	0.787	0.511	0.689	0.756	2
M14	0.865	0.873	0.887	0.574	0.762	0.815	3
M15	3.310	4.142	4.443	1.621	2.605	3.073	3
M16	22.50%	24.10%	30.45%	32.58%	38.35%	61.75%	3
M17	50.70%	54.40%	57.45%	65.35%	77.15%	90.05%	3
M18	4.80%	18.00%	26.45%	0.75%	5.95%	19.75%	0
M19	5.90%	18.00%	26.45%	1.20%	7.85%	19.75%	0
M20	15.45%	23.20%	54.55%	45.90%	73.30%	91.45%	2
M21	15.70%	33.90%	55.85%	46.60%	76.60%	94.78%	2
M22	41.30%	45.50%	61.35%	71.05%	90.75%	97.68%	3

续表

候选参数编号	参照点			受损点			IQR
	25%分位数	中位数	75%分位数	25%分位数	中位数	75%分位数	
M26	19.20%	33.60%	48.70%	0.00%	0.35%	12.35%	3
M27	16.20%	28.80%	41.10%	0.00%	0.25%	10.53%	3
M37	4	4	5	3	4	5	0
M38	23.15%	30.60%	33.90%	15.48%	33.00%	49.10%	0
M39	5	8	8	2	3	5	2
M40	11.25%	26.00%	29.30%	2.93%	8.20%	35.08%	1
M41	8	10	12	3	5	7	3
M42	36.75%	46.20%	61.15%	21.45%	38.35%	61.35%	0
M43	15	16	17	5	8	11	3
M44	65.25%	69.40%	75.70%	44.93%	65.55%	80.68%	0
M45	61	66	71	27.6	39	48	3
M46	5.30	5.47	5.90	5.34	5.58	5.91	0
M47	5.78	6.27	6.57	5.12	5.74	6.17	2
M48	6.36	6.44	6.49	6.14	6.59	7.40	1
M49	3	4	6	1	3	4	1
M50	4.00%	8.10%	22.90%	1.10%	8.15%	19.05%	0
M53	5	6	9	0	1	3	3
M54	16.20%	28.80%	41.10%	0.00%	0.25%	10.53%	3
M55	4	4	5	2.25	3	4	1
M56	14.75%	21.30%	40.75%	6.83%	26.40%	51.50%	0

水库参照点各候选参数间的 Pearson 相关性分析结果见表 3.10，对候选参数依次进行相关性筛选（表 3.11）。M1 与 M12、M39、M41、M43、M45 相关，其中 M1-总分类单元数使用广泛且表征的物种信息较全面，予以保留；M45-BMWP 指数不仅包含了物种科级分类单元信息，同时表达了物种对环境胁迫的敏感水平，也予以保留，其余剔除。M2 与 M26、M27、M53、M54 相关，选择相对常用的 M2-软体动物分类单元数，其余剔除。M11 与 M13、M14、M15、M16、M17 相关，选择相对常用的 M17-前 3 位优势分类单元%，其余剔除。M20 与 M21、M22 相关，M21 和 M22 对于参照点和受损点的区分度主要体现在摇蚊科幼虫方面，而寡毛纲和双翅目其他昆虫在水库中的丰度相对低，因此选择 M20-摇蚊科%。M47-FBI 指数与其他均无显著相关性，但与 M45 所表达的信息相似度较高，且对水库环境响应区分度一般（IQR = 3），因此，暂时也将其剔除。

表 3.10　水库参照点各候选参数间的 Pearson 相关性分析结果

	M1	M2	M11	M12	M13	M14	M15	M16	M17	M20	M21	M22	M26	M27	M39	M41	M43	M45	M47	M53	M54
M1	1																				
M2	0.682	1																			
M11	0.676	0.440	1																		
M12	0.802	0.686	0.705	1																	
M13	0.259	0.152	0.872	0.430	1																
M14	0.465	0.268	0.941	0.549	0.945	1															
M15	0.422	0.282	0.833	0.511	0.826	0.841	1														
M16	−0.439	−0.248	−0.905	−0.504	−0.920	−0.974	−0.914	1													
M17	−0.627	−0.411	−0.944	−0.659	−0.813	−0.836	−0.857	0.819	1												
M20	−0.192	−0.501	−0.377	−0.400	−0.397	−0.355	−0.377	0.370	0.355	1											
M21	−0.162	−0.518	−0.339	−0.386	−0.367	−0.317	−0.337	0.329	0.313	0.988	1										
M22	−0.227	−0.555	−0.303	−0.493	−0.239	−0.224	−0.309	0.236	0.331	0.832	0.813	1									
M26	0.378	0.777	0.444	0.491	0.330	0.394	0.395	−0.39	−0.399	−0.665	−0.675	−0.708	1								
M27	0.376	0.747	0.411	0.456	0.288	0.356	0.367	−0.360	−0.360	−0.660	−0.670	−0.674	0.960	1							
M39	0.834	0.443	0.588	0.686	0.242	0.401	0.412	−0.398	−0.568	−0.178	−0.113	−0.264	0.230	0.224	1						
M41	0.863	0.849	0.517	0.788	0.150	0.302	0.279	−0.263	−0.482	−0.300	−0.310	−0.353	0.515	0.525	0.570	1					
M43	0.950	0.788	0.619	0.828	0.219	0.389	0.374	−0.363	−0.585	−0.294	−0.273	−0.361	0.481	0.481	0.820	0.930	1				
M45	0.897	0.801	0.527	0.802	0.146	0.341	0.313	−0.317	−0.475	−0.364	−0.345	−0.418	0.553	0.563	0.750	0.870	0.914	1			
M47	0.090	0.341	0.168	0.130	0.218	0.215	0.228	−0.254	−0.089	−0.564	−0.606	−0.150	0.396	0.431	−0.103	0.221	0.125	0.179	1		
M53	0.645	0.969	0.396	0.668	0.128	0.229	0.231	−0.202	−0.364	−0.470	−0.486	−0.526	0.742	0.747	0.384	0.854	0.763	0.769	0.333	1	
M54	0.377	0.747	0.411	0.457	0.288	0.356	0.368	−0.360	−0.361	−0.661	−0.670	−0.674	0.960	1	0.225	0.525	0.481	0.563	0.432	0.747	1

表 3.11　水库参照点各候选参数相关性筛选

序号	拟保留参数	拟剔除参数
1	M1-总分类单元数（3） M45-BMWP 指数（3）	M12-Margalef 指数（3） M39-耐污值 TV≤5 分类单元数（2） M41- 5＜耐污值 TV＜7 分类单元数（3） M43- 3＜耐污值 TV＜7 分类单元数（3） M47-FBI 指数（2）
2	M2-软体动物分类单元数（3）	M26-软体动物%（3） M27-腹足纲%（3） M53-刮食者分类单元数（3） M54-刮食者%（3）
3	M17-前 3 位优势分类单元%（3）	M11-香农多样性指数（3） M13-Pielou 指数（2） M14-Simpson 指数（3） M15-Berger-Parker 指数（3） M16-优势分类单元%（3）
4	M20-摇蚊科%（2）	M21-双翅目%（2） M22-（寡毛纲＋摇蚊科）%（3）

注：参数后括号内为 IQR 值。

经过相关性筛选后保留的指标包括 M1-总分类单元数、M2-软体动物分类单元数、M17-前 3 位优势分类单元%、M20-摇蚊科%、M45-BMWP 指数。这 5 个参数共同构成江苏省太湖流域水库 B-IBI$_{E}$ 指标体系。

3.2.3　水生态目标及健康分级

B-IBI$_{E}$ 指标体系各参数的期望值及单参数分值计算方法同湖泊部分，结果见表 3.12。若计算结果大于 1，则按 1 计；若小于 0，则按 0 计。

表 3.12　B-IBI$_{E}$ 指标体系各参数的期望值及单参数分值计算方法

单项参数	参数期望值	计算方法
M1-总分类单元数	21	M1/21
M2-软体动物分类单元数	10	M2/10
M17-前 3 位优势分类单元%	46.2%	(100%−M17)/(100%−46.2%)
M20-摇蚊科%	4.1%	(100%−M20)/(100%−4.1%)
M45-BMWP 指数	74	M45/74

同湖泊部分的方法，取监测样本 B-IBI$_{E}$ 值的 95%分位数作为水生态健康目标值，即 4.40，采用 4 分法进行分级，共得到 5 个评价等级（表 3.13），评估流域水库水生态健康状况。

表 3.13　江苏省太湖流域水库 B-IBI$_E$ 评价分级标准

等级划分	颜色表征	水生态健康分级
优	蓝色	4.40≤B-IBI$_E$
良	绿色	3.30≤B-IBI$_E$<4.40
中	黄色	2.20≤B-IBI$_E$<3.30
一般	橙色	1.10≤B-IBI$_E$<2.20
差	红色	B-IBI$_E$<1.10

3.2.4　江苏省太湖流域水库 B-IBI$_E$ 评价结果

利用筛选的指标体系及构建的健康评价分级方法对江苏省太湖流域内的主要水库进行 B-IBI$_E$ 水生态健康评价。评价结果显示，3 次调查评价结果略有差异，但总体而言，丹阳及茅山区域的水库生态状况较好，南山地区的水库略差。

3.3　河流大型底栖无脊椎动物评价

3.3.1　参照状态

江苏省太湖流域河网密布，纵横交错，受悠久农耕文化、近现代工业高速发展和高密度人口等因素影响，氮、磷污染成为近几十年来河流水环境的突出问题。长期以来，河流水质监测主要为理化指标，缺乏系统的水生态监测资料，因此，河流水生态状况的参照状态选择最少干扰状态。结合区域河网水生态特点及环境管理目标，初步确定河流的参照状态需要满足水质较好、水生态状况较好、人为干扰强度较低等条件，具体包括：①总磷≤0.3 mg/L，氨氮≤2.0 mg/L；②监测断面上游来水方向有湖、荡等前置缓冲区或沿岸有水生植物分布；③监测断面所在河段无航道、养殖和娱乐等功能，受水利工程影响小。

本书暂不考虑生物群落在时间尺度上的自然演替，同一点位 3 次监测结果视为独立样本。根据参照状态的遴选条件，最终选择旧县（2013 年 4 月、2013 年 8 月、2013 年 11 月），石坝头桥（2013 年 4 月、2013 年 8 月、2013 年 11 月），虎山桥（2013 年 4 月、2013 年 8 月、2013 年 11 月），航管站（2013 年 4 月、2013 年 8 月、2013 年 11 月），太浦闸（2013 年 4 月、2013 年 8 月），浔溪大桥（2013 年 4 月），界标（2013 年 4 月）作为江苏省太湖流域河流大型底栖无脊椎动物完整性指数（benthic index of biotic integrity for rivers，B-IBI$_R$）构建的参照点，其余点位均视为受损点。

3.3.2　参数筛选

河流参照点候选参数同湖泊部分。

河流参照点各候选参数值的分布范围见表 3.14。M3-甲壳动物分类单元数、M4-端足目分类单元数、M7-EPT 分类单元数、M8-ETO 分类单元数、M9-水生昆虫（非摇蚊）分类单元数、M10-摇蚊分类单元数、M23-水生昆虫（非摇蚊）%、M24-端足目%、M25-甲壳动物%、M28-瓣鳃纲%、M29-蚬属%、M33-EPT%、M34-ETO%、M35-耐污值 TV≤3 分类单元数、M36-（耐污值 TV≤3）%、M39-耐污值 TV≤5 分类单元数、M40-（耐污值 TV≤5）%、M49-捕食者分类单元数、M50-捕食者%、M51-滤食者分类单元数、M52-滤食者%、M53-刮食者分类单元数、M54-刮食者%、M57-撕食者分类单元数、M58-撕食者%的 75%分位数较小，可变范围较窄，对胁迫响应的变化空间较小，不适宜参与完整性指标体系构建，故剔除。M5-（端足目 + 软体动物）分类单元数、M6-（甲壳动物 + 软体动物）分类单元数、M30-（端足目 + 软体动物）%、M31-（甲壳动物 + 软体动物）%虽有较大的可变空间，但主要受软体动物的影响，端足目和甲壳动物分类单元数和丰度均较低，因此，保留软体动物相关参数即可（M2 和 M26）。

表 3.14　河流参照点各候选参数值的分布范围

候选参数编号	河流参照点各候选参数值的分布范围							预期胁迫响应
	平均值	标准差	最小值	最大值	分位数			
					25%	50%	75%	
M1	17	3	12	23	15	17	19	减小
M2	6	3	2	12	3	5	8	减小
M3	2	2	0	6	1	1	2	减小
M4	0	1	0	2	0	0	1	减小
M5	6	3	2	12	4	6	8	减小
M6	7	3	2	12	5	8	9	减小
M7	0	0	0	1	0	0	1	减小
M8	1	1	0	3	0	1	2	减小
M9	1	1	0	4	1	1	2	减小
M10	3	2	0	6	2	2	5	减小
M11	1.75	0.27	1.20	2.14	1.64	1.78	1.88	减小
M12	3.06	0.84	2.05	5.35	2.47	2.88	3.43	减小

续表

候选参数编号	河流参照点各候选参数值的分布范围							预期胁迫响应
	平均值	标准差	最小值	最大值	分位数			
					25%	50%	75%	
M13	0.63	0.12	0.42	0.84	0.56	0.62	0.71	减小
M14	0.75	0.09	0.54	0.87	0.68	0.76	0.81	减小
M15	2.74	0.89	1.54	4.82	2.01	2.59	3.08	减小
M16	39.97%	12.36%	20.80%	65.00%	32.50%	38.60%	49.70%	增大
M17	75.37%	11.11%	55.80%	95.10%	69.00%	77.80%	81.40%	增大
M18	43.31%	32.60%	2.80%	92.30%	13.55%	33.50%	70.85%	增大
M19	45.74%	35.08%	2.80%	92.50%	13.55%	33.50%	77.80%	增大
M20	14.54%	22.54%	0.00%	77.40%	0.90%	1.40%	24.75%	增大
M21	15.01%	22.93%	0.00%	77.40%	0.90%	1.40%	26.25%	增大
M22	60.25%	33.53%	3.60%	93.20%	36.20%	71.80%	89.60%	增大
M23	5.59%	12.46%	0.00%	44.20%	0.00%	0.90%	2.05%	减小
M24	1.86%	4.13%	0.00%	14.50%	0.00%	0.00%	0.90%	减小
M25	2.86%	5.17%	0.00%	19.30%	0.15%	0.40%	3.60%	减小
M26	24.64%	31.81%	1.50%	95.90%	4.50%	7.50%	34.35%	减小
M27	15.51%	24.32%	0.10%	95.40%	3.50%	6.20%	15.30%	减小
M28	9.12%	20.91%	0.00%	77.00%	0.30%	2.30%	4.10%	减小
M29	7.97%	20.46%	0.00%	75.20%	0.00%	0.00%	2.20%	减小
M30	26.50%	30.87%	3.30%	95.90%	5.70%	16.60%	34.35%	减小
M31	27.50%	30.48%	3.40%	96.00%	6.65%	17.60%	34.60%	减小
M32	31.86%	30.14%	3.86%	96.19%	7.73%	25.52%	47.44%	减小
M33	3.03%	7.63%	0.00%	23.90%	0.00%	0.00%	0.35%	减小
M34	5.11%	12.41%	0.00%	44.20%	0.00%	0.20%	1.75%	减小
M35	0	0	0	1	0	0	0	减小
M36	0.06%	0.18%	0.00%	0.70%	0.00%	0.00%	0.00%	减小
M37	5	1	3	7	4	5	6.5	增大
M38	47.89%	30.05%	3.50%	92.50%	28.80%	35.90%	71.30%	增大
M39	5	2	1	7	3.5	5	6	减小
M40	10.53%	12.30%	0.20%	38.70%	2.55%	5.90%	14.30%	减小
M41	7	2	5	13	6.5	7	7.5	不确定
M42	41.59%	29.22%	7.20%	95.60%	20.00%	30.60%	62.70%	不确定

续表

候选参数编号	河流参照点各候选参数值的分布范围							预期胁迫响应
	平均值	标准差	最小值	最大值	分位数			
					25%	50%	75%	
M43	12	3	6	17	9.5	12	14	不确定
M44	52.06%	30.01%	7.50%	96.50%	28.70%	64.10%	71.20%	不确定
M45	62.60	14.74	45.40	103.40	52.80	59.30	67.60	减小
M46	5.90	0.24	5.46	6.39	5.75	5.92	6.07	减小
M47	7.25	1.19	5.39	9.08	6.30	7.11	8.28	增大
M48	7.34	1.16	5.65	9.07	6.49	7.09	8.42	增大
M49	3	2	1	6	2	2	3.5	减小
M50	10.53%	14.69%	0.30%	46.70%	2.10%	4.40%	6.75%	减小
M51	3	2	0	8	1	3	4.5	减小
M52	9.41%	20.90%	0.00%	77.00%	0.40%	2.30%	4.45%	减小
M53	3	1	1	6	2	3	4	减小
M54	15.51%	24.32%	0.10%	95.40%	3.50%	6.20%	15.30%	减小
M55	5	2	2	9	4	5	6.5	增大
M56	54.58%	33.00%	3.30%	94.00%	30.45%	61.80%	86.10%	增大
M57	0	1	0	2	0	0	1	减小
M58	5.66%	12.65%	0.00%	43.70%	0.00%	0.00%	0.50%	减小

判别能力分析方法同湖泊部分，河流参照点各候选参数判别能力分析结果见表 3.15。M13-Pielou 指数、M18-蜉蝣科%、M20-摇蚊科%、M21-双翅目%、M46-ASPT 指数、M47-FBI 指数、M48-BI 指数、M56-直接收集者%的 IQR = 1，故剔除。另外，虽然 M37 和 M55 的 IQR = 2，但参照点和受损点的分布较接近且分布范围较窄，梯度差异不显著，也予以剔除。

表 3.15　河流参照点各候选参数判别能力分析结果

候选指参数编号	参照点			受损点			IQR
	25%分位数	中位数	75%分位数	25%分位数	中位数	75%分位数	
M1	15	17	19	4	6	9	3
M2	3	5	8	0	1	3	2
M11	1.64	1.78	1.88	0.42	0.83	1.14	3
M12	2.47	2.88	3.43	0.51	1.06	1.59	3
M13	0.56	0.62	0.71	0.30	0.47	0.67	1

续表

候选指参数编号	参照点			受损点			IQR
	25%分位数	中位数	75%分位数	25%分位数	中位数	75%分位数	
M14	0.68	0.76	0.81	0.18	0.45	0.64	3
M15	2.01	2.59	3.08	1.14	1.42	2.00	3
M16	32.50%	38.60%	49.70%	50.00%	70.60%	87.75%	3
M17	69.00%	77.80%	81.40%	90.35%	98.10%	100.00%	3
M18	13.55%	33.50%	70.85%	24.50%	86.50%	99.60%	1
M19	13.55%	33.50%	77.80%	45.15%	94.30%	99.80%	2
M20	0.90%	1.40%	24.75%	0.00%	0.10%	9.65%	1
M21	0.90%	1.40%	26.25%	0.00%	0.10%	9.65%	1
M22	36.20%	71.80%	89.60%	77.65%	97.30%	99.90%	2
M26	4.50%	7.50%	34.35%	0.00%	0.40%	6.50%	2
M27	3.50%	6.20%	15.30%	0.00%	0.00%	3.25%	3
M32	7.73%	25.52%	47.44%	0.06%	2.63%	13.42%	2
M37	4	5	6.5	2	3	4	2
M38	28.80%	35.90%	71.30%	42.20%	89.10%	99.80%	2
M41	6.5	7	7.5	1	2	4	3
M42	20.00%	30.60%	62.70%	0.10%	2.90%	28.00%	2
M43	9.5	12	14	2	4	5.5	3
M44	28.70%	64.10%	71.20%	0.20%	10.60%	55.65%	2
M45	52.80	59.30	67.60	15.45	26.50	34.10	3
M46	5.75	5.92	6.07	5.89	6.27	6.88	1
M47	6.30	7.11	8.28	6.82	8.85	9.29	1
M48	6.49	7.09	8.42	6.92	8.93	9.42	1
M55	4	5	6.5	2	3	4	2
M56	30.45%	61.80%	86.10%	52.40%	94.90%	99.80%	1

河流参照点各候选参数间的 Pearson 相关性分析结果见表 3.16，对候选参数依次进行相关性筛选（表 3.17）。M1 与 M2、M12、M41、M43、M45 相关，其中 M1-总分类单元数使用广泛且表征的物种信息较全面，予以保留，M45-BMWP 指数不仅包含了物种科级分类单元信息，同时表达了物种对环境胁迫的敏感水平，也予以保留，其余剔除。M11 与 M15、M16、M17 相关，选择相对常用的 M17-前 3 位优势分类单元%，剔除同样表示物种优势度的 M15 和 M16，同时由于 M14-Simpson 指数与其他指标均未有显著相关关系，因此保留 M14，剔除 M11-香农多样性指数。M19、M22、M26、M27、M32、M38、M42、M44 之间相关性重叠信息较多，保留与其他指标相关性较低且 IQR 值较高的 M27-腹足纲%，其余指标剔除。

表 3.16　河流参照点各候选参数间的 Pearson 相关性分析结果

	M1	M2	M11	M12	M14	M15	M16	M17	M19	M22	M26	M27	M32	M38	M41	M42	M43	M44	M45
M1	1																		
M2	0.825	1																	
M11	0.610	0.444	1																
M12	0.802	0.616	0.711	1															
M14	0.359	0.253	0.592	0.548	1														
M15	0.377	0.259	0.859	0.489	0.488	1													
M16	−0.428	−0.292	−0.943	−0.542	−0.537	−0.917	1												
M17	−0.531	−0.382	−0.882	−0.653	−0.539	−0.859	0.785	1											
M19	−0.183	−0.278	−0.442	−0.407	−0.198	−0.404	0.436	0.394	1										
M22	−0.180	−0.371	−0.334	−0.305	−0.079	−0.342	0.337	0.300	0.845	1									
M26	0.174	0.429	0.227	0.243	0.138	0.215	−0.210	−0.203	−0.66	−0.834	1								
M27	0.205	0.378	0.251	0.263	0.141	0.263	−0.249	−0.212	−0.580	−0.706	0.835	1							
M32	0.134	0.340	0.265	0.244	0.023	0.267	−0.260	−0.239	−0.802	−0.958	0.868	0.745	1						
M38	−0.160	−0.284	−0.323	−0.349	−0.159	−0.295	0.304	0.294	0.868	0.801	−0.661	−0.570	−0.761	1					
M41	0.913	0.828	0.598	0.788	0.366	0.411	−0.435	−0.550	−0.324	−0.309	0.314	0.343	0.259	−0.321	1				
M42	0.237	0.337	0.309	0.367	0.265	0.278	−0.279	−0.277	−0.652	−0.577	0.589	0.649	0.540	−0.851	0.412	1			
M43	0.946	0.880	0.590	0.811	0.342	0.372	−0.417	−0.533	−0.339	−0.330	0.296	0.287	0.268	−0.332	0.934	0.370	1		
M44	0.186	0.305	0.352	0.368	0.174	0.317	−0.334	−0.315	−0.841	−0.758	0.680	0.586	0.713	−0.974	0.348	0.877	0.356	1	
M45	0.938	0.788	0.607	0.814	0.346	0.404	−0.447	−0.549	−0.227	−0.215	0.177	0.198	0.157	−0.206	0.897	0.280	0.933	0.236	1

表 3.17　河流参照点各候选参数相关性筛选

序号	拟保留参数	拟剔除参数
1	M1-总分类单元数（3） M45-BMWP 指数（3）	M2-软体动物分类单元数（2） M12-Margalef 指数（3） M41- 5＜耐污值 TV＜7 分类单元数（3） M43- 3＜耐污值 TV＜7 分类单元数（3）
2	M17-前 3 位优势分类单元%（3）	M11-香农多样性指数（3） M15-Berger-Parker 指数（3） M16-优势分类单元%（3）
3	M14-Simpson 指数（3）	—
4	M27-腹足纲%（3）	M19-寡毛类%（2） M22-（寡毛纲＋摇蚊科）%（2） M26-软体动物%（2） M32-（软体动物不含肺螺＋甲壳动物＋水生昆虫不含摇蚊幼虫）%（2） M38-（耐污值 TV≥7）%（2） M42-（5＜耐污值 TV＜7）%（2） M44-（3＜耐污值 TV＜7）%（2）

注：参数后括号内为 IQR 值。

经过相关性筛选后保留的指标包括 M1-总分类单元数、M14-Simpson 指数、M17-前 3 位优势分类单元%、M27-腹足纲%、M45-BMWP 指数，这 5 个参数共同构成江苏省太湖流域河流 B-IBI$_R$ 指标体系。

3.3.3　水生态目标及健康分级

B-IBI$_R$ 指标体系各参数的期望值及单参数分值计算方法同湖泊部分，结果见表 3.18。若计算结果大于 1，则按 1 计；若小于 0，则按 0 计。

表 3.18　B-IBI$_R$ 指标体系各参数的期望值及单参数分值计算方法

单项参数	参数期望值	计算方法
M1-总分类单元数	19	M1/19
M14-Simpson 指数	0.82	M14/0.82
M17-前 3 位优势分类单元%	66.7%	(100%−M17)/(100%−66.7%)
M27-腹足纲%	55.7%	M27/55.7%
M45-BMWP 指数	69	M45/69

同湖泊部分的方法，取监测样本 B-IBI$_R$ 值的 95%分位数作为水生态健康目标值，即 3.85，采用 4 分法进行分级，共得到 5 个评价等级（表 3.19），评估流域河流水生态健康状况。

表 3.19　江苏省太湖流域河流 B-IBI$_R$ 评价分级标准

等级划分	颜色表征	水生态健康分级
优	蓝色	3.84≤B-IBI$_R$
良	绿色	2.88≤B-IBI$_R$＜3.84
中	黄色	1.92≤B-IBI$_R$＜2.88
一般	橙色	0.96≤B-IBI$_R$＜1.92
差	红色	B-IBI$_R$＜0.96

3.3.4　江苏省太湖流域河流 B-IBI$_R$ 评价结果

利用筛选的指标体系及构建的健康评价分级方法对江苏省太湖流域内的主要河流进行 B-IBI$_R$ 水生态健康评价。评价结果显示，3 次调查评价结果略有差异，但总体而言，以京杭运河为界，运北水系水生态状况总体较差，这可能与航运、城市建设密集等有关，运南水系略好，这可能与运南水系有大量的湖泊分布有关，水体缓冲能力较强，生态容量较高。生态状况较好的点，主要分布于西部丘陵区下游、湖泊的下游或与湖泊水力交换频繁的河口区。

3.4　溪流大型底栖无脊椎动物评价

3.4.1　参照状态

江苏省太湖流域的溪流分布在流域西部茅山和南山的丘陵地区，主要来源于山间径流，总体规模较小，受降雨影响较大，雨季时流量较大，旱季时流量小，甚至会出现干涸。相对于平原水网，丘陵地区生态环境破坏较小，溪流水质较好。由于缺乏系统的生物监测资料，溪流水生态状况的参照状态也选择最少干扰状态为参照状态。结合区域特点，确定溪流的参照状态需要满足水质较好、水生态状况较好、人为干扰强度较低等条件，具体包括：①总磷≤0.1 mg/L，氨氮≤0.5 mg/L，高锰酸盐指数≤4.0 mg/L；②监测断面生境多样性高，水量充沛，季节性变化较小，全年不出现干涸现象，大型底栖无脊椎动物多样性较高；③监测断面上游无农田、土地开发等项目影响，无污染源。

本书暂不考虑生物群落在时间尺度上的自然演替，同一点位 3 次监测结果视为独立样本。根据参照状态的遴选条件，最终选择横涧（2013 年 4 月、2013 年 8 月），平桥（2013 年 4 月），洑溪涧（2013 年 4 月），涧河（2013 年 8 月），永红涧（2013 年 8 月）作为江苏省太湖流域溪流大型底栖无脊椎动物完整性指数（benthic index of biotic integrity for stream，B-IBI$_S$）构建的参照点，其余点位均视为受损点。

3.4.2 参数筛选

参照国内外相关文献并结合江苏省太湖流域丘陵地区水生态条件及大型底栖无脊椎动物群落结构特点，共收集了 66 个常用参数作为江苏省太湖流域溪流 B-IBI$_S$ 的候选参数（表 3.20），其中反映群落丰富度的参数 21 个、反映物种组成的参数 27 个、反映耐污能力的参数 8 个、反映功能摄食类群的参数 10 个。

表 3.20 江苏省太湖流域溪流 B-IBI$_S$ 的候选参数

候选参数编号	候选参数类型	候选参数名称	计算方法	预期胁迫响应
M1	群落丰富度	总分类单元数	样品中大型底栖无脊椎动物种类数	减小
M2		软体动物分类单元数	样品中软体动物种类数	减小
M3		甲壳动物分类单元数	样品中甲壳动物种类数	减小
M4		端足目分类单元数	样品中端足目动物种类数	减小
M5		（端足目 + 软体动物）分类单元数	样品中端足目及软体动物种类数	减小
M6		（甲壳动物 + 软体动物）分类单元数	样品中软体动物及甲壳动物种类数	减小
M7		EPT 分类单元数	样品中 EPT 种类数，其中 EPT 指蜉蝣目 Ephemeroptera、襀翅目 Plecoptera 和毛翅目 Trichoptera	减小
M8		ETO 分类单元数	样品中 ETO 种类数，其中 ETO 指蜉蝣目 Ephemeroptera、毛翅目 Trichoptera 和蜻蜓目 Odonata	减小
M9		水生昆虫（非摇蚊）分类单元数	样品中除摇蚊幼虫以外的水生昆虫种类数	减小
M10		摇蚊分类单元数	样品中摇蚊幼虫种类数	减小
M11		蜉蝣目分类单元数	样品中蜉蝣目昆虫种类数	减小
M12		襀翅目分类单元数	样品中襀翅目昆虫种类数	减小
M13		毛翅目分类单元数	样品中毛翅目昆虫种类数	减小
M14		蜻蜓目分类单元数	样品中蜻蜓目昆虫种类数	减小
M15		半翅目分类单元数	样品中半翅目昆虫种类数	减小
M16		石蝇属分类单元数	样品中石蝇属昆虫种类数	减小
M17		双翅目分类单元数	样品中双翅目昆虫种类数	减小
M18		香农多样性指数	$H=-\sum_{i=1}^{S}\frac{n_i}{N}\log_2\frac{n_i}{N}$	减小
M19		Margalef 指数	$d=\frac{S-1}{\ln N}$	减小
M20		Pielou 指数	$J=\frac{H}{\ln S}$	减小

续表

候选参数编号	候选参数类型	候选参数名称	计算方法	预期胁迫响应
M21	群落丰富度	Simpson 指数	$D_S = 1 - \sum_{i=1}^{S}\left(\frac{n_i}{N}\right)^2$	减小
M22	物种组成	Berger-Parker 指数	$\mathrm{BP} = \frac{N}{n_{\max}}$	减小
M23		优势分类单元%	第 1 优势种个体密度/总个体密度，%	增大
M24		前 3 位优势分类单元%	前 3 位优势种个体密度之和/总个体密度，%	增大
M25		颤蚓科%	颤蚓科个体密度/总个体密度，%	增大
M26		寡毛类%	寡毛类个体密度/总个体密度，%	增大
M27		摇蚊科%	摇蚊科个体密度/总个体密度，%	增大
M28		双翅目%	双翅目个体密度/总个体密度，%	增大
M29		（寡毛纲＋摇蚊科）%	（寡毛纲个体密度＋摇蚊科个体密度）/总个体密度，%	增大
M30		水生昆虫（非摇蚊）%	除摇蚊幼虫以外的水生昆虫个体密度/总个体密度，%	减小
M31		端足目%	端足目个体密度/总个体密度，%	减小
M32		甲壳动物%	甲壳动物个体密度/总个体密度，%	减小
M33		软体动物%	软体动物个体密度/总个体密度，%	减小
M34		腹足纲%	腹足纲个体密度/总个体密度，%	减小
M35		瓣鳃纲%	瓣鳃纲个体密度/总个体密度，%	减小
M36		蚬属%	蚬属个体密度/总个体密度，%	减小
M37		（端足目＋软体动物）%	（端足目个体密度＋软体动物个体密度）/总个体密度，%	减小
M38		（甲壳动物＋软体动物）%	（甲壳动物个体密度＋软体动物个体密度）/总个体密度，%	减小
M39		（软体动物不含肺螺＋甲壳动物＋水生昆虫不含摇蚊幼虫）%	（软体动物不含肺螺个体密度＋甲壳动物个体密度＋水生昆虫不含摇蚊幼虫个体密度）/总个体密度，%	减小
M40		EPT%	EPT 个体密度/总个体密度，%	减小
M41		ETO%	ETO 个体密度/总个体密度，%	减小
M42		纹石蛾科/毛翅目%	纹石蛾科个体密度/毛翅目个体密度，%	减小
M43		蜉蝣目%	蜉蝣目个体密度/总个体密度，%	减小
M44		襀翅目%	襀翅目个体密度/总个体密度，%	减小
M45		毛翅目%	毛翅目个体密度/总个体密度，%	减小
M46		半翅目%	半翅目个体密度/总个体密度，%	减小
M47		蜻蜓目%	蜻蜓目个体密度/总个体密度，%	减小
M48		长跗摇蚊族%	长跗摇蚊族个体密度/总个体密度，%	减小

续表

候选参数编号	候选参数类型	候选参数名称	计算方法	预期胁迫响应
M49	耐污能力	耐污值TV≤3分类单元数	耐污值 TV≤3 的物种数	减小
M50		（耐污值 TV≤3）%	耐污值 TV≤3 的物种个体密度/总个体密度，%	减小
M51		耐污值TV≥7分类单元数	耐污值 TV≥7 的物种数	增大
M52		（耐污值 TV≥7）%	耐污值 TV≥7 的物种个体密度/总个体密度，%	增大
M53		BMWP 指数	$\mathrm{BMWP}=\sum t_i$	减小
M54		ASPT 指数	$\mathrm{ASTP}=\sum \frac{t_i}{S_k}$	减小
M55		FBI 指数	$\mathrm{FBI}=-\sum_{i=1}^{S_k}\frac{n_{ki}}{N}B_{ki}$	增大
M56		BI 指数	$B=-\sum_{i=1}^{S}\frac{n_i}{N}B_i$	增大
M57	功能摄食类群	捕食者分类单元数	捕食者物种数	减小
M58		捕食者%	捕食者个体密度/总个体密度，%	减小
M59		滤食者分类单元数	滤食者物种数	减小
M60		滤食者%	滤食者个体密度/总个体密度，%	减小
M61		刮食者分类单元数	刮食者物种数	减小
M62		刮食者%	刮食者个体密度/总个体密度，%	减小
M63		直接收集者分类单元数	直接收集者物种数	减小
M64		直接收集者%	直接收集者个体密度/总个体密度，%	增大
M65		撕食者分类单元数	撕食者物种数	减小
M66		撕食者%	撕食者个体密度/总个体密度，%	减小

注：n_i为物种 i 的个体数；n_{ki}为科 i 的个体数；n_{max}为数量最多的物种的个体数；N 为总个体数；S 为总分类单元数；S_k为科级分类单元数；B_i为物种 i 的耐污值；B_{ki}为科 i 的耐污值；t_i为科级敏感值。

溪流参照点各候选参数值的分布范围见表 3.21。M2-软体动物分类单元数、M3-甲壳动物分类单元数、M4-端足目分类单元数、M5-（端足目 + 软体动物）分类单元数、M6-（甲壳动物 + 软体动物）分类单元数、M10-摇蚊分类单元数、M12-襀翅目分类单元数、M13-毛翅目分类单元数、M14-蜻蜓目分类单元数、M15-半翅目分类单元数、M16-石蝇属分类单元数、M17-双翅目分类单元数、M31-端足目%、M32-甲壳动物%、M33-软体动物%、M34-腹足纲%、M35-瓣鳃纲%、M36-蚬属%、M37-（端足目 + 软体动物）%、M38-（甲壳动物 + 软体动物）%、M44-襀翅目%、M46-半翅目%、M47-蜻蜓目%、M48-长跗摇蚊族%、M59-滤食者分类单元数、M61-刮食者分类单元数、M63-直接收集者分类单元数、M65-撕食者分类单元数、M66-撕食者%的 75%分位数较小且可变范围（25%～75%分位数）较窄，对胁迫响应的变化空间较小，不适宜参与完整性指标体系构建，故剔除。

表 3.21　溪流参照点各候选参数值的分布范围

候选参数编号	溪流参照点各候选参数值的分布范围							预期胁迫响应
	平均值	标准差	最小值	最大值	分位数			
					25%	50%	75%	
M1	22	5	15	30	18	23	24	减小
M2	2	2	0	5	1	2	3	减小
M3	0	1	0	1	0	0	1	减小
M4	0	0	0	0	0	0	0	减小
M5	2	2	0	5	1	2	3	减小
M6	3	2	0	5	2	3	3	减小
M7	8	3	4	13	7	8	10	减小
M8	9	3	5	14	8	9	11	减小
M9	18	6	11	27	14	17	23	减小
M10	3	1	2	5	3	3	4	减小
M11	5	3	1	9	3	6	7	减小
M12	0	0	0	1	0	0	0	减小
M13	3	1	2	4	2	3	4	减小
M14	1	1	0	2	1	1	2	减小
M15	1	1	0	2	0	0	1	减小
M16	0	0	0	1	0	0	0	减小
M17	5	3	2	8	3	5	8	减小
M18	2.227	0.224	1.959	2.520	2.055	2.225	2.383	减小
M19	3.672	0.830	2.696	4.640	2.993	3.655	4.376	减小
M20	0.728	0.054	0.634	0.793	0.713	0.741	0.750	减小
M21	0.825	0.052	0.750	0.879	0.791	0.833	0.867	减小
M22	3.398	0.953	2.377	4.750	2.676	3.270	4.000	减小
M23	31.42%	8.56%	21.10%	42.10%	25.00%	31.60%	37.38%	增大
M24	59.38%	8.83%	48.90%	74.80%	54.50%	59.10%	60.85%	增大
M25	0.00%	0.00%	0.00%	0.00%	0.00%	0.00%	0.00%	增大
M26	0.00%	0.00%	0.00%	0.00%	0.00%	0.00%	0.00%	增大
M27	15.37%	10.40%	1.90%	32.50%	9.75%	16.15%	17.45%	增大
M28	23.57%	18.19%	1.90%	46.10%	10.70%	20.95%	38.40%	增大
M29	23.57%	18.19%	1.90%	46.10%	10.70%	20.95%	38.40%	增大
M30	71.77%	13.59%	56.20%	84.10%	59.80%	73.95%	83.98%	减小
M31	0.00%	0.00%	0.00%	0.00%	0.00%	0.00%	0.00%	减小

续表

候选参数编号	溪流参照点各候选参数值的分布范围							预期胁迫响应
	平均值	标准差	最小值	最大值	分位数			
					25%	50%	75%	
M32	1.07%	1.85%	0.00%	4.50%	0.00%	0.00%	1.43%	减小
M33	7.08%	9.39%	0.00%	23.60%	0.73%	2.75%	10.70%	减小
M34	6.90%	9.54%	0.00%	23.60%	0.10%	2.55%	10.70%	减小
M35	0.20%	0.33%	0.00%	0.80%	0.00%	0.00%	0.30%	减小
M36	0.20%	0.33%	0.00%	0.80%	0.00%	0.00%	0.30%	减小
M37	7.08%	9.39%	0.00%	23.60%	0.73%	2.75%	10.70%	减小
M38	8.13%	8.86%	0.00%	23.60%	1.85%	5.90%	11.15%	减小
M39	77.30%	13.46%	56.84%	89.42%	68.68%	82.70%	86.78%	减小
M40	54.73%	20.81%	22.40%	80.40%	46.28%	54.05%	68.88%	减小
M41	55.47%	20.54%	24.30%	81.30%	46.38%	54.60%	69.43%	减小
M42	64.78%	36.11%	0.00%	97.52%	54.61%	74.10%	89.68%	减小
M43	23.60%	16.72%	5.30%	45.80%	10.65%	21.20%	36.03%	减小
M44	0.15%	0.37%	0.00%	0.90%	0.00%	0.00%	0.00%	减小
M45	30.95%	12.68%	14.70%	45.20%	20.95%	33.05%	40.35%	减小
M46	0.25%	0.39%	0.00%	0.80%	0.00%	0.00%	0.53%	减小
M47	0.93%	0.83%	0.00%	2.00%	0.43%	0.65%	1.63%	减小
M48	0.47%	0.73%	0.00%	1.50%	0.00%	0.00%	0.98%	减小
M49	6	3	1	10	4	7	9	减小
M50	36.53%	18.43%	2.20%	56.30%	35.20%	40.45%	44.88%	减小
M51	1	1	0	2	0	1	1	增大
M52	4.53%	9.27%	0.00%	23.40%	0.23%	1.10%	1.53%	增大
M53	76.60	14.75	53.00	97.90	72.78	76.40	82.35	减小
M54	4.12	0.64	3.55	5.34	3.77	3.94	4.16	减小
M55	3.98	0.44	3.52	4.58	3.61	3.93	4.29	增大
M56	3.75	0.63	2.81	4.38	3.36	3.88	4.25	增大
M57	6	2	2	9	5	7	7	减小
M58	14.17%	7.82%	1.60%	24.10%	11.68%	13.85%	18.95%	减小
M59	3	1	2	4	3	3	4	减小
M60	32.73%	13.12%	11.60%	49.20%	28.50%	32.25%	40.95%	减小
M61	3	1	1	4	2	4	4	减小
M62	20.62%	14.31%	3.30%	42.10%	10.30%	20.70%	27.73%	减小
M63	6	3	3	9	3	5	8	减小
M64	22.28%	13.36%	6.50%	39.40%	12.38%	20.90%	32.58%	增大

续表

候选参数编号	溪流参照点各候选参数值的分布范围							预期胁迫响应
	平均值	标准差	最小值	最大值	分位数			
					25%	50%	75%	
M65	3	1	1	5	2	2	3	减小
M66	5.48%	3.42%	0.90%	9.20%	2.85%	7.00%	7.25%	减小

判别能力分析方法同湖泊部分，溪流参照点各候选参数判别能力分析结果见表 3.22。M20-Pielou 指数、M21-Simpson 指数、M22-Berger-Parker 指数、M23-优势分类单元%、M25-颤蚓科%、M26-寡毛类%、M27-摇蚊科%、M28-双翅目%、M29-（寡毛纲 + 摇蚊科）%、M39-（软体动物不含肺螺 + 甲壳动物 + 水生昆虫不含摇蚊幼虫）%、M42-纹石蛾科/毛翅目%、M43-蜉蝣目%、M51-耐污值 TV≥7 分类单元数、M52-（耐污值 TV≥7）%、M58-捕食者%、M62-刮食者%、M64-直接收集者%的 IQR = 1 或 0，故剔除。

表 3.22　溪流参照点各候选参数判别能力分析结果

候选参数编号	参照点			受损点			IQR
	25%分位数	中位数	75%分位数	25%分位数	中位数	75%分位数	
M1	18	23	24	11	13	17	3
M7	7	8	10	2	3	5	3
M8	8	9	11	2	4	5	3
M9	14	17	23	5	8	11	3
M11	3	6	7	1	2	3	3
M18	2.055	2.225	2.383	1.452	1.765	2.180	2
M19	2.993	3.655	4.376	2.024	2.528	3.385	2
M20	0.713	0.741	0.750	0.606	0.686	0.782	1
M21	0.791	0.833	0.867	0.636	0.721	0.840	1
M22	2.676	3.270	4.000	1.884	2.161	3.527	1
M23	25.00%	31.60%	37.38%	28.38%	46.25%	53.20%	1
M24	54.50%	59.10%	60.85%	61.23%	73.45%	84.30%	3
M25	0.00%	0.00%	0.00%	0.00%	0.00%	1.03%	0
M26	0.00%	0.00%	0.00%	0.00%	0.00%	2.00%	0
M27	9.75%	16.15%	17.45%	2.58%	13.55%	36.05%	0
M28	10.70%	20.95%	38.40%	3.25%	13.70%	36.50%	0
M29	10.70%	20.95%	38.40%	6.70%	18.25%	53.08%	0
M30	59.80%	73.95%	83.98%	13.75%	31.20%	54.55%	3
M39	68.68%	82.70%	86.78%	26.27%	61.37%	86.59%	1

续表

候选参数编号	参照点			受损点			IQR
	25%分位数	中位数	75%分位数	25%分位数	中位数	75%分位数	
M40	46.28%	54.05%	68.88%	4.68%	23.50%	48.55%	2
M41	46.38%	54.60%	69.43%	7.58%	25.80%	53.20%	2
M42	54.61%	74.10%	89.68%	0.00%	89.84%	100.00%	1
M43	10.65%	21.20%	36.03%	1.90%	9.00%	24.03%	1
M45	20.95%	33.05%	40.35%	0.53%	3.75%	18.85%	3
M49	4	7	9	1	2	3	3
M50	35.20%	40.45%	44.88%	1.93%	7.80%	16.80%	3
M51	0	1	1	0	1	2	0
M52	0.23%	1.10%	1.53%	0.00%	2.15%	10.88%	1
M53	72.78	76.40	82.35	41.75	56.80	65.73	3
M54	3.77	3.94	4.16	4.38	4.62	5.01	3
M55	3.61	3.93	4.29	4.03	4.92	5.41	2
M56	3.36	3.88	4.25	4.00	5.01	5.60	2
M57	5	7	7	2	4	5	2
M58	11.68%	13.85%	18.95%	5.13%	10.35%	20.68%	1
M60	28.50%	32.25%	40.95%	1.45%	5.85%	24.15%	3
M62	10.30%	20.70%	27.73%	7.08%	17.30%	50.53%	0
M64	12.38%	20.90%	32.58%	6.13%	15.45%	38.35%	0

溪流参照点各候选参数间的 Pearson 相关性分析结果见表 3.23，对候选参数依次进行相关性筛选（表 3.24）。M1 与 M9、M19、M53 相关，其中 M1-总分类单元数使用广泛且表征的物种信息较全面，予以保留，M53-BMWP 指数不仅包含了物种科级分类单元信息，同时表达了物种对环境胁迫的敏感水平，也予以保留，其余剔除。M7 与 M8、M11、M49 相关，选择 M8-ETO 分类单元数，其余参数虽也有较好的环境响应梯度，但仅表达了部分信息，因此予以剔除。M18 与 M24 相关，保留相对较简便的 M24-前 3 位优势分类单元%。M30 与 M40、M41、M55 相关且 M55 与 M56 相关，保留对环境梯度响应较显著（IQR = 3）的 M30，其余剔除。M45-毛翅目%虽具有较好的环境响应梯度，但仅是 M30 的部分信息，故剔除；M60 与 M45 相关，也剔除；M54-ASPT 指数虽与其他参数的相关系数 r 值较低，但与其他耐污能力参数也存在不同程度的相关关系，存在信息重叠，因此也予以剔除；M57-捕食者分类单元数虽与其他参数不相关，但数据样本中捕食者较少，且 IQR = 2，因此，暂剔除；M50-（耐污值 TV≤3）%与其他参数不相关，代表敏感类群的环境响应，予以保留。

表 3.23　溪流参照点各候选参数间的 **Pearson** 相关性分析结果

	M1	M7	M8	M9	M11	M18	M19	M24	M30	M40	M41	M45	M49	M50	M53	M54	M55	M56	M57	M60
M1	1																			
M7	0.634	1																		
M8	0.649	0.969	1																	
M9	0.880	0.773	0.819	1																
M11	0.532	0.936	0.876	0.652	1															
M18	0.674	0.369	0.384	0.520	0.300	1														
M19	0.862	0.458	0.518	0.737	0.342	0.774	1													
M24	−0.557	−0.292	−0.310	−0.412	−0.235	−0.951	−0.682	1												
M30	0.170	0.506	0.506	0.339	0.400	0.257	0.167	−0.204	1											
M40	0.133	0.539	0.497	0.242	0.491	0.165	0.046	−0.096	0.877	1										
M41	0.100	0.499	0.475	0.221	0.432	0.152	0.067	−0.097	0.942	0.951	1									
M45	0.197	0.254	0.245	0.149	0.113	0.302	0.117	−0.305	0.591	0.593	0.574	1								
M49	0.668	0.798	0.820	0.794	0.687	0.450	0.573	−0.356	0.479	0.362	0.355	0.289	1							
M50	0.160	0.397	0.424	0.279	0.303	0.182	0.173	−0.152	0.703	0.688	0.673	0.461	0.406	1						
M53	0.889	0.490	0.519	0.739	0.374	0.666	0.808	−0.583	0.125	0.065	0.058	0.230	0.509	0.063	1					
M54	−0.331	−0.663	−0.689	−0.588	−0.631	−0.013	−0.168	−0.053	−0.509	−0.480	−0.445	−0.192	−0.681	−0.416	−0.124	1				
M55	−0.274	−0.536	−0.525	−0.432	−0.461	−0.215	−0.167	0.124	−0.770	−0.807	−0.756	−0.448	−0.509	−0.599	−0.133	0.648	1			
M56	−0.139	−0.413	−0.428	−0.282	−0.366	−0.149	−0.050	0.097	−0.696	−0.739	−0.678	−0.479	−0.414	−0.716	−0.005	0.571	0.872	1		
M57	0.623	0.361	0.476	0.675	0.283	0.380	0.632	−0.272	0.198	0.046	0.082	0.099	0.525	0.156	0.599	−0.483	−0.241	−0.156	1	
M60	0.267	0.148	0.139	0.145	0.008	0.338	0.191	−0.305	0.532	0.503	0.488	0.928	0.267	0.438	0.276	−0.114	−0.391	−0.422	0.103	1

经过筛选后剩余的 6 个参数共同构成江苏省太湖流域溪流水体 B-IBI$_S$ 指标体系，包括 M1-总分类单元数、M8-ETO 分类单元数、M24-前 3 位优势分类单元%、M30-水生昆虫（非摇蚊）%、M50-（耐污值 TV≤3）%、M53-BMWP 指数。

表 3.24　溪流参照点各候选参数相关性筛选

序号	拟保留参数	拟剔除参数
1	M1-总分类单元数（3） M53-BMWP 指数（3）	M9-水生昆虫（非摇蚊）分类单元数（3） M19-Margalef 指数（2）
2	M8-ETO 分类单元数（3）	M7-EPT 分类单元数（3） M11-蜉蝣目分类单元数（3） M49-耐污值 TV≤3 分类单元数（3）
3	M24-前 3 位优势分类单元%（3）	M18-香农多样性指数（2）
4	M30-水生昆虫（非摇蚊）%（3）	M40-EPT%（2） M41-ETO%（2） M55-FBI 指数（2） M56-BI 指数（2）
5	M50-（耐污值 TV≤3）%（3）	M45-毛翅目%（3） M60-滤食者%（3） M54-ASPT 指数（3） M57-捕食者分类单元数（2）

注：参数后括号内为 IQR 值。

3.4.3　水生态目标及健康分级

B-IBI$_S$ 指标体系各参数的期望值及单参数分值计算方法同湖泊部分，结果见表 3.25。若计算结果大于 1，则按 1 计；若小于 0，则按 0 计。

表 3.25　B-IBI$_S$ 指标体系各参数的期望值及单参数分值计算方法

单项参数	参数期望值	计算方法
M1-总分类单元数	25	M1/25
M8-ETO 分类单元数	10	M8/10
M24-前 3 位优势分类单元%	49.0%	(100%−M24)/(100%−49.0%)
M30-水生昆虫（非摇蚊）%	85.1%	M30/85.1%
M50-（耐污值 TV≤3）%	56.6%	M50/56.6%
M53-BMWP 指数	88	M53/88

同湖泊部分的方法，取监测样本 B-IBI$_S$ 值的 95%分位数作为水生态健康目标

值，即 5.11，采用 4 分法进行分级，共得到 5 个评价等级（表 3.26），评估流域溪流水生态健康状况。

表 3.26　江苏省太湖流域溪流 B-IBI$_S$ 评价分级标准

等级划分	颜色表征	水生态健康分级
优	蓝色	5.08≤B-IBI$_S$
良	绿色	3.81≤B-IBI$_S$＜5.08
中	黄色	2.54≤B-IBI$_S$＜3.81
一般	橙色	1.27≤B-IBI$_S$＜2.54
差	红色	B-IBI$_S$＜1.27

3.4.4　江苏省太湖流域溪流 B-IBI$_S$ 评价结果

利用筛选的指标体系及构建的健康评价分级方法对江苏省太湖流域内的主要溪流进行 B-IBI$_S$ 水生态健康评价。评价结果显示，3 次调查评价结果略有差异，但总体而言，南山地区的溪流生态状况较好，茅山区域溪流略差。

第 4 章　基于浮游藻类指数评价的湖库水生态健康评价

4.1　冬春季浮游藻类完整性指数评价

4.1.1　参照状态

太湖流域位于长江下游平原河网区，人口聚集，工业发达，水体呈现明显的富营养化特征，基本没有不受人类活动干扰的区域，绝对的清洁参照点几乎不可能存在。本书依照生物完整性指数（IBI）的核心思想，选取与太湖水体同一地理区域、水体特征类似、期望健康状态一致的相对清洁点位作为参照点。具体选取原则除生境破坏相对轻、水质状况较好外，还应满足以下条件：①样点水域水生植物种类较为丰富且优势植物种类喜贫-中营养类型；②样点水域受风浪扰动较小，有浮游藻类生活；③监测样点浮游藻类多样性状况较好；④浮游藻类个体密度低于 200 万个/L 且优势种为非水华种类；⑤样点水域无航道、养殖和娱乐等功能，受水利工程影响小。

本书以 2012 年 12 月～2013 年 4 月和 2013 年 11 月太湖流域湖库的调查数据为基础，经过对所有调查点位水质、水生植物及浮游藻类等状况对比后，选择太湖东部湖区的浦庄、东太湖和庙港，贡湖湾的金墅港，太湖周边水域水体的钱资荡、傀儡湖、长荡湖湖南和瓦屋山水库共计 8 个点位作为构建冬春季浮游藻类生物完整性指数（P-IBI）评价的参照点。

4.1.2　参数筛选

参照国内外相关文献，结合研究区域自身生态条件与监测结果，共选取 4 个类别 26 个候选参数（表 4.1），其中反映浮游藻类群落多样性的参数 9 个，反映群落物种丰度的参数 4 个，反映群落均匀性的参数 7 个，反映群落耐污能力的参数 6 个。

表 4.1　冬春季 P-IBI 构建中的 26 个候选参数

类别	参数编号	生物参数	对干扰响应
群落多样性	M1	总分类单元数	下降
	M2	硅藻门分类单元数	下降
	M3	蓝藻门分类单元数	下降
	M4	绿藻门分类单元数	下降
	M5	硅藻门分类单元%	下降
	M6	蓝藻门分类单元%	下降
	M7	绿藻门分类单元%	下降
	M8	香农多样性指数	下降
	M9	Simpson 指数	下降
群落物种丰度	M10	浮游藻类密度	上升
	M11	硅藻门密度	下降
	M12	蓝藻门密度	上升
	M13	绿藻门密度	下降
群落均匀性	M14	Pielou 指数	下降
	M15	硅藻门密度%	下降
	M16	蓝藻门密度%	上升
	M17	绿藻门密度%	下降
	M18	优势种%	上升
	M19	前 3 位优势种%	上升
	M20	分类单元个体密度均值	上升
群落耐污能力	M21	水华藻密度%	上升
	M22	产毒藻密度%	上升
	M23	敏感种密度	下降
	M24	敏感种密度%	下降
	M25	耐污种密度	上升
	M26	耐污种密度%	上升

分布范围分析主要考察候选参数能否准确区分不同污染程度的水体环境，步骤如下。

（1）剔除不随干扰变化而变化的参数。

（2）判断参数在参照点和受损点的变化趋势是否与其理论上对干扰响应方向一致，若与干扰响应方向相反，则该参数不能反映水体的污染变化，予以剔除。

（3）判断参数变化范围，剔除区分灵敏度低的参数。

对于随干扰增加而下降的参数，若自身数值过小，说明受干扰后，其可变化范围较窄，不能准确区分受不同污染程度的水体，予以剔除；对于随干扰增加而上升的参数，若自身数值过大，也不适宜构建 IBI，予以剔除。

（4）判断参数值的分布情况，若分布较散，标准差大，说明该值不稳定，予以剔除。

26 个候选参数在参照点中的分布范围如表 4.2 所示。

表 4.2　26 个候选参数在参照点中的分布情况

候选参数	对干扰响应	平均值	标准差	最大值	最小值	25%分位数	中位数	75%分位数
M1	下降	31.68	11.76	58.00	15.00	22.00	29.00	40.00
M2	下降	11.90	7.75	37.00	1.00	7.00	11.00	15.00
M3	下降	4.02	1.47	7.00	0.00	3.00	4.00	5.00
M4	下降	11.10	6.81	31.00	3.00	7.00	8.00	12.88
M5	下降	36.0%	17.0%	70.0%	7.0%	23.0%	37.0%	48.0%
M6	下降	15.0%	7.0%	32.0%	0.0%	9.0%	23.0%	20.0%
M7	下降	34.0%	13.0%	67.0%	14.0%	22.0%	33.0%	47.0%
M8	下降	3.68	0.66	4.77	2.15	3.11	3.81	4.24
M9	下降	0.85	0.08	0.95	0.58	0.81	0.87	0.92
M10	上升	415 468	261 783	1 244 000	78 000	202 000	356 000	626 000
M11	下降	162 020	150 921	632 000	1 000	48 000	122 000	220 000
M12	上升	81 992	79 408	348 000	0	30 000	53 000	106 000
M13	下降	89 687	106 066	414 000	9 000	16 500	32 000	116 000
M14	下降	0.75	0.09	0.89	0.50	0.70	0.76	0.82
M15	下降	36.0%	19.0%	83.0%	1.0%	26.0%	32.0%	49.0%
M16	上升	26.0%	22.0%	80.0%	0.0%	7.0%	21.0%	38.0%
M17	下降	20.0%	15.0%	50.0%	1.0%	6.0%	15.0%	33.0%
M18	上升	29.0%	13.0%	63.0%	10.0%	18.0%	27.0%	37.0%
M19	上升	52.0%	14.0%	82.0%	29.0%	40.0%	51.0%	60.0%

续表

候选参数	对干扰响应	平均值	标准差	最大值	最小值	25%分位数	中位数	75%分位数
M20	上升	13 168	7 258	41 429	3 375	8 080	11 880	17 512
M21	上升	22.0%	19.0%	67.0%	0.0%	5.0%	19.0%	33.0%
M22	上升	20.0%	19.0%	67.0%	0.0%	3.0%	17.0%	33.0%
M23	下降	980.00	1 980.45	8 000.00	0.00	0.00	0.00	1 500.00
M24	下降	0.0%	1.0%	2.0%	0.0%	0.0%	0.0%	0.0%
M25	上升	62 532	68 091	310 000	0	16 000	38 000	88 000
M26	上升	20.0%	19.0%	67.0%	0.0%	3.0%	18.0%	34.0%

依据以上筛选原则，M3-蓝藻门分类单元数、M4-绿藻门分类单元数、M6-蓝藻门分类单元%、M7-绿藻门分类单元%、M9-Simpson 指数、M10-浮游藻类密度、M11-硅藻门密度、M12-蓝藻门密度、M14-Pielou 指数、M15-硅藻门密度%、M20-分类单元个体密度均值、M25-耐污种密度被剔除，其余指标进入下一步筛选。

判别能力分析旨在判断候选参数能否显著区分参照点和受损点这两种不同的点位类型，筛选方法有箱线图法和 Mann-Whitney U 非参数检验法。第 3 章采用了箱线图法。该方法操作简单、结果直观，但步骤较为烦琐；Mann-Whitney U 非参数检验需要在 SPSS 等统计分析软件中进行，操作难度较高，但步骤简便，结果明确。此处选用步骤简便的 Mann-Whitney U 非参数检验法，检验结果如表 4.3 所示。Mann-Whitney U 非参数检验结果表明，只有 M23-敏感种密度和 M24-敏感种密度%这两个参数不能有效区分参照点和受损点（$P>0.05$），故剔除，剩余参数进入下一步筛选分析。

表 4.3　冬春季 Mann-Whitney U 非参数检验结果

参数	*M1	*M2	*M5	*M8	*M13	*M16	*M17
Z 值	−2.566	−3.201	−2.731	−2.731	−2.311	−2.689	−2.058
P 值	0.010	0.001	0.006	0.006	0.021	0.007	0.040
参数	*M18	*M19	*M21	*M22	M23	M24	*M26
Z 值	−2.058	−2.815	−2.184	−3.319	−1.679	−1.843	−3.319
P 值	0.040	0.005	0.029	0.001	0.093	0.065	0.001

注：标记*的进入下一步计算。

相关性分析的目的是检验各候选参数所反映信息的独立性，避免信息重叠产生“冗余”。Pearson 显著相关的参数说明信息重叠程度较高，选用其中一个进入

IBI 指标体系即可。具体的判别标准同第 3 章，如果相关系数 r 的绝对值＞0.75，则认为信息重叠程度较高。

表 4.4 为 12 个参数间的 Pearson 相关性检验结果。从结果中可以看出，M2 与 M5 高度相关，M13 与 M17 相关，考虑到 M5 和 M17 更能反映群落整体状况，删除 M2 和 M13，保留 M5 和 M17；M8 与 M18、M19 相关，但考虑到生态被破坏时群落中优势种优势性的剧烈变动，M8 和 M18 两个指数都予以保留，删除 M19；M16 与 M21、M22、M26 高度相关，删除 M16，M21、M22、M26 三个群落耐污能力的参数两两间极相关，因此保留 M21 即可。

表 4.4　12 个参数间的 Pearson 相关性检验结果

	M1	M2	M5	M8	M13	M16	M17	M18	M19	M21	M22	M26
M1	1											
M2	0.65	1										
M5	0.27	0.85	1									
M8	0.75	0.58	0.41	1								
M13	0.69	0.16	−0.17	0.48	1							
M16	−0.66	−0.54	−0.38	−0.65	−0.49	1						
M17	0.52	0.01	−0.26	0.59	0.77	−0.35	1					
M18	−0.34	−0.28	−0.29	−0.78	−0.26	0.55	−0.48	1				
M19	−0.58	−0.49	−0.40	−0.95	−0.45	0.57	−0.63	0.87	1			
M21	−0.66	−0.42	−0.20	−0.66	−0.49	0.91	−0.47	0.54	0.59	1		
M22	−0.66	−0.52	−0.34	−0.69	−0.49	0.96	−0.43	0.59	0.64	0.96	1	
M26	−0.64	−0.50	−0.33	−0.68	−0.49	0.96	−0.44	0.59	0.63	0.95	1.00	1

经过上述筛选，最终选定 M1-总分类单元数、M5-硅藻门分类单元%、M8-香农多样性指数、M17-绿藻门密度%、M18-优势种%和 M21-水华藻密度%这 6 个参数来构建太湖流域湖库冬春季 P-IBI。

P-IBI 构建需对核心参数的量纲进行统一。统一评价量纲的方法通常有 3 种，分别为比值法、3 分制法和 4 分制法。通过文献比对，本书采用比值法。

对于干扰越强、值越低的参数，以该参数所有样本的 95%分位数值作为最佳值，该参数分值等于参数值除以最佳值；对于干扰越强、值越高的参数，以该参数所有样本的 5%分位数值作为最佳值，该参数分值的计算方法为（最大值−参数值）/（最大值−最佳值）。各参数分值的计算公式如表 4.5 所示，分值范围 0～1，大于 1 的记为 1，小于 0 的记为 0。

表 4.5　冬春季 P-IBI 各参数分值的计算公式

参数	计算公式
M1-总分类单元数	M1/54.5
M5-硅藻门分类单元%	M2/68.6%
M8-香农多样性指数	M8/4.670
M17-绿藻门密度%	M17/49.1%
M18-优势种%	(100%−M18)/(100%−10.4%)
M21-水华藻密度%	(100%−M21)/(100%−0.6%)

将各参数分值累加得到 P-IBI 值。各点位 P-IBI 分值符合正态分布（Kolmogorov-Smirnov 检验结果 $P = 0.70$）。选用所有点位 P-IBI 值的 95%分位数为最佳值，将低于该值的范围 4 等分，得到评价太湖生态系统不同健康程度的标准，具体如表 4.6 所示。

表 4.6　冬春季太湖 P-IBI 健康评价分级标准

健康	亚健康	一般	差	极差
≥5.03	3.77～5.03	2.51～3.77	1.26～2.51	<1.26

4.1.3　江苏省太湖流域湖库冬春季 P-IBI 评价结果

利用构建的冬春季 P-IBI 对太湖及周边湖、库开展水生态健康评价。结果显示，8 个参照点中，1 个点位（瓦屋山水库）评价结果为健康，其余 7 个点位均为亚健康；受损点中，29 个点位评价结果为亚健康，19 个点位评价结果为一般，4 个点位评价结果为差。从结果来看，流域的水生态健康评价结果较实际情况可能偏好，尤其是太湖湖体。

太湖湖体中，东太湖评价结果最好，均为亚健康状态；东部沿岸、贡湖、竺山湖和西部沿岸评价结果次之，多为亚健康或一般；湖心区和南部沿岸评价结果多为一般或差。东太湖、东部沿岸评价结果较好，总体符合太湖东部湖区污染程度较轻的现状。但竺山湖、西部沿岸水域以及梅梁湖等评价结果都出现异常（优于实际状况）。本次评价中，竺山湖区域均为亚健康状态，与实际情况差异较大。差异产生的可能原因是候选指标选取存在不足，难以科学反映上述区域的异常情况，因此需要进一步开展 P-IBI 的修正研究。

4.1.4 冬春季 P-IBI 评价修正

4.1.2 节建立的冬春季P-IBI在评价过程中产生了与实际情况差异较大的情况。鉴于此，综合考虑浮游藻类个体细胞数不同，其对群落整体的贡献也存在差异，将个体数与细胞数独立考虑，重新选取候选参数，构建修正的冬春季太湖 P-IBI。

参照点选取条件及选定结果同 4.1.1 节参照状态。

分别考虑浮游藻类不同类群的个体数和细胞数，选取浮游藻类 4 个类别共 51 个候选参数。其中反映群落多样性的参数 15 个，反映群落物种丰度的参数 10 个，反映群落均匀性的参数 12 个，反映群落耐污能力及特性的参数 14 个，具体见表 4.7。

表 4.7 冬春季修正 P-IBI 构建中的 51 个候选参数

参数类别	生物参数	
群落多样性	*M1-总分类单元数	*M2-硅藻门分类单元数
	M3-蓝藻门分类单元数	M4-绿藻门分类单元数
	*M5-硅藻门分类单元%	M6-蓝藻门分类单元%
	M7-绿藻门分类单元%	*M8-个体香农多样性指数
	*M9-细胞香农多样性指数	M10-个体 Margalef 指数
	*M11-细胞 Margalef 指数	M12-个体 Simpson 指数
	*M13-细胞 Simpson 指数	M14-个体 Pielou 指数
	M15-细胞 Pielou 指数	
群落物种丰度	M16-个体密度	*M17-细胞密度
	M18-硅藻门个体密度	M19-硅藻门细胞密度
	M20-蓝藻门个体密度	*M21-蓝藻门细胞密度
	M22-绿藻门个体密度	M23-绿藻门细胞密度
	M24-不可食藻个体密度	*M25-不可食藻细胞密度
群落均匀性	*M26-硅藻门个体密度%	*M27-硅藻门细胞密度%
	M28-蓝藻门个体密度%	*M29-蓝藻门细胞密度%
	*M30-绿藻门个体密度%	*M31-绿藻门细胞密度%
	M32-优势种个体%	*M33-优势种细胞%
	M34-前 3 位优势种个体%	*M35-前 3 位优势种细胞%
	M36-分类单元个体密度均值	*M37-分类单元细胞密度均值
群落耐污能力及特性	M38-水华藻个体密度%	*M39-水华藻细胞密度%
	M40-产毒藻个体密度%	*M41-产毒藻细胞密度%

续表

参数类别	生物参数	
群落耐污能力及特性	M42-敏感种个体密度	M43-敏感种细胞密度
	M44-敏感种个体密度%	M45-敏感种细胞密度%
	M46-耐污种个体密度	*M47-耐污种细胞密度
	M48-耐污种个体密度%	*M49-耐污种细胞密度%
	*M50-不可食藻个体密度%	*M51-不可食藻细胞密度%

注：标记*的为通过分布范围分析筛选参数。

采用 Mann-Whitney U 非参数检验法检验候选参数能否区分参照点和受损点。分布范围分析筛选结果如表 4.8 所示。结果显示，除 M26 外，其余 23 个参数在参照点和受损点之间均存在显著差异（$P<0.05$）。

表 4.8　Mann-Whitney U 非参数检验结果

参数	*M1	*M2	*M5	*M8	*M9	*M11	*M13	*M17
Z 值	−2.566	−3.201	−2.731	−2.731	−3.613	−2.983	−3.613	−3.823
P 值	0.010	0.001	0.006	0.006	0.000	0.003	0.000	0.000
参数	*M21	*M25	M26	*M27	*M29	*M30	*M31	*M33
Z 值	−3.760	−3.823	−1.933	−3.781	−3.193	−2.058	−3.277	−3.613
P 值	0.000	0.000	0.053	0.000	0.001	0.040	0.001	0.000
参数	*M35	*M37	*M39	*M41	*M47	*M49	*M50	*M51
Z 值	−3.571	−4.201	−3.487	−3.571	−3.781	−3.445	−3.235	−3.361
P 值	0.000	0.000	0.000	0.000	0.000	0.001	0.001	0.001

注：标记*的进入下一步计算。

23 个候选参数间的 Pearson 相关性分析结果（表 4.9）显示，M1 包含信息量最大，首先考虑予以保留，因此删除 M8 和 M11；M2 与 M5 和 M27 都高度相关，M5 与除 M2 外所有参数都不相关，因此删除 M2，保留 M5；M17 对水生态健康具有重要意义而予以保留，删除与之高度相关的 M21、M25、M37 和 M47；M33、M35、M39、M41、M49、M50 和 M51 两两高度相关，考虑到 M51 与 M31 不相关，且 M51 反映信息量更大，删除 M33、M35、M39、M41、M49 和 M50；M30 只与 M31 一个参数相关，M31 与多个参数相关，保留 M30，删除 M31；M9 与 M13 均为反映浮游藻类群落丰富度和均匀性的综合指数，所包含群落信息量较大，M13 与较少剩余参数相关且与之相关的参数也都与 M9 相关，因此保留 M13，删除 M9 和与 M13 相关的 M29 和 M51。

表 4.9　23 个候选参数间的 Pearson 相关性分析结果

	M1	M2	M5	M8	M9	M11	M13	M17	M21	M25	M27	M29	M30	M31	M33	M35	M37	M39	M41	M47	M49	M50	M51
M1	1																						
M2	0.65	1																					
M5	0.27	0.85	1																				
M8	0.75	0.58	0.41	1																			
M9	0.74	0.66	0.45	0.74	1																		
M11	0.99	0.71	0.35	0.78	0.82	1																	
M13	0.68	0.63	0.48	0.75	0.98	0.77	1																
M17	-0.23	-0.37	-0.40	-0.55	-0.59	-0.35	-0.61	1															
M21	-0.32	-0.37	-0.37	-0.61	-0.64	-0.43	-0.66	0.99	1														
M25	-0.33	-0.37	-0.36	-0.61	-0.65	-0.44	-0.66	0.99	1.00	1													
M27	0.45	0.79	0.66	0.39	0.76	0.55	0.70	-0.45	-0.45	-0.45	1												
M29	-0.65	-0.52	-0.28	-0.59	-0.85	-0.71	-0.79	0.46	0.55	0.55	-0.68	1											
M30	0.52	0.01	-0.26	0.59	0.51	0.53	0.48	-0.29	-0.38	-0.39	0.08	-0.56	1										
M31	0.70	0.33	0.07	0.61	0.80	0.73	0.75	-0.38	-0.45	-0.46	0.47	-0.76	0.75	1									
M33	-0.68	-0.64	-0.48	-0.72	-0.98	-0.77	-0.99	0.58	0.63	0.63	-0.75	0.81	-0.48	-0.80	1								
M35	-0.70	-0.63	-0.41	-0.65	-0.97	-0.78	-0.91	0.54	0.58	0.58	-0.81	0.87	-0.49	-0.83	0.94	1							
M37	-0.47	-0.49	-0.47	-0.73	-0.66	-0.55	-0.68	0.93	0.95	0.94	-0.44	0.52	-0.34	-0.44	0.64	0.57	1						
M39	-0.68	-0.56	-0.28	-0.65	-0.88	-0.76	-0.84	0.51	0.58	0.58	-0.66	0.93	-0.59	-0.77	0.84	0.86	0.54	1					
M41	-0.67	-0.57	-0.31	-0.65	-0.90	-0.75	-0.85	0.51	0.58	0.58	-0.71	0.94	-0.57	-0.77	0.86	0.88	0.54	1.00	1				
M47	-0.32	-0.36	-0.36	-0.60	-0.65	-0.43	-0.67	0.99	1.00	1.00	-0.45	0.55	-0.38	-0.46	0.63	0.58	0.94	0.58	0.58	1			
M49	-0.64	-0.50	-0.27	-0.64	-0.89	-0.72	-0.85	0.51	0.58	0.58	-0.66	0.95	-0.60	-0.79	0.85	0.88	0.54	0.98	0.99	0.59	1		
M50	-0.73	-0.59	-0.38	-0.73	-0.84	-0.79	-0.82	0.60	0.68	0.68	-0.59	0.83	-0.51	-0.67	0.80	0.79	0.71	0.81	0.82	0.68	0.82	1	
M51	-0.67	-0.53	-0.27	-0.60	-0.85	-0.73	-0.79	0.46	0.54	0.55	-0.66	0.96	-0.55	-0.73	0.81	0.86	0.51	0.93	0.95	0.54	0.96	0.86	1

经过上述筛选，最终选定 M1-总分类单元数、M5-硅藻门分类单元%、M13-细胞 Simpson 指数、M17-细胞密度、M27-硅藻门细胞密度%和 M30-绿藻门个体密度%这 6 个参数来构建太湖流域冬春季修正的 P-IBI。

采用比值法统一核心参数量纲，按表 4.10 中的计算公式计算各参数分值，分值范围 0～1，大于 1 的记为 1，小于 0 的记为 0。

表 4.10　冬春季修正的 P-IBI 各参数分值的计算公式

参数	计算公式
M1-总分类单元数	M1/54.5
M5-硅藻门分类单元%	M5/68.6%
M13-细胞 Simpson 指数	M13/0.922
M17-细胞密度	(30 134 000−M17)/(30 134 000−1 063 400)
M27-硅藻门细胞密度%	M27/41.0%
M30-绿藻门个体密度%	M30/48.9%

将各参数分值累加得到修正的 P-IBI 值。选用所有点位 P-IBI 值的 95%分位数为最佳值，将低于该值的范围 4 等分，得到评价太湖生态系统不同健康程度的标准，具体如表 4.11 所示。

表 4.11　冬春季 P-IBI 健康评价分级标准

健康	亚健康	一般	差	极差
≥5.16	3.87～5.16	2.58～3.87	1.29～2.58	＜1.29

采用修正的 P-IBI 对太湖及周边湖、库进行水生态健康评价。2012 年 12 月～2013 年 4 月批次评价结果显示：8 个参照点中，1 个点位（瓦屋山水库）评价结果为健康，其余 7 个均为亚健康，与未修正的 P-IBI 评价结果一致；受损点中，13 个点位评价结果为亚健康，32 个点位评价结果为一般，11 个点位评价结果为差。与未修正的 P-IBI 结果比较可以发现，修正后，流域亚健康状态的点位明显变少，一般等级的点位显著上升。从太湖湖体来看，东太湖 1 个点位从未修正前的亚健康变成修正后的一般，但是参照点的评价结果未发生变化。

受损点利用修正的 P-IBI 评价结果多为一般或极差，较符合太湖整体遭受较为严重污染的现状，但竺山湖、西部沿岸评价结果仍然较为异常，可能原因是浮游藻类与环境因子的自然关系。冬季限制水体浮游藻类群落的决定性外部环境因子是水温，且其影响作用远远高于如营养盐浓度等因子。当水温抑制了群落中某几种喜富营养、超富营养种类的大量繁殖，原本被某一种或几种藻类大量占用的生态位被释放，在占主导的外部压力影响下，浮游藻类间的竞争关系被极大削弱。而高浓度营养盐对浮游藻类又存在促进作用，大量浮游藻类种类出现。其中竺山湖、西部沿岸及椒山点位平均浮游藻类种类数为 50 种，而参照点平均种类数仅为 40 种，所有点位平均仅 32 种，远远低于上述区域。同时关于多样性指数，上述区域均值高达 4.34，参照点均值为 4.21，而所有点位均值仅为 3.67。外部压力因子抑制了绝对优势种的出现，物种多且群落结构复杂、合理等使得该区域点位的优势种等指标都处于较为健康的状态，P-IBI 的评价结果较好。

修正的 P-IBI 整体较符合太湖所遭受污染的现状，评价结果较为客观准确，同时修正的 P-IBI 区分能力更强，区分了原本评价结果相同的点位差异。2013 年 11 月的评价结果显示，8 个参照点中，1 个点位（瓦屋山水库）下降为亚健康，其余 7 个点位均下降为一般。受损点中，出现了 4 个极差点。本次的评价结果较 2012 年 12 月～2013 年 4 月批次明显下降。

4.2　夏秋季浮游藻类完整性指数评价

4.2.1　参照点选取

依照冬春季参照点选取原则，本书以 2013 年 8 月（夏秋季）太湖流域湖库的调查数据为基础，选择太湖东部湖区的浦庄、东太湖、庙港、胥湖心和七都口，贡湖湾的金墅港，太湖周边水域水体的傀儡湖、澄湖东和鹅真荡共计 9 个点位作为夏秋季评价的参照点。

4.2.2　参数筛选

分别考虑浮游藻类不同类群的个体数和细胞数，选取了浮游藻类 4 个类别共 51 个候选参数。其中，反映群落多样性的参数 15 个，反映群落物种丰度的参数 10 个，反映群落均匀性的参数 12 个，反映群落耐污能力及特性的参数 14 个。分布范围分析筛选原则同冬春季，筛选结果见表 4.12。

表 4.12　夏秋季 P-IBI 构建中的 51 个候选参数及筛选结果

参数类别	生物参数	
群落多样性	*M1-总分类单元数	*M2-硅藻门分类单元数
	M3-蓝藻门分类单元数	M4-绿藻门分类单元数
	M5-硅藻门分类单元%	M6-蓝藻门分类单元%
	*M7-绿藻门分类单元%	*M8-个体香农多样性指数
	*M9-细胞香农多样性指数	*M10-个体 Margalef 指数
	*M11-细胞 Margalef 指数	*M12-个体 Simpson 指数
	*M13-细胞 Simpson 指数	*M14-个体 Pielou 指数
	*M15-细胞 Pielou 指数	
群落物种丰度	M16-个体密度	*M17-细胞密度
	M18-硅藻门个体密度	M19-硅藻门细胞密度
	*M20-蓝藻门个体密度	*M21-蓝藻门细胞密度
	M22-绿藻门个体密度	M23-绿藻门细胞密度
	M24-不可食藻个体密度	M25-不可食藻细胞密度
群落均匀性	M26-硅藻门个体密度%	M27-硅藻门细胞密度%
	M28-蓝藻门个体密度%	M29-蓝藻门细胞密度%
	M30-绿藻门个体密度%	*M31-绿藻门细胞密度%
	*M32-优势种个体%	*M33-优势种细胞%
	*M34-前 3 优势种个体%	*M35-前 3 优势种细胞%
	M36-分类单元个体密度均值	*M37-分类单元细胞密度均值
群落耐污能力及特性	M38-水华藻个体密度%	*M39-水华藻细胞密度%
	M40-产毒藻个体密度%	*M41-产毒藻细胞密度%
	M42-敏感种个体密度	M43-敏感种细胞密度
	M44-敏感种个体密度%	M45-敏感种细胞密度%
	M46-耐污种个体密度	*M47-耐污种细胞密度
	M48-耐污种个体密度%	*M49-耐污种细胞密度%
	M50-不可食藻个体密度%	M51-不可食藻细胞密度%

注：标记*的为通过分布范围分析筛选参数。

采用 Mann-Whitney U 非参数检验法检验候选参数能否区分参照点和受损点。结果除 M17、M20、M21、M47、M49 外，其余参数在参照点和受损点之间均存在显著差异（P<0.05）（表 4.13）。

表 4.13　夏秋季 Mann-Whitney U 非参数检验结果

参数	*M1	*M2	*M7	*M8	*M9	*M10	*M11	*M12
Z 值	−4.431	−3.655	−3.686	−3.957	−3.330	−4.427	−4.466	−3.565
P 值	0.000	0.000	0.000	0.000	0.001	0.000	0.000	0.000
参数	*M13	*M14	*M15	M17	M20	M21	*M31	*M32
Z 值	−2.899	−2.311	−2.116	−0.940	−0.980	−0.666	−2.507	−2.899
P 值	0.004	0.021	0.034	0.347	0.327	0.505	0.012	0.004
参数	*M33	*M34	*M35	*M37	*M39	*M41	M47	M49
Z 值	−2.684	−3.487	−2.977	−2.311	−1.965	−1.992	−1.645	−1.920
P 值	0.007	0.000	0.003	0.021	0.049	0.046	0.100	0.055

注：标记*的进入下一步计算。

19 个候选参数间的 Pearson 相关性分析结果（表 4.14）显示，M1 包含信息量最大，首先考虑予以保留，删除与之相关的 M2、M7、M8、M10、M11；M9 的应用最为广泛，综合考虑了群落的丰富度和均匀性，予以保留，删除与之相关的 M13、M15、M33、M35；M31 不与任何参数相关，予以保留；M12、M14 都与 M32 相关，多样性指数已经保留了 M9，因此删除 M12 和 M14，保留 M32，同时删除与之相关的 M34；M39 和 M41 高度相关，保留 1 个即可，保留 M39，删除 M41。

经过上述筛选，最终选定 M1-总分类单元数、M9-细胞香农多样性指数、M31-绿藻门细胞密度%、M32-优势种个体%、M37-分类单元细胞密度均值和 M39-水华藻细胞密度%这 6 个参数来构建夏秋季太湖流域湖库 P-IBI。采用比值法统一核心参数量纲，按表 4.15 的计算公式计算各参数分值，分值范围 0～1，大于 1 的记为 1，小于 0 的记为 0。

表 4.14　19 个候选参数间的 Pearson 相关性分析结果

	M1	M2	M7	M8	M9	M10	M11	M12	M13	M14	M15	M31	M32	M33	M34	M35	M37	M39	M41
M1	1																		
M2	0.85	1																	
M7	0.81	0.50	1																
M8	0.79	0.59	0.74	1															
M9	0.53	0.46	0.50	0.45	1														
M10	0.99	0.84	0.83	0.83	0.51	1													
M11	0.98	0.84	0.84	0.81	0.63	0.99	1												
M12	0.60	0.37	0.60	0.92	0.30	0.63	0.60	1											
M13	0.46	0.42	0.43	0.36	0.98	0.45	0.56	0.21	1										
M14	0.51	0.32	0.56	0.92	0.32	0.57	0.54	0.95	0.24	1									
M15	0.30	0.28	0.33	0.28	0.96	0.29	0.42	0.16	0.97	0.21	1								
M31	0.14	0.25	0.13	0.06	0.64	0.17	0.27	−0.05	0.63	0.01	0.70	1							
M32	−0.59	−0.37	−0.57	−0.90	−0.33	−0.62	−0.59	−0.97	−0.25	−0.92	−0.20	0.01	1						
M33	−0.44	−0.37	−0.44	−0.36	−0.97	−0.42	−0.54	−0.23	−0.97	−0.23	−0.95	−0.62	0.25	1					
M34	−0.72	−0.53	−0.68	−0.97	−0.44	−0.76	−0.74	−0.86	−0.36	−0.92	−0.29	−0.04	0.86	0.34	1				
M35	−0.43	−0.37	−0.41	−0.41	−0.96	−0.41	−0.53	−0.29	−0.91	−0.32	−0.95	−0.69	0.32	0.94	0.40	1			
M37	−0.35	−0.38	−0.33	−0.50	−0.46	−0.39	−0.42	−0.37	−0.44	−0.51	−0.44	−0.35	0.28	0.42	0.49	0.43	1		
M39	−0.32	−0.30	−0.38	−0.15	−0.77	−0.31	−0.42	0.03	−0.79	−0.02	−0.78	−0.60	−0.02	0.78	0.15	0.70	0.46	1	
M41	−0.32	−0.30	−0.38	−0.15	−0.77	−0.31	−0.42	0.03	−0.79	−0.02	−0.78	−0.60	−0.02	0.78	0.15	0.70	0.46	1.00	1

表 4.15 夏秋季 P-IBI 各参数分值计算公式

参数	计算公式
M1-总分类单元数	M1/49
M9-细胞香农多样性指数	M9/4.142
M31-绿藻门细胞密度%	M31/43.5%
M32-优势种个体%	(84.2%−M32)/(84.2%−12.4%)
M37-分类单元细胞密度均值	(18 713 666−M37)/(18 713 666−25 238)
M39-水华藻细胞密度%	(98.1%−M39)/(98.1%−0.1%)

将各参数分值累加得到 P-IBI 值。选用所有点位 P-IBI 值的 95%分位数为最佳值，将低于该值的范围 4 等分，得到评价太湖生态系统不同健康程度的标准，具体如表 4.16 所示。

表 4.16 夏秋季 P-IBI 健康评价分级标准

健康	亚健康	一般	差	极差
≥5.20	3.90～5.20	2.60～3.90	1.30～2.60	<1.30

4.2.3 江苏省太湖流域湖库夏秋季 P-IBI 评价结果

利用构建的夏秋季 P-IBI 对太湖及周边湖、库进行水生态健康评价。结果显示，9 个参照点中，2 个点位评价结果为健康（东太湖、庙港），6 个点位为亚健康，剩余 1 个点位为一般（金墅港）。受损点中，1 个点位评价结果为健康（瓦屋山水库），30 个点位评价结果为亚健康，20 个点位为一般，剩余 4 个点位为差。

从流域来看，夏秋季，南山地区水库的水生态健康状况比茅山地区的水库要好；流域下游区（苏州境内）湖泊的水生态状况要好于上游常州和无锡境内的湖泊。从太湖湖体来看，可能与局部小环境有关，西北部个别点位的水生态健康评价结果为亚健康，但是整体上，夏秋季太湖水生态健康状况从西向东呈现出由差变好的趋势，差的点位集中在西北部，一般的点位集中在湖心区，东部沿岸的点位以亚健康为主，东太湖的点位则以健康为主。

总体而言，构建的夏秋季 P-IBI 能够较为真实、客观地反映太湖流域夏秋季的水生态健康分布情况。

第5章 江苏省太湖流域水生态健康评价方法的业务化转化

国内开展水生态研究已有30余年，但总体依然处于发展阶段，其中传统的物种分类鉴定方法专业性强、投入大、收效慢、对研究人员综合素养要求高等是限制其发展的关键因素之一。目前，国内的水生态监测与评估研究工作主要集中于高校、科研院所等研究机构，地方环保等业务工作部门由于缺乏专业技术人才，基本未开展相关业务工作或仅少量开展。在缺乏专业技术人才队伍的情况下，基于科学研究目的筛选获得的生物指标在推广过程中势必会由于无法“落地”而被搁置。因此，在广泛征集江苏省太湖流域基层环保业务部门建议和充分调研人员、设备等状况的前提下，确定流域水生态健康评价方法业务化转化工作的主要技术原则和目标，即以科学筛选的研究型指标体系为基础，进一步合理简化，提升可操作性，人员经过短期培训后便可上岗，推动水生态监测与评估业务工作实现“从无到有”的突破，达到不断锻炼人才、培养队伍的目的，并在推广应用过程中不断修订完善业务化指标体系。

此外，在太湖流域水质污染未发生根本性好转的情况下，单纯以生物指标进行水生态健康评价可能与实际情况存在一定的差异。因此，出于长期业务化运行的目的，还需要建立一套包含水质和生物在内的，指标尽量统一、简化的水生态健康综合评价方法。

5.1 水质理化指标体系

5.1.1 水质理化指标筛选原则

水是水生生物生存的载体之一。水质变化与水生生物之间存在一定的压力-响应关系，这一关系随着水体的空间位置、类型等不同而表现出一定的差异性。在水质理化指标的筛选过程中，应该遵循以下基本原则。

（1）指标对水质类别的影响较大，且水质类别区分度明显；

（2）指标对水质变化的响应灵敏；

（3）指标分析周期短、分析方法简单易行、自动化监测程度高；

（4）对流（区）域内重要水体的水质影响较大。

5.1.2 河流水质指标筛选

以 2005～2015 年江苏省太湖流域河流断面的例行监测数据年均值为基础，根据《地表水环境质量评价方法（试行）》中河流、流域（水系）主要污染指标的确定方法，分析江苏省太湖流域河流断面水质变化的主要影响指标。结果（图 5.1）表明：高锰酸盐指数（COD_{Mn}）、溶解氧（DO）、总磷（TP）、石油类（OIL）、五日生化需氧量（BOD_5）、化学需氧量（COD_{Cr}）和氨氮（NH_4^+-N）7 项指标的超Ⅲ类比例均高于 20.0%，以 NH_4^+-N 最高，为 55.4%。

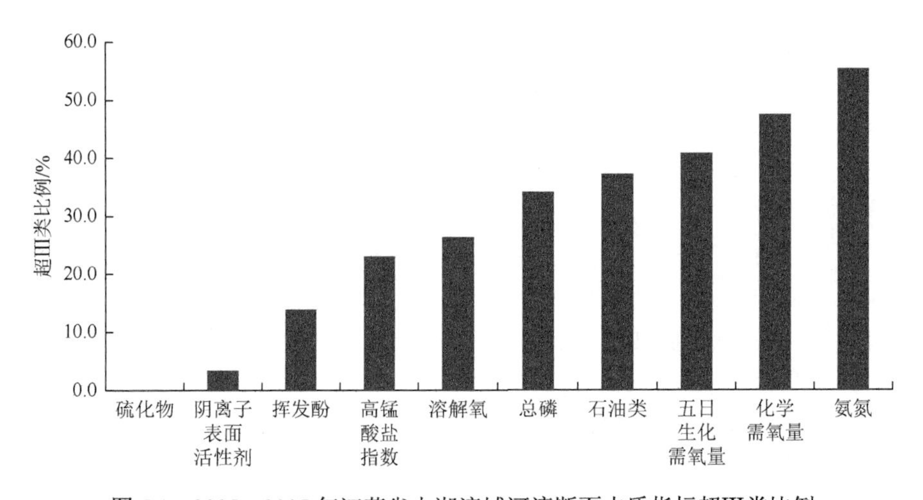

图 5.1 2005～2015 年江苏省太湖流域河流断面水质指标超Ⅲ类比例

在超Ⅲ类比例高于 20.0%的 7 项指标中，COD_{Mn}、BOD_5 和 COD_{Cr} 是水质有机污染的综合表征指标。其中，COD_{Cr} 指标目前普遍用于污废水水质评价，在地表水水质评价中多以 COD_{Mn} 进行，同时，相关性分析结果表明（图 5.2 和图 5.3），太湖流域河流 COD_{Mn} 和 COD_{Cr}、BOD_5 之间存在显著的相关关系。为了避免同一类指标的重复出现，结合“指标分析周期短、分析方法简单易行、自动化监测程度高”的指标筛选原则，最终确定 COD_{Mn} 作为地表水质有机污染的综合指标。

在去除 BOD_5 和 COD_{Cr} 后的 5 项指标中，OIL 超Ⅲ类的比例位居第二位，但是现行的国家标准中，OIL 指标Ⅰ～Ⅲ类的标准值相同。按照现行水质评价“从优不从劣”的原则，在 OIL 监测结果≤0.05 mg/L 的情况下，水质类别应定为Ⅰ类，掩盖了监测值对水质类别的客观反映，消除了水质类别的区分度，不能满足“指标对水质类别的影响较大且水质类别区分度明显”这一指标筛选原则，故剔除 OIL 这一水质指标。

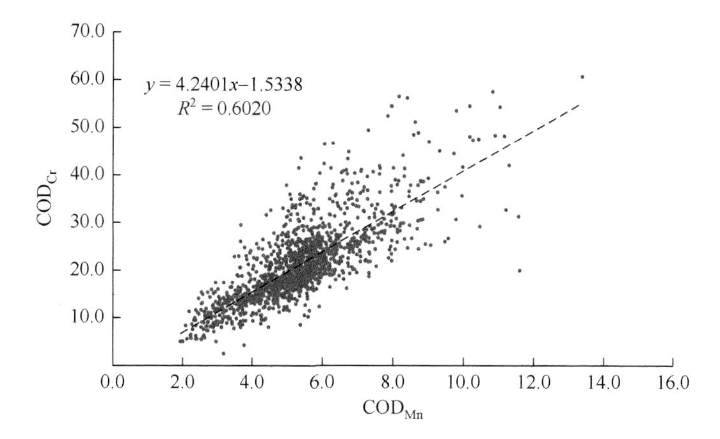

图 5.2　江苏省太湖流域河流 COD_{Mn} 和 COD_{Cr} 相关性分析

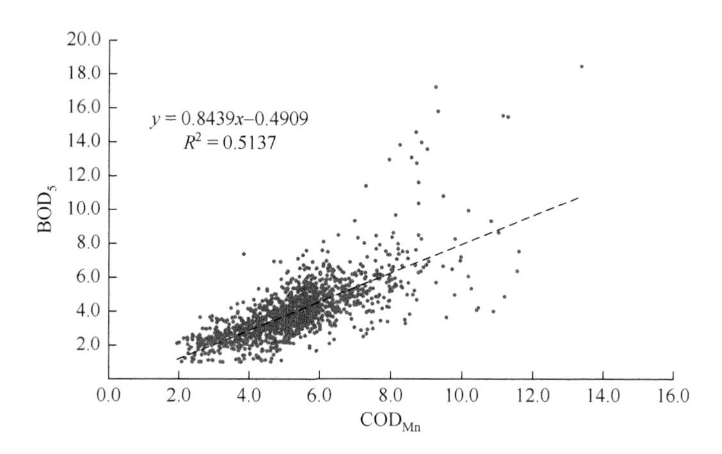

图 5.3　江苏省太湖流域河流 COD_{Mn} 和 BOD_5 相关性分析

太湖是太湖流域的水资源中心，是流域内最为重要的水体，其水质状况会影响到周边重要城市的经济社会发展。目前，太湖的富营养状况尚未发生根本性扭转，削减湖体氮、磷等营养盐以实现控制蓝藻水华仍然是当前的首要任务。入湖河流是湖体氮、磷的重要来源之一。

现行的《地表水环境质量标准》（GB 3838—2002）中，由于缺乏河流总氮（TN）的评价标准，在河流水质评价中 TN 指标一直不参与评价。但是，TN 是影响太湖水质的主要指标之一，且 GB 3838—2002 中针对湖库的 TN 制定了相应的标准，同时在《江苏省太湖流域水环境综合治理实施方案（2013 年修编）》中，也明确了太湖湖体和主要入湖河流 TN 的考核目标。鉴于此，将 TN 指标纳入江苏省太湖流域水生态健康评估指标体系的河流水质指标中。

综上，江苏省太湖流域水生态健康评估指标体系中河流水质理化指标的筛选

结果确定为 NH_4^+-N、TP、DO、COD_{Mn} 和 TN 5 项。目前，这 5 项指标均能够实现在线自动监测，自动监测程度高。

5.1.3 湖库水质指标筛选

考虑到《地表水环境质量评价方法（试行）》中，湖库水质的营养状态评价方法涉及的 TN、TP、COD_{Mn} 和 Chla 4 项指标的自动监测程度较高，且 SD 的分析周期短、分析方法简单易行。同时，为了保证现行评价方法的延续性，湖库水质指标的筛选结果确定为 TN、TP、COD_{Mn}、Chla 和 SD 5 项指标。

5.1.4 水质理化指标筛选结果

江苏省太湖流域水生态健康评估水质理化指标筛选结果如表 5.1 所示。

表 5.1 江苏省太湖流域水生态健康评估水质理化指标筛选结果

<table>
<tr><th>系统层</th><th>状态层</th><th>指标层</th><th>指标意义</th></tr>
<tr><td rowspan="10">水质质量指数</td><td rowspan="5">综合理化指数：河流综合污染指数</td><td>DO</td><td>水质指标，数值高，水质好</td></tr>
<tr><td>NH_4^+-N</td><td>水质指标，数值高，水质差</td></tr>
<tr><td>COD_{Mn}</td><td>水质指标，数值高，水质差</td></tr>
<tr><td>TP</td><td>水质指标，数值高，水质差</td></tr>
<tr><td>TN</td><td>水质指标，数值高，水质差</td></tr>
<tr><td rowspan="5">综合理化指数：湖库综合营养状态指数</td><td>Chla</td><td>水质指标，数值高，藻类现存量高</td></tr>
<tr><td>TP</td><td>水质指标，数值高，水质差</td></tr>
<tr><td>TN</td><td>水质指标，数值高，水质差</td></tr>
<tr><td>SD</td><td>感官指标，数值高，藻类现存量低</td></tr>
<tr><td>COD_{Mn}</td><td>水质指标，数值高，水质差</td></tr>
</table>

5.2 生物指标体系

5.2.1 生物指标筛选原则

水生生物是水生态系统的有机组成部分，扮演着水生态系统的生产者、消费者和分解者等多重角色，对水质变化也具有一定的反馈作用，因而有学者利用水生生物来反映水生态系统的变化。在生物完整性指标的筛选过程中，应该遵循以下基本原则。

（1）指标对应的评价方法普适性强，且较为成熟；

（2）指标监测难度低，对于专业知识要求尽可能低；

（3）指标包含的信息量尽可能大，确保指标数量尽可能少。

5.2.2 浮游藻类指标筛选

第 4 章以 2012～2013 年江苏省太湖流域湖库的调查数据为基础，采用国内外常用且适用性较强的生物完整性方法，通过分布范围、判别、相关性分析等处理获得基于浮游藻类的生物完整性指标体系，冬春季包括总分类单元数、硅藻门分类单元%、细胞 Simpson 指数、细胞密度、硅藻门细胞密度%和绿藻门个体密度% 6 项指标；夏秋季包含总分类单元数、细胞香农多样性指数、绿藻门细胞密度%、优势种个体%、分类单元细胞密度均值和水华藻细胞密度% 6 项指标。以上指标以科学研究为基础，部分指标对于业务化人员的专业知识要求较高，制约了业务化的应用，且冬春季和夏秋季的指标不尽相同，进一步制约了方法的应用。为了提高成果的业务化潜力，对以上指标进一步进行优化，最后获得包含总分类单元数、细胞密度和前 3 位优势种优势度 3 项指标作为浮游藻类完整性的评价指标，不仅统一了冬春季和夏秋季的评价指标，也大大降低了对业务化人员专业知识技能的要求。

相关性分析结果表明（图 5.4 和图 5.5），精简后的指标体系，能够很好地解释原有变量包含的信息量。

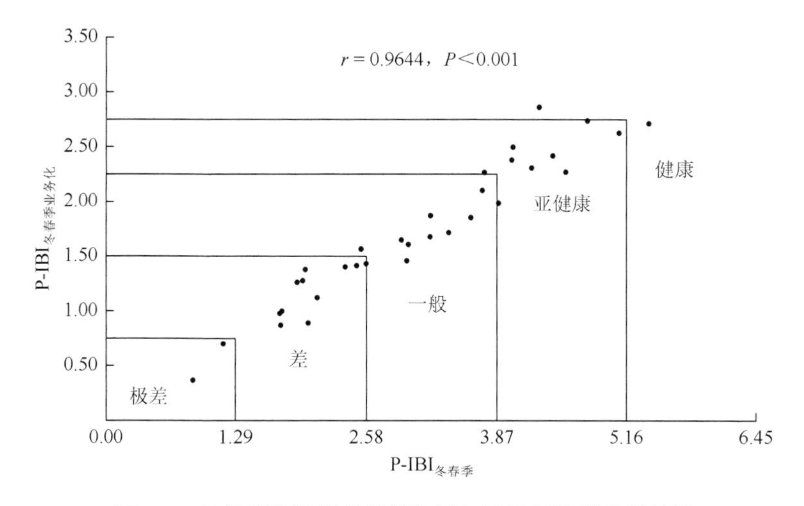

图 5.4　冬春季浮游藻类精简指标与原指标结果的相关性

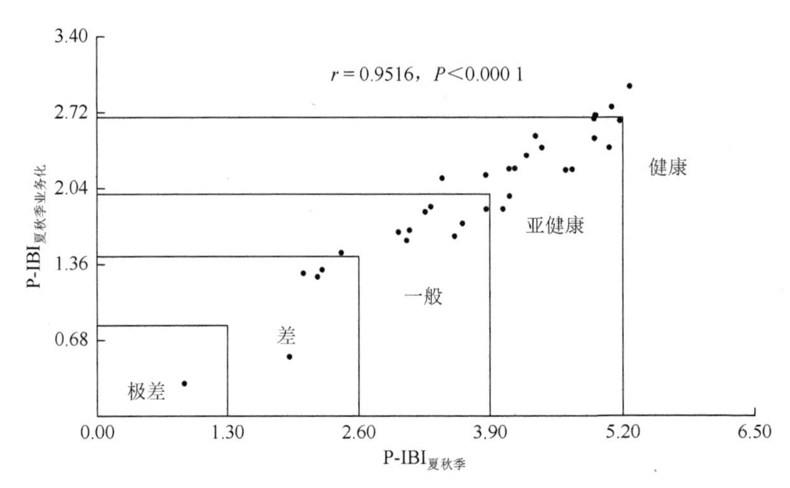

图 5.5　夏秋季浮游藻类精简指标与原指标结果的相关性

5.2.3　大型底栖无脊椎动物指标筛选

第 3 章以 2012～2013 年江苏省太湖流域不同类型水体的调查数据为基础，采用国内外常用且适用性较强的生物完整性方法，通过分布范围、判别、相关性分析等处理获得基于大型底栖无脊椎动物的生物完整性指标体系。同样出于业务化的需要，对相关指标进行进一步优化，最后获得包含软体动物分类单元数、第 1 位优势种优势度和 BMWP 指数 3 项指标的大型底栖动物完整性评价指标。

简化前后指标的相关性分析（图 5.6～图 5.9）表明，不同水体类型业务化指标体系与研究型指标体系均具有较好的环境梯度响应关系，且评价结果具有较好的线性相关性，因此，业务化指标体系在一定程度上能够较好地代表研究型指标体系，达到了简化的目标，提升了可操作性，具备了推广的前提基础。

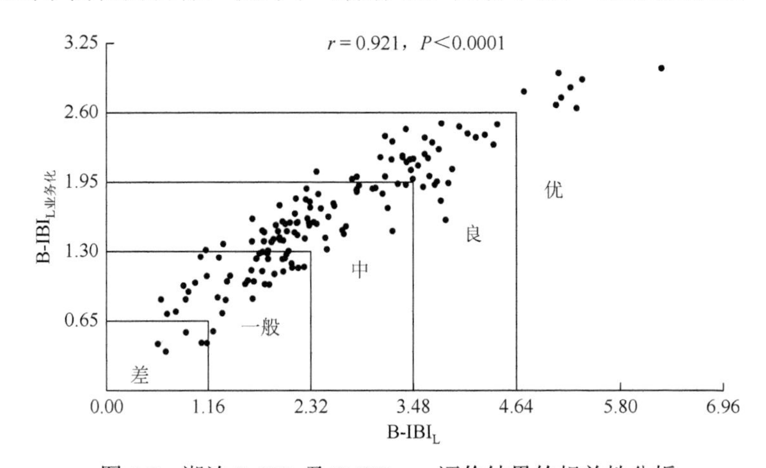

图 5.6　湖泊 B-IBI$_L$ 及 B-IBI$_{L\,业务化}$评价结果的相关性分析

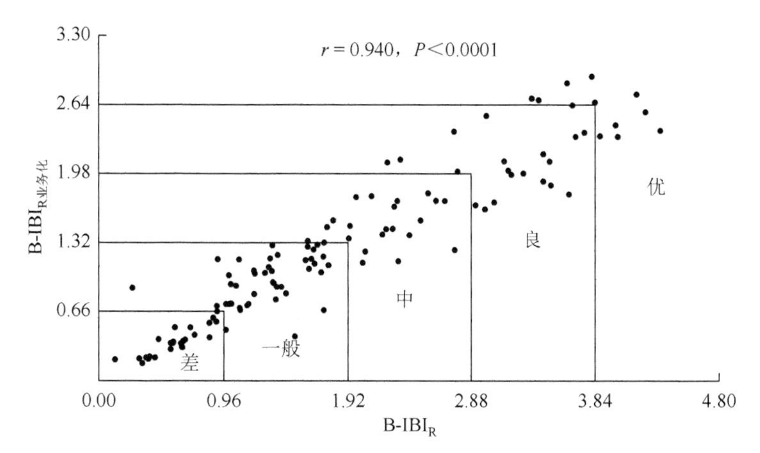

图 5.7　河流 $B\text{-}IBI_R$ 及 $B\text{-}IBI_{R业务化}$ 评价结果的相关性分析

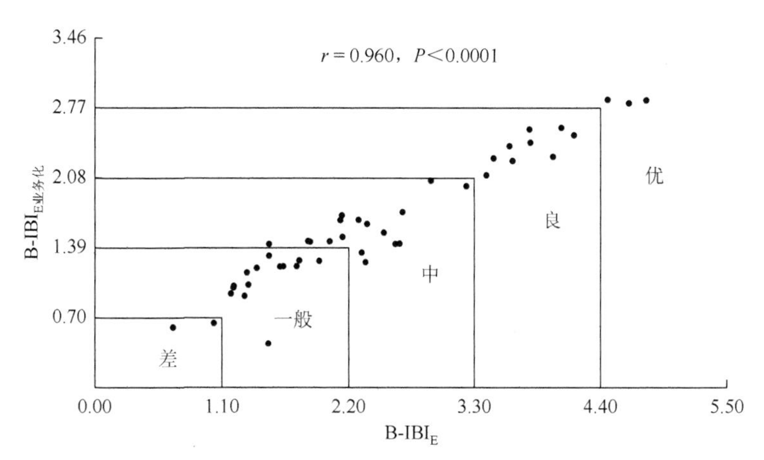

图 5.8　水库 $B\text{-}IBI_E$ 及 $B\text{-}IBI_{E业务化}$ 评价结果的相关性分析

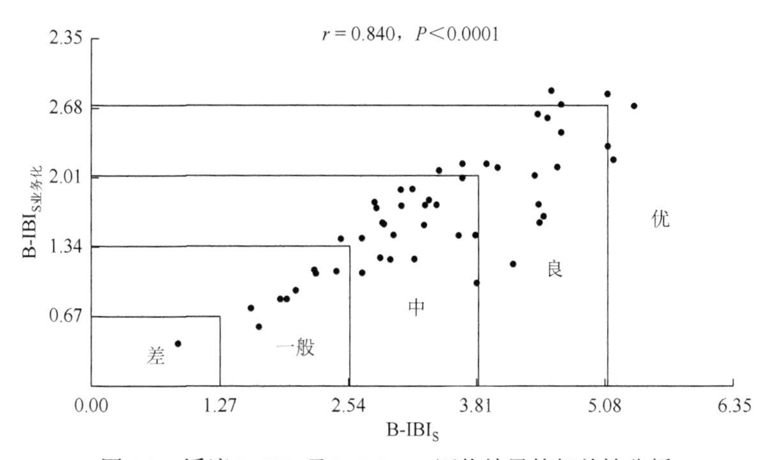

图 5.9　溪流 $B\text{-}IBI_S$ 及 $B\text{-}IBI_{S业务化}$ 评价结果的相关性分析

5.2.4 生物完整性指标筛选结果

江苏省太湖流域水生态健康评估生物完整性指标筛选结果如表 5.2 所示。

表 5.2　江苏省太湖流域水生态健康评估生物完整性指标筛选结果

系统层	状态层	指标层	指标意义
生物质量指数	湖泊、水库淡水浮游藻类	总分类单元数	丰富度指标，物种完整性高的点丰富性高
		细胞密度	样品中藻类细胞密度
		前 3 位优势种优势度	优势度指标，生态健康好的点优势物种优势度低
	淡水大型底栖无脊椎动物	软体动物分类单元数	丰富度指标，物种完整性高的点丰富性高
		第 1 位优势种优势度	优势度指标，完整性高的点单一物种优势度低
		BMWP 指数	物种敏感性（指示性）指标

5.3 太湖流域水生态健康评估指标体系

结合水质理化指标和生物完整性指标筛选结果，确定江苏省太湖流域水生态健康评估指标体系如表 5.3 所示。

表 5.3　江苏省太湖流域水生态健康评估指标体系

目标层	系统层	状态层	指标层	指标意义	备注
水生态环境质量指数	生物质量指数	湖泊、水库淡水浮游藻类质量指数（IPI）	总分类单元数（Py_1）	总分类单元数为生物丰富度指标，生态状况较好时，总分类单元数较高	物种鉴定一般到属或种水平，优势种尽可能到种，对于门、纲、目、科、属等较高分类等级的情况，至少区分为不同的种类
			细胞密度（Py_2）	样品中藻类细胞生物密度为生物构成指标，生态状况较好时，生物密度往往较低	
			前 3 位优势种优势度（Py_3）	样品中藻类优势物种优势度为生物构成指标，生态状况较好时，优势物种优势度较低	
		淡水大型底栖无脊椎动物质量指数（B-IBI）	软体动物分类单元数（B_1）	软体动物分类单元数为生物丰富度指标，生态状况较好时，软体动物分类单元数较高	物种鉴定一般到属或种水平，优势种尽可能到种，对于门、纲、目、科、属等较高分类等级的情况，至少区分为不同的种类

续表

目标层	系统层	状态层	指标层	指标意义	备注
水生态环境质量指数	生物质量指数	淡水大型底栖无脊椎动物质量指数（B-IBI）	第1位优势种优势度（B_2）	优势种优势度为生物构成指标，生态状况较好时，优势种优势度较低	
			BMWP指数（B_3）	BMWP指数为生物耐污敏感性指标，生态状况较好时，BMWP指数值较高	
	水质质量指数	湖泊、水库综合营养状态指数（TLI）	叶绿素a（T_1）、透明度（T_2）、高锰酸盐指数（T_3）、总磷（T_4）、总氮（T_5）	水质好时，透明度高，叶绿素a、高锰酸盐指数、总磷、总氮低	
		河流综合污染指数（P）	溶解氧（P_1）、氨氮（P_2）、高锰酸盐指数（P_3）、总磷（P_4）、总氮（P_5）	水质好时，溶解氧高，氨氮、高锰酸盐指数、总磷、总氮低	

5.4　江苏省太湖流域水生态健康评估方法

5.4.1　河流综合污染指数计算、归一化及分级标准

对于河流测点，采用综合污染指数进行水质评价。

1. 单因子水质污染指数计算

NH_4^+-N、COD_{Mn}、TP和TN的单因子水质污染指数计算公式为

$$P_i = \frac{C_i}{C_s} \tag{5.1}$$

式中，P_i为某一水质指标的单项污染指数；C_i为某一水质指标的监测值；C_s为某一水质指标的标准值。

NH_4^+-N和COD_{Mn}以GB 3838—2002中地表Ⅲ类水标准进行计算；TP以GB 3838—2002中地表Ⅲ类水河流标准进行计算；考虑到太湖TN的水质目标为2.0 mg/L（2020年），江苏省太湖流域河流的TN统一采用2.0 mg/L作为界定进行计算。

为了与现行DO指标水质标准对应，对DO的单因子污染指数计算进行修正：

$$P_i = \begin{cases} 0, & C_i \geqslant 7.5 \\ 2 - \dfrac{C_i}{5}, & 5 \leqslant C_i < 7.5 \\ 5 - C_i, & C_i < 5 \end{cases} \tag{5.2}$$

2. 综合污染指数计算

综合污染指数取单因子水质指标污染指数的和，计算公式为

$$P = \sum_{i=1}^{5} P_i \quad (5.3)$$

3. 河流综合污染指数归一化方法

$$P_N = \frac{P_V - P}{P_V} \quad (5.4)$$

式中，P_N 为河流综合污染指数归一化结果；P_V 为 GB 3838—2002 中河流Ⅴ类水质标准限值和总氮 2.0 mg/L 时计算所得的河流综合污染指数，其值为 10.5；P 为河流水质综合污染指数。

归一化数值结果取[0，1]，如果归一化结果为负值，取为 0。

4. 河流综合污染指数分级标准

参考《地表水环境质量评价办法（试行）》中表 2 河流、流域（水系）水质定性评价分级中优质水的等级划分比例，取[0，1]区间的 90%的分位数作为优的界限，对剩余区间采用 4 分法进行划分。河流综合污染指数分级标准如表 5.4 所示。

表 5.4　河流综合污染指数分级标准

优	良	中	一般	差
[0.90，1]	[0.68，0.90）	[0.45，0.68）	[0.23，0.45）	[0，0.23）

5.4.2　湖泊、水库综合营养状态指数计算、归一化及分级标准

对于湖泊、水库测点，采用综合营养状态指数进行水质评价。综合营养状态指数计算公式具体可参考《地表水环境质量评价办法（试行）》。

1. 湖泊、水库综合营养状态指数归一化方法

基于江苏省太湖流域湖泊、水库综合营养状态指数现状，对湖泊、水库的综合营养状态指数采用式（5.5）进行归一化：

$$\mathrm{TLI_N} = \frac{\mathrm{TLI_{max}} - \mathrm{TLI}}{\mathrm{TLI_{max}} - \mathrm{TLI_E}} \quad (5.5)$$

式中，$\mathrm{TLI_N}$ 为湖泊、水库综合营养状态指数归一化结果；$\mathrm{TLI_{max}}$ 为湖泊、水库综合营养状态指数历史最大监测值，本方法制定时，江苏省太湖流域湖泊、水库综

合营养状态指数历史最大监测值为 80.0；TLI 为湖泊、水库综合营养状态指数；TLI_E 为湖泊、水库综合营养状态指数期望值，本方法制定时，江苏省太湖流域湖泊、水库综合营养状态指数期望值取值为 40.0。

归一化数值结果取[0，1]，如果归一化结果为负值，取为 0。

2. 湖泊、水库综合营养状态指数分级标准

湖泊、水库综合营养状态指数分级标准同河流综合污染指数分级标准。

5.4.3　湖泊、水库淡水浮游藻类质量指数计算、归一化及分级标准

1. 湖泊、水库淡水浮游藻类质量指数计算

1）指标层单项指数计算

根据 2012～2013 年江苏省太湖流域湖泊、水库的调查数据，结合生物完整性指数的计算方法，确定湖泊、水库淡水浮游藻类质量指数指标层单项指数分值计算方法。

湖泊、水库淡水浮游藻类总分类单元数质量指数 Py_1 按式（5.6）分季节计算。若计算结果大于 1，取为 1。

$$Py_1 = \frac{PM_1}{PE_1} \tag{5.6}$$

式中，Py_1 为湖泊、水库淡水浮游藻类总分类单元数质量指数；PM_1 为湖泊、水库淡水浮游藻类总分类单元数监测值；PE_1 为湖泊、水库淡水浮游藻类总分类单元数期望值，本方法制定时，江苏省太湖流域湖泊、水库冬春季淡水浮游藻类总分类单元数期望值取值为 55，夏秋季淡水浮游藻类总分类单元数期望值取值为 49。

湖泊、水库淡水浮游藻类细胞密度质量指数 Py_2 按式（5.7）分季节计算。若计算结果为负值，取为 0；若计算结果大于 1，取为 1。

$$Py_2 = \frac{PM_{2max} - PM_2}{PM_{2max} - PE_2} \tag{5.7}$$

式中，Py_2 为湖泊、水库淡水浮游藻类细胞密度质量指数；PM_{2max} 为湖泊、水库淡水浮游藻类细胞密度历史最大监测值，本方法制定时，江苏省太湖流域湖泊、水库冬春季淡水浮游藻类细胞密度历史最大监测值为 3.01×10^7 个/L，夏秋季历史最大监测值为 2.35×10^8 个/L；PM_2 为湖泊、水库淡水浮游藻类细胞密度监测值；PE_2 为湖泊、水库淡水浮游藻类细胞密度期望值，本方法制定时，江苏省太湖流域湖泊、水库冬春季淡水浮游藻类细胞密度期望值取值为 1.06×10^6 个/L，夏秋季淡水浮游藻类细胞密度期望值取值为 6.23×10^5 个/L。

湖泊、水库淡水浮游藻类前 3 位优势种优势度质量指数 Py_3 按式（5.8）分季节计算。

$$Py_3 = \frac{1 - PM_3}{1 - PE_3} \tag{5.8}$$

式中，Py_3 为湖泊、水库淡水浮游藻类前 3 位优势种优势度质量指数；PM_3 为湖泊、水库淡水浮游藻类前 3 位优势种优势度监测值；PE_3 为湖泊、水库淡水浮游藻类前 3 位优势种优势度期望值，本方法制定时，江苏省太湖流域湖泊、水库冬春季淡水浮游藻类前 3 位优势种优势度期望值取值为 0.376，夏秋季淡水浮游藻类前 3 位优势种优势度期望值取值为 0.402。

湖泊、水库淡水浮游藻类前 3 位优势种优势度监测值按式（5.9）计算。

$$PM_3 = \frac{PM_{2max3}}{PM_2} \tag{5.9}$$

式中，PM_{2max3} 为湖泊、水库淡水浮游藻类细胞密度最大的 3 个物种的细胞密度总和；PM_2 为湖泊、水库淡水浮游藻类细胞密度监测值。

2）湖泊、水库淡水浮游藻类质量指数

湖泊、水库淡水浮游藻类质量指数按式（5.10）计算。

$$IPI = \sum_{i=1}^{3} Py_i \tag{5.10}$$

式中，IPI 为湖泊、水库淡水浮游藻类质量指数；Py_i 为湖泊、水库淡水浮游藻类第 i 单项指标质量指数。

2. 湖泊、水库淡水浮游藻类质量指数归一化方法

为便于以同一尺度进入总体评价体系，湖泊、水库淡水浮游藻类指数需要再一次进行归一化。根据生物完整性中 95%的期望值计算方法，考虑到浮游藻类的季节变化性，湖泊、水库淡水浮游藻类质量指数按式（5.11）分季节进行归一化。若计算结果大于 1，取为 1。

$$IPI_N = \frac{IPI}{IPI_E} \tag{5.11}$$

式中，IPI_N 为湖泊、水库淡水浮游藻类质量指数归一化结果；IPI 为湖泊、水库淡水浮游藻类质量指数；IPI_E 为湖泊、水库淡水浮游藻类质量指数期望值，本方法制定时，江苏省太湖流域湖泊、水库冬春季淡水浮游藻类质量指数期望值取值为 2.92，夏秋季淡水浮游藻类质量指数期望值取值为 2.99。

3. 湖泊、水库淡水浮游藻类质量指数分级标准

根据生物完整性分级方法，确定湖泊、水库淡水浮游藻类质量指数分级标准如表 5.5 所示。

表 5.5　湖泊、水库淡水浮游藻类质量指数分级标准

优	良	中	一般	差
[0.95，1]	[0.71，0.95）	[0.48，0.71）	[0.24，0.48）	[0，0.24）

5.4.4　淡水大型底栖无脊椎动物质量指数计算、归一化及分级标准

1. 淡水大型底栖无脊椎动物质量指数计算

1）指标层单项指数计算

根据 2012～2013 年江苏省太湖流域不同类型水体的调查数据，结合生物完整性指数的计算方法，确定淡水大型底栖无脊椎动物质量指数计算方法。

软体动物分类单元数质量指数 B_1 按式（5.12）分水体类型计算。若计算结果大于 1，取为 1。

$$B_1 = \frac{\mathrm{BM}_1}{\mathrm{BE}_1} \tag{5.12}$$

式中，B_1 为软体动物分类单元数质量指数；BM_1 为软体动物分类单元数监测值；BE_1 为软体动物分类单元数期望值，本方法制定时，江苏省太湖流域湖泊水体软体动物分类单元数期望值取值为 8，水库水体软体动物分类单元数期望值取值为 10，河流水体软体动物分类单元数期望值取值为 8。

淡水大型底栖无脊椎动物第 1 位优势种优势度质量指数 B_2 按式（5.13）分水体类型计算。

$$B_2 = \frac{1-\mathrm{BM}_2}{1-\mathrm{BE}_2} \tag{5.13}$$

式中，B_2 为淡水大型底栖无脊椎动物第 1 位优势种优势度质量指数；BM_2 为淡水大型底栖无脊椎动物第 1 位优势种优势度监测值；BE_2 为淡水大型底栖无脊椎动物第 1 位优势种优势度期望值，本方法制定时，江苏省太湖流域湖泊水体淡水大型底栖无脊椎动物第 1 位优势种优势度期望值取值为 0.243，水库水体淡水大型底栖无脊椎动物第 1 位优势种优势度期望值取值为 0.215，河流水体淡水大型底栖无脊椎动物第 1 位优势种优势度期望值取值为 0.308。

淡水大型底栖无脊椎动物第 1 位优势种优势度监测值 BM_2 按式（5.14）计算。

$$BM_2 = \frac{BM_{max1}}{BM} \tag{5.14}$$

式中，BM_{max1} 为淡水大型底栖无脊椎动物个体密度最大的物种的个体密度；BM 为淡水大型底栖无脊椎动物个体密度总和。

淡水大型底栖无脊椎动物生物耐污敏感性指标（BMWP）质量指数 B_3 按式（5.15）分水体类型计算。若计算结果大于 1，取为 1。

$$B_3 = \frac{BM_3}{BE_3} \tag{5.15}$$

式中，B_3 为淡水大型底栖无脊椎动物 BMWP 质量指数；BM_3 为淡水大型底栖无脊椎动物 BMWP 监测值；BE_3 为淡水大型底栖无脊椎动物 BMWP 期望值，本方法制定时，江苏省太湖流域湖泊水体淡水大型底栖无脊椎动物 BMWP 期望值取值为 78，水库水体淡水大型底栖无脊椎动物 BMWP 期望值取值为 74，河流水体淡水大型底栖无脊椎动物 BMWP 期望值取值为 69。

淡水大型底栖无脊椎动物 BMWP 监测值 BM_3 按式（5.16）计算。

$$BM_3 = \sum BM_{3i} \tag{5.16}$$

式中，BM_{3i} 为 i 科淡水大型底栖无脊椎动物 BMWP 监测值，江苏省太湖流域淡水大型底栖无脊椎动物生物耐污敏感性指标（BMWP）数值见附录二。

2）淡水大型底栖无脊椎动物质量指数

淡水大型底栖无脊椎动物质量指数按式（5.17）计算。

$$\text{B-IBI} = \sum_{i=1}^{3} B_i \tag{5.17}$$

式中，B-IBI 为淡水大型底栖无脊椎动物质量指数；B_i 为淡水大型底栖无脊椎动物第 i 单项指标质量指数。

2. 淡水大型底栖无脊椎动物质量指数归一化方法

为便于以同一尺度进入总体评价体系，大型底栖无脊椎动物质量指数需要再一次进行归一化。根据生物完整性中 95%的期望值计算方法，淡水大型底栖无脊椎动物质量指数按式（5.18）进行归一化。若计算结果大于 1，取为 1。

$$\text{B-IBI}_N = \frac{\text{B-IBI}}{\text{B-IBI}_E} \tag{5.18}$$

式中，B-IBI_N 为淡水大型底栖无脊椎动物质量指数归一化结果；B-IBI 为淡水大型底栖无脊椎动物质量指数；$B\text{-}IBI_E$ 为淡水大型底栖无脊椎动物质量指数期望值，本方法制定时，江苏省太湖流域湖泊、水库和河流水体淡水大型底栖无脊椎动物质量指数期望值取值均为 2.74。

3. 淡水大型底栖无脊椎动物质量指数分级标准

淡水大型底栖无脊椎动物质量指数分级标准同湖泊、水库淡水浮游藻类质量指数分级标准。

5.5　江苏省太湖流域水生态健康指数计算与分级标准

5.5.1　水生态健康指数计算

考虑到河流和湖泊、水库的生境不同，关注的重点也有区别，采用专家打分法赋权，针对河流和湖泊、水库分别提出水生态健康指数计算方法。

河流断面水生态环境质量指数按式（5.19）计算。

$$Q_R = W_{B\text{-}IBI} \times B\text{-}IBI_N + W_P \times P_N \tag{5.19}$$

式中，Q_R 为河流断面水生态环境质量指数；$W_{B\text{-}IBI}$ 为淡水大型底栖无脊椎动物质量指数权重，本方法中，其取值为 0.5；$B\text{-}IBI_N$ 为淡水大型底栖无脊椎动物质量指数归一化结果；W_P 为河流综合污染指数权重，本方法中，其取值为 0.5；P_N 为河流综合污染指数归一化结果。

湖泊、水库测点水生态环境质量指数按式（5.20）计算。

$$Q_L = W_{IPI} \times IPI_N + W_{B\text{-}IBI} \times B\text{-}IBI_N + W_{TLI} \times TLI_N \tag{5.20}$$

式中，Q_L 为湖泊、水库测点水生态环境质量指数；W_{IPI} 为湖泊、水库淡水浮游藻类质量指数权重，本方法中，其取值为 0.25；IPI_N 为湖泊、水库淡水浮游藻类质量指数归一化结果；$W_{B\text{-}IBI}$ 为淡水大型底栖无脊椎动物质量指数权重，本方法中，其取值为 0.25；$B\text{-}IBI_N$ 为淡水大型底栖无脊椎动物质量指数归一化结果；W_{TLI} 为湖泊、水库综合营养状态指数权重，本方法中，其取值为 0.5；TLI_N 为湖泊、水库综合营养状态指数归一化结果。

5.5.2　水生态健康指数分级标准

根据式（5.19）和式（5.20）可得到河流和湖泊、水库的水生态健康指数分级标准，如表 5.6 所示。

表 5.6 水生态健康指数分级标准

类别	优	良	中	一般	差
河流	[0.925，1]	[0.695，0.925）	[0.465，0.695）	[0.235，0.465）	[0，0.235）
湖泊、水库	[0.925，1]	[0.695，0.925）	[0.465，0.695）	[0.235，0.465）	[0，0.235）

5.5.3 水生态环境功能区质量指数计算

（1）水生态环境功能区内仅有一个河流断面或一个湖泊、水库测点，水生态环境功能区质量指数按单个断面（或测点）方法进行计算，单个断面（或测点）的水生态环境质量指数即水生态环境功能区的质量指数。

（2）水生态环境功能区内有多个断面或测点，先按照单个断面（或测点）方法计算各断面（或测点）水生态环境质量指数，再以各断面（或测点）水生态环境质量指数的算术平均值作为该水生态环境功能区的质量指数。

（3）如果断面（或测点）开展多次监测，首先计算断面（或测点）单次监测的水生态环境质量指数，再从时间上计算断面（或测点）多次监测的水生态环境质量指数的算术平均值，最后从空间上计算水生态环境功能区内所有断面（或测点）水生态环境质量指数的算术平均值，结果即水生态环境功能区的质量指数。

5.6 江苏省太湖流域水生态环境功能区现状评估

5.6.1 现状评估点位筛选原则

遵循以下现状评估点位筛选原则，对江苏省太湖流域水生态健康现状评估点位进行筛选，共获得不同水生态功能分区内的 56 个测点。

（1）优先选择水量相对大的骨干河道与断面，确保在监测点位采集的样品对所在水生态功能分区水域具有较好的代表性；

（2）参照国家、省级考核断面；

（3）生物监测点位应与水质理化指标监测站位相同；

（4）每个分区至少布设一个生态监测点位，Ⅰ级生态区、Ⅱ级生态区可视条件适当补充。

5.6.2 水生态健康现状评估结果

结合江苏省环境监测中心“十二五”国家水体污染控制与治理重大专项课题

“太湖流域（江苏）水生态监控系统建设与业务化运行示范”（2012ZX07506-003）和江苏省环境科学研究院“十二五”国家水体污染控制与治理重大专项课题“太湖流域（江苏）水生态功能分区与标准管理工程建设”（2012ZX07506-001）的调查数据，对江苏省太湖流域不同水生态功能分区 56 个测点的水生态健康现状进行评估。结果显示，56 个测点中，8 个测点现状为良，25 个测点现状为中，18 个测点现状为一般，5 个测点现状为差，基本符合正态分布。

5.7　江苏省太湖流域水生态健康业务化状况

2016 年，《省政府关于江苏省太湖流域水生态环境功能区划（试行）的批复》（苏政复〔2016〕40 号）同意在江苏省太湖流域开展水生态环境功能区划评价。其中采用的评价方法即本书提出的成果。2017 年，江苏省环境保护厅发文《关于开展太湖流域水生态环境功能区水生态健康监测工作的通知》（苏环办〔2017〕106 号）要求在流域内开展水生态健康监测工作。江苏省太湖流域水生态健康评估工作实现业务化运转。

从监测点位结果来看，2017 年，太湖流域水生态健康指数总体处于“一般”状态，实际开展监测的 52 个水生态监测点位中，等级为良的有 4 个，分别是溧阳市大溪水库的湖心、溧阳市沙河水库的库中、金坛区通济河的紫阳桥（旧县）和吴中区胥江的航管站，约占总监测点位数的 7.7%；等级为中的有 20 个，约占总监测点位数的 38.5%；等级为一般的为 28 个，约占总监测点位数的 53.8%。对照 2020 年水生态健康指数考核目标，2017 年，52 个点位中有 14 个达到考核目标要求，达标率为 26.9%，有 38 个断面未达到目标要求，占总监测断面数的 73.1%，不达标的主要原因是淡水大型底栖无脊椎动物和湖泊、水库淡水浮游藻类完整性指数较低，水生生态系统状况较差。从水生态环境功能区来看，实际开展监测的 44 个水生态环境功能区中，有 2 个水生态健康指数等级为良，分别是生态Ⅰ级区-02 溧阳市南部重要生境维持-水源涵养功能区和生态Ⅱ级区-01 镇江市东部水环境维持-水源涵养功能区，约占总监测数的 4.5%，有 19 个功能区水生态健康指数等级为中，约占总监测数的 43.2%，有 23 个功能区等级为一般，约占总监测数的 52.3%，没有等级为差的功能区。对照 2020 年水生态健康指数考核目标，2017 年，44 个开展监测的水生态功能区中有 16 个达标，达标率为 36.4%，有 28 个水生态功能区未达到考核目标要求，占总监测数的 63.6%。

第6章　太湖流域水生态监控数据管理系统

6.1　系统总体设计

2007年太湖蓝藻水华造成的饮用水危机后，通过上下合力，江苏省已经形成了成套的太湖流域水质变化人工例行、自动化在线的水质变化监控系统，并在太湖湖体内建成了在线的蓝藻密度监控系统，结合遥感监测，可以实现太湖蓝藻水华爆发程度的逐日监测。

在太湖流域管理目标由水质向水生态转变的背景下，太湖流域的水生态监控被提上日程。但是海量的生态监测数据需要成熟、有效的管理系统来集成、管理与综合利用。依托太湖流域水生态环境监控综合技术体系，以生态调查、生态监控信息数据处理为基础，建立太湖流域水生态监控数据管理系统，实现动态监控。

6.2　系统建设内容

整合太湖流域浮游动物、浮游植物、底栖动物等水生生物数据，水环境例行监测数据，自动监控数据，生态观测数据，水文水动力数据，遥感等宏观生态数据，经过数据格式转换、数据同化、数据融合等操作对多源数据进行处理与更新，实现太湖水生态各类监控数据的管理与维护以及属性数据库（表）管理，提供与现有业务系统以及各专业系统的共享交互、构建中心数据库和服务层、共享数据接口发布等功能。

6.3　关键技术研究

6.3.1　系统开发架构

太湖流域水生态监控数据管理系统前端采用MVVM模式，后端基于GIS Server服务和表述性状态传递（Representational State Transfer，REST）服务进行开发。

MVVM模式是Model-View-ViewModel模式的简称。由视图（View）、视图模型（ViewModel）、模型（Model）三部分组成，结构如图6.1所示。通过这三部分实现用户界面（UI）逻辑、呈现逻辑和状态控制、数据与业务逻辑的分离。

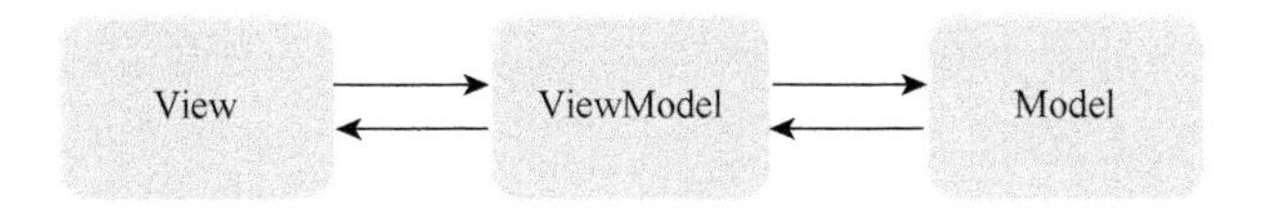

图 6.1　MVVM 模式结构图

使用这种模式的优点如下。

（1）低耦合。View 可以独立于 Model 变化和修改，一个 ViewModel 可以绑定到不同的 View 上，当 View 变化的时候 Model 可以不变，当 Model 变化的时候 View 也可以不变。

（2）可共用性。可以把一些视图的逻辑放在 ViewModel 里面，让很多 View 共用这段视图逻辑。

（3）独立开发。开发人员可以专注于业务逻辑和数据的开发（ViewModel），设计人员可以专注于界面（View）的设计。

（4）可测试性。可以针对 ViewModel 对界面（View）进行测试。

系统集成框架在前端采用 MVVM 模式构建用户界面，具有用户友好性和交互性、跨平台兼容性，可提供灵活多样的界面控制元素，且这些控制元素可以很好地与数据模型相结合；网页一次加载后可多次使用，既降低了网络流量，又减轻了服务器的负担；客户端具有数据缓存功能，支持一定程度的离线操作。

REST 定义了一组体系架构原则，根据这些原则设计以系统资源为中心的 Web 服务，包括使用不同语言编写的客户端如何通过 HTTP 处理和传输资源状态。REST 近年来已经成为最主要的 Web 服务设计模式。基于 REST 的应用程序接口（API）公开系统资源是一种灵活的方法，可以为不同种类的应用程序提供标准方式格式化的数据。它可以帮助满足集成需求（这对于构建可在其中便利地组合数据的系统非常关键），并可以帮助将基于 REST 的基本服务集扩展或构建为更大的集合。

系统集成框架在服务器端采用 REST 风格面向服务的架构（Service-Oriented Architecture，SOA），具有轻量化、易于构建、无状态等优点。由于客户端的请求都是独立的，一旦被调用，服务器不保留任何会话，因此其内存可用空间不会受到影响，系统更具响应性。由于减少了事件后通信状态的维护工作，提高了系统服务器的可扩展性。

系统集成框架将 Web 系统的页面与代码相分离，把界面拆分成若干小的模块，降低了“牵一发而动全身”的风险。在部署的时候，也可以实现按需加载和更新，用户只有在需要这个模块的时候才会去下载，而不用长时间等待所有的模块加载完毕。

系统集成框架可实现平台各功能模块的拆分，使得开发和测试可独立进行，其他功能模块在不影响程序运行的情况下，可以动态加入其他数据源分析系统，还可以与已有模块进行交互，满足生态环境保护业务应用的搭建需要。

系统集成框架可大大提高太湖水生态变化监控系统平台中各功能模块的可复用性，减少代码的重复编写。

6.3.2 多源数据整合技术

太湖流域水生态监控数据管理系统平台需要整合流域水生态科学研究调查和流域水生态例行监测数据、集成对接业务数据、专题地理信息数据、基础地理信息数据 4 类数据资源，构建中心数据库。多源数据的整合不仅需要整合业务属性数据，同时还需要实现地理空间数据与业务数据的整合，实现图形数据与属性数据一体化，显式地建立图形数据与属性数据的关联。为此，系统建设提出基于统一接口、统一资源访问的思路，通过建立一致的数据逻辑模型，充分利用已有成果面向实际应用，实现数据的一体化集成管理，实现向外提供统一接口及统一资源访问。为了注重数据访问实效，充分利用已有数据成果，建立数据映射及交换平台，对多种来源的异构数据源，采用“抽取”“转换”“装载”三个步骤，即 ETL 模式。将数据从各种原始的业务系统中抽取出来，作为数据整合工作的前提。按照预先设计好的规则将抽取的数据进行转换，使本来异构的数据格式能统一起来。装载将转换完的数据按计划增量或全部导入太湖流域水生态监控数据管理系统的数据库。

数据管理内容整体分为流域水生态科学研究调查监测数据和流域水生态例行监测数据两大部分。水生态科学研究调查监测是相关科学研究野外调查、分析的基础业务平台，通过对水生态科学研究调查监测数据管理，直观展示调查的路线、样品采集的情况，通过时间、空间上的变化，还原调查状况。水生态例行监测是平台的主体功能，通过确定采样点位到采样、数据处理、结果评价、数据上报等，形成数据、报告，直观反映区域内的水生态现状，为湖泊生态环境的调控与整治、生态恢复技术的应用和工程实施提供理论依据，服务湖泊资源的开发和可持续利用。

6.4 系统功能设计

6.4.1 流域水生态科学研究调查监测数据管理

流域水生态科学研究调查监测数据，是太湖流域水生态监控数据管理系统重要的数据来源之一。这些调查任务、调查点位等基础信息及调查监测结果数据量庞大且杂乱，难以科学有效地对相关数据进行管理、整合利用，因此水生态科学调查监测数据管理主要是对采样任务及采样点信息等基础数据的集中录入、审核、储存、显示、管理等。流域水生态科学研究调查数据管理功能主要包括采样点查询、采样点信息维护、采样任务信息、采样点信息、采样点生境录入、监测结果录入和监测结果审核 7 个模块（表 6.1）。

表 6.1　流域水生态科学研究调查监测数据管理功能列表

模块	功能名称	子功能名称	说明描述
采样点查询	查询采样点信息	查询采样点信息	查询采样点信息，并在地图上面定位
采样点信息维护	维护采样点信息	新增采样点信息	在地图上面定位，增加采样点信息
		修改采样点信息	在地图上面定位，修改采样点信息
采样任务信息	管理调查任务信息	查询任务信息	选择采样时间，查询任务信息
		新增任务信息	录入任务信息，新增任务信息
		修改任务信息	修改任务信息
		删除任务信息	删除任务信息
采样点信息	管理调查任务采样点	修改采样点信息	修改采样点信息
		删除采样点信息	删除采样点信息
采样点生境录入	采样点生境信息管理	添加采样点生境	添加采样点生境信息
监测结果录入	采样点监测结果管理	新增监测信息	选择任务、采样点，新增监测信息
		修改监测信息	修改监测信息
		删除监测信息	删除监测数据
监测结果审核	采样点监测点位审核	查询监测信息	选择任务、采样点，查询监测信息
		审核监测信息	审核监测信息

6.4.2　流域水生态科学研究调查监测数据综合查询

流域水生态科学研究调查监测结果数据涉及多个类别多种格式。系统主要针对监测结果数据的录入、储存、传输、显示、调用等需求开发。流域水生态科学研究调查监测数据综合查询功能主要包括水质参数、浮游植物、浮游动物、底栖动物 4 个模块（表 6.2），通过查询各模块内监测点位，自动调用显示该类别的监测结果数据，便于对数据进行科学有效的管理、整合和分析等。

表 6.2　流域水生态科学研究调查监测数据综合查询功能列表

模块	功能名称	子功能名称	说明描述
水质参数	查询水质参数监测信息	查询监测信息	通过行政区划、水体类型、生态功能区，筛选采样点位信息和当前采样点位下的结果信息
		高级查询监测信息	通过采样任务、行政区划、水体类型、水体名称、功能分区、采样点名称、采样时间，筛选采样点位信息和当前采样点位下的结果信息

续表

模块	功能名称	子功能名称	说明描述
浮游植物	查询浮游植物监测信息	查询监测信息	通过行政区划、水体类型、生态功能区，筛选采样点位信息和当前采样点位下的结果信息
		高级查询监测信息	通过采样任务、行政区划、水体类型、水体名称、功能分区、采样点名称、采样时间，筛选采样点位信息和当前采样点位下的结果信息
浮游动物	查询浮游动物监测信息	查询监测信息	通过行政区划、水体类型、生态功能区，筛选采样点位信息和当前采样点位下的结果信息
		高级查询监测信息	通过采样任务、行政区划、水体类型、水体名称、功能分区、采样点名称、采样时间，筛选采样点位信息和当前采样点位下的结果信息
底栖动物	查询底栖动物监测信息	查询监测信息	通过行政区划、水体类型、生态功能区，筛选采样点位信息和当前采样点位下的结果信息
		高级查询监测信息	通过采样任务、行政区划、水体类型、水体名称、功能分区、采样点名称、采样时间，筛选采样点位信息和当前采样点位下的结果信息

6.4.3 流域水生态例行监测数据管理

流域水生态例行监测数据管理与流域水生态科学研究调查监测数据管理类似，主要用于水生态例行监测工作相关采样点、采样任务信息等基础数据的集中录入、审核、储存、显示、管理等。其各模块功能和设计也与流域水生态科学研究调查监测管理部分相同。

6.4.4 流域水生态例行监测数据综合查询

与流域水生态科学研究调查监测数据综合查询相似，流域水生态例行监测数据综合查询主要针对流域水生态例行监测工作相关监测结果数据的录入、储存、传输、显示、调用等需求开发。流域水生态例行监测数据综合查询功能除了与流域水生态科学研究调查监测数据综合查询功能相同的水质参数、浮游植物、浮游动物、底栖动物 4 个模块外，还增加了粪大肠菌群、发光菌和水产品残毒 3 个模块（表 6.3）。通过查询各模块内的监测点位，自动调用显示该类别的监测结果数据，便于对数据进行科学有效的管理、整合和分析等。

表 6.3　流域水生态例行监测数据综合查询功能新增模块列表

模块	功能名称	子功能名称	说明描述
粪大肠菌群	查询粪大肠菌群采样点位信息	查询监测信息	通过行政区划、水体类型、生态功能区，筛选采样点位信息和当前采样点位下的监测结果信息

续表

模块	功能名称	子功能名称	说明描述
粪大肠菌群	查询粪大肠菌群采样点位信息	高级查询监测信息	通过采样任务、行政区划、水体类型、水体名称、功能分区、采样点名称、采样时间，筛选采样点位信息和当前采样点位下的监测结果信息
发光菌	查询发光菌采样点位信息	查询监测信息	通过行政区划、水体类型、生态功能区，筛选采样点位信息和当前采样点位下的监测结果信息
		高级查询监测信息	通过采样任务、行政区划、水体类型、水体名称、功能分区、采样点名称、采样时间，筛选采样点位信息和当前采样点位下的监测结果信息
水产品残毒	查询水产品残毒采样点位信息	查询监测信息	通过行政区划、水体类型、生态功能区，筛选采样点位信息和当前采样点位下的监测结果信息
		高级查询监测信息	通过采样任务、行政区划、水体类型、水体名称、功能分区、采样点名称、采样时间，筛选采样点位信息和当前采样点位下的监测结果信息

6.4.5　流域水生态物种资源库

流域水生态物种资源库基于流域水生态科学研究调查监测结果和文献资料数据，汇总江苏省太湖流域浮游植物、底栖动物和浮游动物的标本图片、检索图表、资料信息等，基于超媒体等技术集中查询、展示和管理太湖流域水生态系统中的各类物种资源信息。本模块包含全部、底栖动物、浮游动物和浮游植物 4 个功能（表 6.4）。

表 6.4　物种资源信息查询功能列表

模块	功能名称	子功能名称	说明描述
物种资源信息查询	全部	查询全部物种	查询所有的物种资源信息
	底栖动物	查询底栖动物物种	查询底栖动物物种资源信息
	浮游动物	查询浮游动物物种	查询浮游动物物种资源信息
	浮游植物	物种浮游植物物种	查询浮游植物物种资源信息

6.4.6　流域地理环境

流域地理环境模块主要是江苏省太湖流域地理环境等相关基础数据。流域地理环境功能主要包括项目专题、基础地理信息、流域地形和流域水系 4 个（表 6.5），通过收集江苏省太湖流域基础地理信息、地形数据及水系数据等，结合调查监测点、生态功能区等基础信息，直观显示背景信息，便于直观展现流域水生态调查、监测开展状况。

表 6.5 流域地理环境功能列表

模块	功能名称	子功能名称	说明描述
流域地理环境信息	项目专题	调查点	查询调查点信息，显示在地图上
		例行监测点	查询监测点信息，显示在地图上
		生态功能区	查询生态功能区信息，显示在地图上
	基础地理信息	矢量图	显示矢量地图
		影像图	显示影像地图
	流域地形	地势图	显示地势地图
	流域水系	水系图	显示水系地图

6.5 系统数据库和服务设计

系统数据库涉及科学研究调查水生生物调查数据库、例行监测水生生物数据库、生物物种资源数据库、基础地理信息数据库、专题地理信息数据库 5 个子数据库，主要信息包括数据表结构的设计和数据信息的设计。

系统服务涉及公共服务、数据管理服务 2 个方面。数据管理服务又包含数据管理和数据综合查询 2 个方面。

太湖流域水生态监控数据管理系统数据库与服务用表详见附录三。

6.6 数据整合方案

6.6.1 数据整合内容

数据整合内容主要包括水生态科学研究调查监测数据、水生态例行监测数据、物种资源数据、基础地理信息数据、流域专题地理信息数据等数据信息，需要对数据进行整理及关联，并通过一定的技术手段将其迁移或整合。数据整合范围涉及太湖流域与全省数据的整合，以及现有数据的整合。

1. 水生态科学研究调查监测数据的整合

提取外业调查数据中底栖动物监测结果表、浮游动物监测结果表、浮游植物监测结果表、水质及五参数监测结果表中各个采样点位所对应的不同采样时间的物种信息、生物量数据，导入数据库中已建立的相应的表中。

2. 水生态例行监测数据的整合

对江苏省13个设区市各年份的数据汇总整理，形成对应的汇总表数据，具体需要整理的数据表包括底栖动物监测结果表、浮游动物监测结果表、浮游植物监测结果表、发光菌毒性测试监测结果表、粪大肠菌群监测结果表、水产品残毒监测结果表、水质及五参数监测结果表。在数据库中建立相应的对应表和字段备注，使各个表数据能够导入。

3. 物种资源数据的整合

参照物种资源名录，查找相关资料，补充物种资源信息，包括界、门、纲、目、科、属、种，中文名称，拉丁名及相关描述。对应数据库字段整理物种资源名录表，通过数据导入功能把数据导入物种资源数据库中。

4. 基础地理信息数据的整合

使用裁切工具提取范围内政区与境界、水系、植被、交通、居民地以及单位地标等基础地理信息数据，分不同比例尺配置，直观反映区域地理事物。

5. 流域专题地理信息数据的整合

根据整合完毕的数据，整理出流域专题数据，包括流域范围内主要面状水系、线状水系。土地利用、土壤数据矢量化并按照分类标准设置符号，通过色彩分类反映土地利用类别及土壤分类。

6.6.2　数据整合过程

1. 数据提取

提取外业调查数据、水生态例行监测数据中的底栖动物监测结果表数据、浮游动物监测结果表数据、浮游植物监测结果表数据、发光菌毒性测试监测结果表数据、粪大肠菌群监测结果表数据、水产品残毒监测结果表数据、水质及五参数监测结果表数据，对应各个采样点位和采样时间，将物种信息、生物量及其他参数数据导入数据库。

利用 ArcGIS 中空间分析工具截取范围内基础地理信息数据及专题地理信息数据，形成专题数据。

2. 数据转换

数据复制到整合数据库后，需要按照数据库数据接口规范和业务规则进行数据转换，将复制的数据转换到接口数据库数据表中。

由于数据转换涉及的转化规则比较复杂，因此数据转化将通过 SQL Server 的 T-SQL 程序进行，对于部分转换规则比较简单的数据可以通过 ETL 工具实现数据转换。根据中心数据库中不同的业务表对象，由不同的 T-SQL 过程分别完成，转换过程需要记录转换日期和不满足规则的数据。对日志和未转换成功的数据的记录通过统一的 PL/SQL 过程完成。

3. 数据清洗

数据经过提取、转换到数据库表中之后，需要对数据进行进一步的清洗，以确保数据满足要求。方式主要由系统统计出不符合数据库规范要求的数据，然后由数据维护人员手工对不符合规范的数据进行修改，决定是进行剔除或是进行矫正。

4. 数据导入

当数据通过提取、转换、检查之后，就可以按照规则将数据加载到数据库中。数据加载的方法主要通过 ETL 工具或 SQL Server 的快照复制工具进行数据加载。

6.6.3 数据转换模型

数据源往往以多种形式存储在多个地方，可能是一个数据库、一个文本文件、一个 Excel 文件、一个 DBF 文件或其他类型文件。连接时可以通过标准的连接工具如 ODBC、FTP 等。从设计的角度讲，需要建立稳定可靠的链接方式，进而把主要精力集中在源数据如何映射到目标数据上。数据转换可根据情况分步骤进行，每个步骤建立对应的数据转换模型。

6.6.4 数据整合技术

由于现有系统数据不完整、不一致的情况比较多，因此在整合过程中需要通过人工干预的方式对数据进行补充和调整，为此需要开发一套基于 B/S 结构对中心数据库进行录入、修改、删除、查询的应用系统。开发此系统将是数据整合的一项重要任务。

在对数据进行整合的各个阶段，应尽量采用 ETL 工具。

6.6.5 数据更新技术

对于需要更新的数据，首先必须要识别源数据是否已被更新，对于一般的系统，源数据表中应该有主键和时间戳，通过时间戳比较可判断数据是否被更新过，然后通过主键确定目标表中对应表的数据记录，通过更新规则对目标表进行更新。如果源表中没有主键或时间戳的表数据，更新处理起来相对复杂。

对源表中没有主键或唯一索引的表，必须对源表结构进行更改，增加主键，也许这个主键是没有意义的唯一标示，可以由系统自动生成，但增加主键（或唯一索引）是必须的。

对源表中没有时间戳的表，最好能对源表进行修改，增加时间戳字段，如果系统不允许对源表结构进行修改，则必须通过建立中间表的方式，中间表的结构与源表结构相同，另外增加时间戳字段。但必须在源表中通过增加和删除触发器，在触发器中对中间表的时间戳字段的内容进行赋值。

数据更新的方式根据实时性要求可采用的实现方法有 SQL Server 数据库快照复制工具、数据库触发器（及时更新）开发、ETL 工具等，可在实际运行时根据不同的需求采用不同的数据更新技术方案。

第 7 章　太湖流域水生态健康长期变化分析系统

7.1　系统总体设计

对接相关科研、研究成果，对水生生物评价指标、生境条件评价指标、景观评价指标进行管理，形成太湖流域水生态健康评价指标库。通过系统功能设计与开发，实现各类评价指标及方法的自动化运算，利用系统功能对水生态调查数据开展分析与评价。

7.2　系统建设内容

针对太湖流域由水环境管理向水生态管理转变的趋势以及流域水生态监测技术和网络体系薄弱的现状，在流域水生态功能分区研究的基础上，通过开展太湖流域水生态演变和区域特征调查，揭示太湖流域水生态系统结构和功能的演变规律及区域特征，从浮游植物、底栖动物和生物毒性三个方面建立太湖流域水生态系统健康监测的关键技术体系。最终形成太湖流域水生态常规监测网络业务运行体系，建立相关技术方法和规程，有效支持水生态功能分区的动态监控与目标管理。

针对太湖流域水生态系统特征，充分筛选能够反映太湖流域水生态健康状况的监测指标和评价指标。其中，监测指标包括水质理化指标、水生生物指标、生物毒性指标、生境指标、生态遥感指标等；评价指标包括生态系统宏观结构评价指标、生态风险识别与评价指标、生态服务功能评价指标、生态系统健康状况评价指标等。同时分析欧盟、美国环境保护署（EPA）有关水生态系统健康指标框架，构建太湖流域水生态系统健康监测与评价指标。依据水生态健康状况、流域和区域特点，开展指标适用性评价，建立太湖流域水生态系统健康监测指标体系、生态系统健康分级和综合评价标准，为监测和评估太湖流域水生态健康状况提供技术支撑。

在太湖流域水生态系统健康分析系统基础上，以生物多指标为重点，综合集成多指标、多要素，建立太湖流域水生态系统健康综合监测与评价的指标体系与评价体系。在此基础上，建立不同水生态功能分区的水生态健康评估体系，并对其进行适用实践。

7.3　系统实现关键技术方法

7.3.1　基于已有水生态评价方法的算法实现与集成

1. 香农多样性指数

香农多样性指数（H）是一种使用广泛的度量群落生物多样性的方法。其主要从生物群落的丰富度和均匀性两个方面综合考察群落的多样性状况，计算公式为

$$H=-\sum_{i=1}^{S}\frac{n_i}{N}\log_2\frac{n_i}{N} \tag{7.1}$$

式中，S 为总分类单元数；n_i 为物种 i 的个体数；N 为总个体数。

香农多样性指数分级评价标准见表 7.1。

表 7.1　香农多样性指数分级评价标准表

指数范围	级别	评价状态	水体污染程度
$H>3$	丰富	物种种类丰富，个体分布均匀	清洁
$2<H\leqslant 3$	较丰富	物种丰富度较高，个体分布比较均匀	轻污染
$1<H\leqslant 2$	一般	物种丰富度较低，个体分布比较均匀	中污染
$0<H\leqslant 1$	贫乏	物种丰富度低，个体分布不均匀	重污染
$H=0$	极贫乏	物种单一，多样性基本丧失	严重污染

2. Margalef 指数

Margalef 指数（d）也是生物多样性指数的一种，但 Margalef 指数更侧重于评价生物群落的物种丰富度，其计算公式为

$$d=\frac{S-1}{\ln N} \tag{7.2}$$

式中，S 为总分类单元数；N 为总个体数。

Margalef 指数分级评价标准见表 7.2。

表 7.2　Margalef 指数分级评价标准表

指数范围	级别	评价状态	水体污染程度
$d>3$	丰富	物种种类丰富，个体分布均匀	清洁
$1\leqslant d\leqslant 3$	一般	物种丰富度较低，个体分布比较均匀	轻度污染
$d<1$	贫乏	物种单一，多样性基本丧失	污染

3. Pielou 指数

Pielou 指数也是生物多样性指数的一种，但更侧重于评价生物群落内各物种数量的均匀程度，其计算公式为

$$J = \frac{H}{\ln S} \tag{7.3}$$

式中，S 为总分类单元数；H 为香农多样性指数。

4. Simpson 指数

Simpson 指数也是生物多样性指数的一种，与香农多样性指数类似，主要从生物群落的丰富度和均匀性两个方面综合考察群落的多样性状况，但该指数与香农多样性指数对群落丰富度和均匀性的响应灵敏度不同，两个指数各有倾向。Simpson 指数计算公式为

$$D_S = 1 - \sum_{i=1}^{S} \left(\frac{n_i}{N} \right)^2 \tag{7.4}$$

式中，n_i 为物种 i 的个体数；N 为总个体数。

5. 生物学污染指数

生物学污染指数（BPI）是利用底栖动物群落中，不同类群的密度状况，经过指数计算，判断水体的污染程度。其计算公式为

$$\mathrm{BPI} = \frac{\log_2(N_1 + 2)}{\log_2(N_2 + 2) + \log_2(N_3 + 2)} \tag{7.5}$$

式中，2 为常数，避免分母为零；N_1 为寡毛类、蛭类和摇蚊幼虫（个/m^2）；N_2 为多毛类、甲壳类、除摇蚊幼虫外的其他水生昆虫（个/m^2）；N_3 为软体类（个/m^2）。

生物学污染指数分级评价标准见表 7.3。

表 7.3　生物学污染指数分级评价标准表

指数范围	水体污染程度
BPI≤0.1	清洁
0.1＜BPI≤0.5	轻污染
0.5＜BPI≤1.5	β-中污染
1.5＜BPI≤5.0	α-中污染
BPI＞5.0	重污染
无底栖动物生存	严重污染

6. 水质急性毒性（发光细菌法）的分级标准

水质急性毒性（发光细菌法）测定是利用发光细菌相对发光度与水样毒性组分总浓度显著负相关，通过生物发光光度计来测定水样的相对发光度，并以此表示其急性毒性水平。水质急性毒性（发光细菌法）的分级标准见表 7.4。

表 7.4　水质急性毒性（发光细菌法）的分级标准表

相对发光度(L)/%	相当的 $HgCl_2$ 溶液浓度(C_{Hg})/(mg/L)	毒性级别
$L>70$	$C_{Hg}<0.07$	低毒
$50<L\leqslant 70$	$0.07\leqslant C_{Hg}<0.09$	中毒
$30<L\leqslant 50$	$0.09\leqslant C_{Hg}<0.12$	重毒
$0<L\leqslant 30$	$0.12\leqslant C_{Hg}<0.16$	高毒
$L=0$	$C_{Hg}\geqslant 0.16$	剧毒

7. 水质分类评价分级标准——细菌学监测指标（粪大肠菌群）

水质分类评价细菌学监测指标（粪大肠菌群）是指通过测定水体中粪大肠菌群数，判断水体水质评价类别，分级标准见表 7.5。

表 7.5　水质分类评价分级标准——细菌学监测指标表（粪大肠菌群）

粪大肠菌群数/(MPN/L)	水质评价类别
<200	Ⅰ类
200～2 000	Ⅱ类
2 000～10 000	Ⅲ类
10 000～20 000	Ⅳ类
20 000～40 000	Ⅴ类
>40 000	劣Ⅴ类

8. 综合营养状态指数计算公式及分级标准

综合营养状态指数是利用水体部分水质理化指标，计算水体的综合营养状态指数，进一步评价水体的富营养化程度。综合营养状态指数计算公式及分级标准具体可参考《地表水环境质量评价办法（试行）》。

9. 内梅罗综合污染指数法

内梅罗综合污染指数法是当前国内外进行土壤综合污染指数计算的最常用的方法之一，其计算公式为

$$P_{综} = \sqrt{\frac{\overline{P}^2 + P_{i\text{MAX}}^2}{2}} \tag{7.6}$$

式中，$P_{综}$ 为采样点的综合污染指数；$P_{i\text{MAX}}$ 为 i 采样点重金属污染物单项污染指数中的最大值；$\overline{P}$ 为单因子指数平均值，计算公式为 $\overline{P} = \frac{1}{N} \times \sum_{i=1}^{n} P_i$。

内梅罗综合污染指数土壤综合污染程度分级标准见表 7.6。

表 7.6　内梅罗综合污染指数土壤综合污染程度分级标准表

土壤综合污染等级	土壤综合污染指数	污染程度	污染水平
1	$P_{综} \leqslant 0.7$	安全	清洁
2	$0.7 < P_{综} \leqslant 1.0$	警戒线	尚清洁
3	$1.0 < P_{综} \leqslant 2.0$	轻污染	污染物超过起初污染值，作物开始污染
4	$2.0 < P_{综} \leqslant 3.0$	中污染	土壤和作物污染明显
5	$P_{综} > 3.0$	重污染	土壤和作物污染严重

7.3.2　基于水生态功能区的水生态健康评价算法实现与集成

水生态环境功能分区是基于流域水生态系统空间特征差异，结合人类活动影响因素而提出的一种反映流域水生态系统在不同空间尺度下分布格局的分区方法。它是水环境管理从水质目标管理向水生态健康管理拓展的基础管理单元，是确定流域水生态保护与水质管理目标的基础。国家水体污染控制与治理科技重大专项在“十一五”期间开展了水生态环境功能分区研究，完成了全国十大流域水生态一级、二级分区的划分，并重点划分了太湖、辽河两大流域三级分区；“十二五”期间在太湖流域又进一步开展了三级水生态功能分区的示范与应用研究。在此基础上，结合实际，初步构建了江苏省太湖流域水生态环境功能分区管理体系。2016 年 4 月，江苏省人民政府发布《省政府关于江苏省太湖流域水生态环境功能区划（试行）的批复》（苏政复〔2016〕40 号），标志着太湖流域水生态环境功能分区正式试行。

1. 分区原则

1）水质与水生态保护并重原则

遵循山水林田湖是一个生命共同体的理念，坚持水质与水生态保护并重的原则，按照生态系统的整体性、系统性及其内在规律，统筹考虑自然生态各要素，进行整体保护、系统修复、综合治理，增强生态系统循环能力，维护生态平衡，促进经济社会和生态环境协调发展。

2）生态保护与生态修复并举原则

对水生态环境功能实行分区分级管控，划分生态Ⅰ级区（健全生态功能区）、生态Ⅱ级区（较健全生态功能区）、生态Ⅲ级区（一般生态功能区）、生态Ⅳ级区（较低生态功能区），实施差别化的流域产业结构调整与准入政策，对生态Ⅰ级区、生态Ⅱ级区重点实施生态保护，对生态Ⅲ级区、生态Ⅳ级区重点实施生态修复。

3）各类环境区划统筹兼顾原则

水生态功能分区与地表水（环境）功能区划、主体功能区划、生态保护红线、太湖分级保护区、控制单元等成果进行技术耦合、聚类分析和空间叠置，统筹兼顾，同步实施。

4）区间差异化与区内相似性原则

反映流域水生态系统的空间差异及分布规律，现状与生态保护相结合，充分体现水生态系统的主导功能；同一个区内80%以上监测点位水质类别和水生态健康状况属同一级别；特征污染物来源范围、重要物种及其栖息地不与相邻区形成交叉。

5）流域与行政区界相结合原则

流域与镇级行政区域有机结合，在保证小流域完整性的同时，兼顾行政分区的完整性，便于行政区域管理，使得区划具备可操作性。

6）水生生物资源合理利用、持续发展原则

在分区设置权重分配时，充分考虑水生生物资源利用的可持续性，水生生物资源利用与保护的底线是不得改变水生生态系统的基本功能，不得破坏水生动植物的生息繁衍场所，不得超出资源的再生能力或者给水生动植物物种造成永久性损害，保障水生生物资源再生与珍稀物种恢复。

7）管理手段多元化原则

按照河湖统筹、水陆统筹系统化管理的技术路线，与排污许可证、容量总量控制、生态红线等环境管理手段相结合，逐步实施水质、水生态、空间三重管控，实现分区、分类、分级、分期管理。保护流域水生态系统的物理完整性、化学完整性和生物完整性，保障流域水生态系统健康。

8）功能区界动态更新原则

水生态功能区根据水生态现状及相关指标进行聚类划分，可动态跟踪，随着水生态状况的逐步改善，功能区的边界可进行合理调整和动态更新。

2. 分区结果

分区所涉及的区域为江苏省太湖流域，包括太湖湖体，苏州市、无锡市、常州市和丹阳市的全部行政区域，以及镇江市区、丹徒区、句容市，南京高淳区行政区域内对太湖水质有影响的水体所在区域。依据分区原则，共划分水生态环境功能分区 49 个（陆域 43 个、水域 6 个），分属 4 个等级，其中生态Ⅰ级区 5 个、生态Ⅱ级区 10 个、生态Ⅲ级区 20 个、生态Ⅳ级区 14 个。各级分区生态功能及保护需求如下。

（1）生态Ⅰ级区：水生态系统保持自然生态状态，具有健全的生态功能，需全面保护的区域。

（2）生态Ⅱ级区：水生态系统保持较好生态状态，具有较健全的生态功能，需重点保护的区域。

（3）生态Ⅲ级区：水生态系统保持一般生态状态，部分生态功能受到威胁，需重点修复的区域。

（4）生态Ⅳ级区：水生态系统保持较低生态状态，能发挥一定程度生态功能，需全面修复的区域。

3. 评价指标体系与方法

基于水生态功能区的水生态健康评价指标体系与方法具体见第 5 章的内容。

4. 管理目标

针对四级分区的生态功能与保护需求，分别制定了包括水生态管控、空间管控、物种保护三大类管理目标，实施分级、分区、分类、分期的目标管理。近期（2020 年以前）以水质、水生态健康、生态红线、土地利用和目标总量控制等为主要考核指标，远期（2021～2030 年）将水环境容量总量、生物毒性、物种保护等纳入考核指标，全面保障流域水生态系统健康。

（1）水生态管理目标。包括水质目标、水生态健康指数和总量控制目标，基于分区内水质、水生态现状、控制单元划分、《水污染防治行动计划》（简称“水十条”）考核断面目标要求、分区水环境容量计算等制定。

水质目标：近期水质目标结合水（环境）功能分区、太湖流域水环境综合治理总体方案、水质现状与“水十条”考核目标等综合确定，远期水质目标基本依据水（环境）功能分区，并布设相应的水质考核断面。

水生态健康指数：水生态健康指数为综合评价指数，由藻类、底栖生物、水质、富营养指数等组成，并依据代表性原则，优化布设水生态监测断面。

总量控制目标：污染物排放现状总量是依据纳入环保部门环境统计的工业污染源、生活污染源，以及种植业、养殖业污染源等进行核算。

江苏省太湖流域水质、水生态分级管控目标具体见表 7.7。

表 7.7　水质、水生态分级管控目标

分级区	水质考核断面优Ⅲ类比例（2030 年）/%	水生态健康指数（2030 年）
生态Ⅰ级区	90	良（≥0.70）
生态Ⅱ级区	85	良/中（≥0.55）
生态Ⅲ级区	80	中（≥0.47）
生态Ⅳ级区	50	中/一般（≥0.40）

注：2030 年水质考核断面目标来源于《江苏省地表水（环境）功能区划》2020 年目标。

（2）空间管控目标。包括生态红线、湿地、林地管控目标，主要根据《江苏省生态红线区域保护规划》、各分区现状土地利用遥感影像解译成果等制定，确保生态空间屏障不下降，生态功能不退化，具体见表 7.8。

表 7.8　分级空间管控目标　（单位：%）

分级区	生态红线面积比例	生态红线/流域面积	湿地和林地面积比例
生态Ⅰ级区	69	7.4	68.0
生态Ⅱ级区	63	11.5	61.8
生态Ⅲ级区	21	8.7	28.4
生态Ⅳ级区	8	2.5	15.5

注：生态红线区域范围统计依据《江苏省生态红线区域保护规划》。

（3）物种保护目标。主要根据流域珍稀濒危物种分布，不同水质、水生态系统的特有种与敏感指示物种等研究成果制定。

7.4　系统实现技术路线

7.4.1　服务集成

服务集成包含信息资源的集成、信息内容的集成和信息技术的集成三层含义。

本系统采用的开发架构及 REST 服务设计，能有效灵活地把信息资源等要素（功能要素、信息要素、技术要素等）有机地连接成一个整体，使用户得到标准方式格式化的、面向主题的信息服务，满足集成服务需求和基于 REST 的基本服务集扩展或构建更大的集合。

7.4.2　功能集成

功能集成包括以下两方面内容。

（1）功能合并。主要考虑将一些在功能上和硬件设备上重复的系统合并，使合并后的系统具备合并前各系统的所有功能，以减少设备冗余，避免重复投资。

（2）功能互补。从功能上看，各子系统都有其特定的功能和管辖范围，平时各自独立工作，但在发生某些特殊事件时，往往需要各系统之间的协同工作，以提高整个系统对突发事件的处理能力，实现全局性的控制和管理，提高业务操作的智能化程度。

7.5　系统功能设计

7.5.1　水生态健康监测与评价方法管理

水生态健康监测与评价方法管理是将现有水生态健康监测与评价方法进行集中管理、展现，特别是将第 5 章形成的江苏省太湖流域水生态健康评价方法列在系统平台中，便于理解江苏省太湖流域水生态监测评价流程及步骤方法。水生态健康监测与评价方法管理包括了术语定义、指标体系、评估方法、水生态监测 4 个模块，分别显示水生态健康监测与评价方法中涉及的相关术语、水生态健康监测与评价指标体系、指标体系中相关指数计算方法和水生态监测要求等相关内容（表 7.9）。

表 7.9　水生态健康监测与评价方法管理列表

模块	功能名称	说明描述
术语定义	显示当前术语网页	介绍淡水浮游藻类信息、淡水大型底栖无脊椎动物信息
指标体系	显示当前指标体系网页	介绍能够表征江苏省太湖流域水生态健康状况的指标体系，包括水生生物及水质两个部分
评估方法	显示评估方法网页	介绍淡水浮游藻类完整性指数、淡水大型底栖无脊椎动物完整性指数、河流综合污染指数
水生态监测	显示水生态监测网页	介绍点位布设、监测频次与时间、监测要素与方法

7.5.2　水生态健康变化分析评价（调查数据）

水生态健康变化分析评价（调查数据）是利用水生态健康监测与评价方法管理中列出的方法，特别是第 5 章形成的江苏省太湖流域水生态健康评价方法，将流域水生态科学研究调查获得的数据进行计算，从而得到各类群相关指数计算结果。水生态健康变化分析评价（调查数据）包含水质参数、浮游植物、浮游动物和底栖动物 4 个模块（表 7.10），显示主要类群（功能）原始数据及计算结果。各功能分别包含查询采样点位监测信息、高级查询采样点位监测信息、合并指数计算、单独指数计算和导出计算结果 5 个主要子功能。满足对不同时间不同监测点位主要水生态数据的显示、计算和评价等需求。

表 7.10　水生态健康变化分析评价（调查数据）功能列表

模块	功能名称	子功能名称	说明描述
水质参数	查询水质及五参数采样点位信息	查询采样点位监测信息	通过行政区划、水体类型、生态功能区，筛选采样点位信息和当前采样点位下的监测结果信息
		高级查询采样点位监测信息	通过采样任务、行政区划、水体类型、水体名称、功能分区、采样点名称、采样时间，筛选采样点位信息和当前采样点位下的监测结果信息
		合并指数计算	通过行政区划、水体类型、生态功能区，筛选采样点位信息，通过合并计算显示采样点水质各参数的类别信息
		单独指数计算	通过行政区划、水体类型、生态功能区，筛选采样点位信息，通过单独计算显示采样点水质各参数的类别信息
		导出计算结果	通过行政区划、水体类型、生态功能区，筛选采样点位信息和当前采样点位下的监测结果信息，通过详细监测结果信息，进行指数计算并导出计算结果
浮游植物	查询浮游植物采样点位信息	查询采样点位监测信息	通过行政区划、水体类型、生态功能区，筛选采样点位信息和当前采样点位下的监测结果信息
		高级查询采样点位监测信息	通过采样任务、行政区划、水体类型、水体名称、功能分区、采样点名称、采样时间，筛选采样点位信息和当前采样点位下的监测结果信息
		合并指数计算	通过行政区划、水体类型、生态功能区，筛选采样点位信息，通过合并计算显示采样点水质各参数的类别信息
		单独指数计算	通过行政区划、水体类型、生态功能区，筛选采样点位信息，通过单独计算显示采样点水质各参数的类别信息
		导出计算结果	通过行政区划、水体类型、生态功能区，筛选采样点位信息和当前采样点位下的监测结果信息，通过详细监测结果信息，进行指数计算并导出计算结果

续表

模块	功能名称	子功能名称	说明描述
浮游动物	查询浮游动物采样点位信息	查询采样点位监测信息	通过行政区划、水体类型、生态功能区，筛选采样点位信息和当前采样点位下的监测结果信息
		高级查询采样点位监测信息	通过采样任务、行政区划、水体类型、水体名称、功能分区、采样点名称、采样时间，筛选采样点位信息和当前采样点位下的监测结果信息
		合并指数计算	通过行政区划、水体类型、生态功能区，筛选采样点位信息，通过合并计算显示采样点水质各参数的类别信息
		单独指数计算	通过行政区划、水体类型、生态功能区，筛选采样点位信息，通过单独计算显示采样点水质各参数的类别信息
		导出计算结果	通过行政区划、水体类型、生态功能区，筛选采样点位信息和当前采样点位下的监测结果信息，通过详细监测结果信息，进行指数计算并导出计算结果
底栖动物	查询底栖动物采样点位信息	查询采样点位监测信息	通过行政区划、水体类型、生态功能区，筛选采样点位信息和当前采样点位下的监测结果信息
		高级查询采样点位监测信息	通过采样任务、行政区划、水体类型、水体名称、功能分区、采样点名称、采样时间，筛选采样点位信息和当前采样点位下的监测结果信息
		合并指数计算	通过行政区划、水体类型、生态功能区，筛选采样点位信息，通过合并计算显示采样点水质各参数的类别信息
		单独指数计算	通过行政区划、水体类型、生态功能区，筛选采样点位信息，通过单独计算显示采样点水质各参数的类别信息
		导出计算结果	通过行政区划、水体类型、生态功能区，筛选采样点位信息和当前采样点位下的监测结果信息，通过详细监测结果信息，进行指数计算并导出计算结果

7.5.3 水生态健康变化分析评价（例行监测数据）

水生态健康变化分析评价（例行监测数据）与水生态健康变化分析评价（调查数据）类似，利用水生态健康监测与评价方法管理中列出的方法，将全省水生态例行监测获得的数据代入计算，获得各类群相关指数计算结果。系统除包含调查数据部分功能的模块外，还增加了粪大肠菌群、发光菌和水产品残毒 3 个模块（表 7.11），显示主要类群（功能）原始数据及计算结果。各功能分别包含查询采样点位监测信息、高级查询采样点位监测信息、合并指数计算、单独指数计算和导出计算结果 5 个主要子功能。满足对不同时间不同监测点位主要水生态数据的显示、计算和评价等需求。

表 7.11　水生态健康变化分析评价（例行监测数据）增加模块列表

模块	功能名称	子功能名称	说明描述
粪大肠菌群	查询粪大肠菌群采样点位信息	查询采样点位监测信息	通过行政区划、水体类型、生态功能区，筛选采样点位信息和当前采样点位下的监测结果信息
		高级查询采样点位监测信息	通过采样任务、行政区划、水体类型、水体名称、功能分区、采样点名称、采样时间，筛选采样点位信息和当前采样点位下的监测结果信息
		合并指数计算	通过行政区划、水体类型、生态功能区，筛选采样点位信息，通过合并计算显示采样点水质各参数的类别信息
		单独指数计算	通过行政区划、水体类型、生态功能区，筛选采样点位信息，通过单独计算显示采样点水质各参数的类别信息
		导出计算结果	通过行政区划、水体类型、生态功能区，筛选采样点位信息和当前采样点位下的监测结果信息，通过详细监测结果信息，进行指数计算并导出计算结果
发光菌	查询发光菌采样点位信息	查询采样点位监测信息	通过行政区划、水体类型、生态功能区，筛选采样点位信息和当前采样点位下的监测结果信息
		高级查询采样点位监测信息	通过采样任务、行政区划、水体类型、水体名称、功能分区、采样点名称、采样时间，筛选采样点位信息和当前采样点位下的监测结果信息
		合并指数计算	通过行政区划、水体类型、生态功能区，筛选采样点位信息，通过合并计算显示采样点水质各参数的类别信息
		单独指数计算	通过行政区划、水体类型、生态功能区，筛选采样点位信息，通过单独计算显示采样点水质各参数的类别信息
		导出计算结果	通过行政区划、水体类型、生态功能区，筛选采样点位信息和当前采样点位下的监测结果信息，通过详细监测结果信息，进行指数计算并导出计算结果
水产品残毒	查询水产品残毒采样点位信息	查询采样点位监测信息	通过行政区划、水体类型、生态功能区，筛选采样点位信息和当前采样点位下的监测结果信息
		高级查询采样点位监测信息	通过采样任务、行政区划、水体类型、水体名称、功能分区、采样点名称、采样时间，筛选采样点位信息和当前采样点位下的监测结果信息
		合并指数计算	通过行政区划、水体类型、生态功能区，筛选采样点位信息，通过合并计算显示采样点水质各参数的类别信息
		单独指数计算	通过行政区划、水体类型、生态功能区，筛选采样点位信息，通过单独计算显示采样点水质各参数的类别信息
		导出计算结果	通过行政区划、水体类型、生态功能区，筛选采样点位信息和当前采样点位下的监测结果信息，通过详细监测结果信息，进行指数计算并导出计算结果

7.5.4　水生生境健康变化分析评价

水生生境健康变化分析评价是利用现有评价方法，直观判别科学研究期间和例行工作监测获得的水质等水生生境数据结果，并依据 GB 3838—2002 中不同功能水体各要素限值，判别生境指标中各要素水质类别状况。本模块主要包含查询采样点位监测信息、高级查询采样点位监测信息、合并指数计算和单独指数计算4个主要子功能（表7.12），满足对不同时间不同监测点位主要水生态数据的显示、计算和评价等需求。

表7.12 水生生境健康变化分析评价（调查数据）列表

模块	功能名称	子功能名称	说明描述
水生生境健康变化分析评价（调查数据）	查询点位信息，进行类别计算	查询采样点位监测信息	通过行政区划、水体类型、生态功能区，筛选采样点位信息和当前采样点位下的监测结果信息
		高级查询采样点位监测信息	通过采样任务、行政区划、水体类型、水体名称、功能分区、采样点名称、采样时间，筛选采样点位信息和当前采样点位下的监测结果信息
		合并指数计算	通过行政区划、水体类型、生态功能区，筛选采样点位信息，通过合并计算显示采样点水质各参数的类别信息
		单独指数计算	通过行政区划、水体类型、生态功能区，筛选采样点位信息，通过单独计算显示采样点水质各参数的类别信息

7.5.5 水生态功能区健康变化分析评价

水生态功能区健康变化分析评价是利用水生态健康监测与评价方法管理中列出的方法，将水生生物、生境等水生态调查、监测数据代入计算，获得各指标的计算结果，并依据相关公式，得出水生态健康指数值。其中，系统预设各点位与水生态功能区的对应关系，可以直接计算功能区的水生态健康状况。水生态功能区健康变化分析评价包含河流湖库水质指数、浮游藻类完整性指数、底栖动物完整性指数和水生态健康指数4个模块（表7.13），包含查询采样点位监测信息、高级查询采样点位监测信息和导出计算结果3个主要子功能。

表7.13 水生态功能区健康变化分析评价列表

模块	功能名称	子功能名称	说明描述
河流湖库水质指数	查询点位信息，进行指数计算	查询采样点位监测信息	通过行政区划、水体类型、生态功能区，筛选采样点位信息和当前采样点位下的监测结果信息
		高级查询采样点位监测信息	通过采样任务、行政区划、水体类型、水体名称、功能分区、采样点名称、采样时间，筛选采样点位信息和当前采样点位下的监测结果信息
		导出计算结果	通过行政区划、水体类型、生态功能区，筛选采样点位信息和当前采样点位下的监测结果信息，通过详细监测结果信息，进行指数计算并导出计算结果

续表

模块	功能名称	子功能名称	说明描述
浮游藻类完整性指数	查询点位信息，进行指数计算	查询采样点位监测信息	通过行政区划、水体类型、生态功能区，筛选采样点位信息和当前采样点位下的监测结果信息
		高级查询采样点位监测信息	通过采样任务、行政区划、水体类型、水体名称、功能分区、采样点名称、采样时间，筛选采样点位信息和当前采样点位下的监测结果信息
		导出计算结果	通过行政区划、水体类型、生态功能区，筛选采样点位信息和当前采样点位下的监测结果信息，通过详细监测结果信息，进行指数计算并导出计算结果
底栖动物完整性指数	查询点位信息，进行指数计算	查询采样点位监测信息	通过行政区划、水体类型、生态功能区，筛选采样点位信息和当前采样点位下的监测结果信息
		高级查询采样点位监测信息	通过采样任务、行政区划、水体类型、水体名称、功能分区、采样点名称、采样时间，筛选采样点位信息和当前采样点位下的监测结果信息
		导出计算结果	通过行政区划、水体类型、生态功能区，筛选采样点位信息和当前采样点位下的监测结果信息，通过详细监测结果信息，进行指数计算并导出计算结果
水生态健康指数	查询点位信息，进行指数计算	查询采样点位监测信息	通过行政区划、水体类型、生态功能区，筛选采样点位信息和当前采样点位下的监测结果信息
		高级查询采样点位监测信息	通过采样任务、行政区划、水体类型、水体名称、功能分区、采样点名称、采样时间，筛选采样点位信息和当前采样点位下的监测结果信息
		导出计算结果	通过行政区划、水体类型、生态功能区，筛选采样点位信息和当前采样点位下的监测结果信息，通过详细监测结果信息，进行指数计算并导出计算结果

7.6　系统服务设计

7.6.1　公共业务服务

公共业务服务目录如表 7.14 所示。

表 7.14　公共业务服务列表

序号	服务名	请求方式	说明	备注
1	水质参数监测结果信息查询	GET	水质参数监测结果信息查询	GET
2	浮游动物监测结果信息查询	GET	浮游动物监测结果信息查询	GET
3	浮游植物监测结果信息查询	GET	浮游植物监测结果信息查询	GET
4	底栖动物监测结果信息查询	GET	底栖动物监测结果信息查询	GET

续表

序号	服务名	请求方式	说明	备注
5	粪大肠菌群监测结果信息查询	GET	粪大肠菌群监测结果信息查询	GET
6	发光菌监测结果信息查询	GET	发光菌监测结果信息查询	GET
7	水产品残毒监测结果信息查询	GET	水产品残毒监测结果信息查询	GET
8	采样点位基本信息查询	GET	采样点位基本信息查询	GET
9	采样任务查询	GET	采样任务查询	GET
10	查询生态功能区	GET	查询生态功能区	GET
11	查询采样点信息高级查询	POST	查询采样点信息高级查询	POST

7.6.2　水生态健康长期变化分析服务

流域水生态健康长期变化分析服务涉及的水质参数、浮游植物、浮游动物、底栖动物、粪大肠菌群、发光菌和水产品残毒服务目录分别见表 7.15～表 7.21。

表 7.15　水质参数服务列表

序号	服务名	请求方式	说明	备注
1	采样点位基本信息查询	GET	采样点位基本信息查询	GET
2	采样点位基本信息高级查询	POST	采样点位基本信息高级查询	POST
3	水生生物监测点位信息查询	GET	水生生物监测点位信息查询	GET
4	水质及五参数监测结果信息查询	GET	水质及五参数监测结果信息查询	GET

表 7.16　浮游植物服务列表

序号	服务名	请求方式	说明	备注
1	采样点位基本信息查询	GET	采样点位基本信息查询	GET
2	采样点位基本信息高级查询	POST	采样点位基本信息高级查询	POST
3	水生生物监测点位信息查询	GET	水生生物监测点位信息查询	GET
4	浮游植物监测结果信息查询	GET	浮游植物监测结果信息查询	GET

表 7.17　浮游动物服务列表

序号	服务名	请求方式	说明	备注
1	采样点位基本信息查询	GET	采样点位基本信息查询	GET
2	采样点位基本信息高级查询	POST	采样点位基本信息高级查询	POST

续表

序号	服务名	请求方式	说明	备注
3	水生生物监测点位信息查询	GET	水生生物监测点位信息查询	GET
4	浮游动物监测结果信息查询	GET	浮游动物监测结果信息查询	GET

表 7.18　底栖动物服务列表

序号	服务名	请求方式	说明	备注
1	采样点位基本信息查询	GET	采样点位基本信息查询	GET
2	采样点位基本信息高级查询	POST	采样点位基本信息高级查询	POST
3	水生生物监测点位信息查询	GET	水生生物监测点位信息查询	GET
4	底栖动物监测结果信息查询	GET	底栖动物监测结果信息查询	GET

表 7.19　粪大肠菌群服务列表

序号	服务名	请求方式	说明	备注
1	采样点位基本信息查询	GET	采样点位基本信息查询	GET
2	采样点位基本信息高级查询	POST	采样点位基本信息高级查询	POST
3	水生生物监测点位信息查询	GET	水生生物监测点位信息查询	GET
4	粪大肠菌群监测结果信息查询	GET	粪大肠菌群监测结果信息查询	GET

表 7.20　发光菌服务列表

序号	服务名	请求方式	说明	备注
1	采样点位基本信息查询	GET	采样点位基本信息查询	GET
2	采样点位基本信息高级查询	POST	采样点位基本信息高级查询	POST
3	水生生物监测点位信息查询	GET	水生生物监测点位信息查询	GET
4	发光菌监测结果信息查询	GET	发光菌监测结果信息查询	GET

表 7.21　水产品残毒服务列表

序号	服务名	请求方式	说明	备注
1	采样点位基本信息查询	GET	采样点位基本信息查询	GET
2	采样点位基本信息高级查询	POST	采样点位基本信息高级查询	POST
3	水生生物监测点位信息查询	GET	水生生物监测点位信息查询	GET
4	水产品残毒监测结果信息查询	GET	水产品残毒监测结果信息查询	GET

水生生境健康变化分析评价和水生态功能区健康变化分析评价服务目录见表 7.22 和表 7.23。

表 7.22　水生生境健康变化分析评价服务列表

序号	服务名	请求方式	说明	备注
1	采样点位基本信息查询	GET	采样点位基本信息查询	GET
2	采样点位基本信息高级查询	POST	采样点位基本信息高级查询	POST
3	水生生物监测点位信息查询	GET	水生生物监测点位信息查询	GET
4	水质参数监测结果信息查询	POST	水质参数监测结果信息查询	POST

表 7.23　水生态功能区健康变化分析评价服务列表

序号	服务名	请求方式	说明	备注
1	采样点位基本信息查询	GET	采样点位基本信息查询	GET
2	采样点位基本信息高级查询	POST	采样点位基本信息高级查询	POST
3	水生生物监测点位信息查询	GET	水生生物监测点位信息查询	GET
4	水生态健康指数	POST	水生态健康指数	POST

第 8 章　太湖湖泊生态场景模拟系统

8.1　系统总体设计

为更好地展现太湖流域水体自然生境及其水生态变化模型模拟的动态变化过程，基于太湖湖泊水生态系统的综合调查与太湖流域生境、水质与水生态监控数据，构建集生态系统模拟、生态系统结构及变化关系展示于一体的太湖湖泊生态场景模拟系统。

8.2　系统建设内容

水生态系统动力学模拟基于区域特征调查、卫星遥感、水动力学原理，利用3S[①]技术、可视化建模工具、计算机模拟等技术模拟及预测流域水体流动、污染物分布情况等信息。通过对模型实施各种“试验”展示系统的不同行为，寻求解决问题的正确途径，特别是可以模拟流域在某些临界状态下的特性，为应急方案的制定及措施的采用提供理论和数据支持。在流域情景模拟中，应用到的模型主要包括水动力模型、水质模型、水生态模型及统计模型。其中，水动力模型用于计算水体的流场，模拟水体水平及垂直的流场分布；水质模型用于模拟污染物在水环境中的变化规律；水生态模型可以实现水域生态现象和生态过程的模拟与评价；统计模型用来求得各变量之间的函数关系，主要有回归分析、时间序列分析、聚类分析等。

8.2.1　流场模拟

流场模拟主要基于水动力模型，利用可视化技术再现水体的水平及垂直流场分布，流场模拟是污染物扩散模拟与预测及水生态模拟的基础。通过对模型所需输入文件的处理，包括对研究水域进行时间离散和空间离散（网格剖分），确定边界条件、初始条件，输入相关物理参数（糙率、涡流黏性系数），即可进行计算模拟。

8.2.2　污染物、营养盐模拟

基于水动力与水质耦合模型，模拟污染物、氮磷营养盐在水体中的迁移扩散

---

① 3S 是遥感（RS）、全球定位系统（GPS）和地理信息系统（GIS）的简称。

过程，可模拟太湖水生态系统中各类营养盐的形态及分布情况。在模型模拟过程中，要考虑入湖河口的定量排放、风场影响、生物降解等因素。对营养盐分布状态的模拟有助于掌握水域水体健康状况，对于水域的治理提供辅助支撑。

8.2.3 水生态功能区模拟

基于太湖流域地形、地质、土壤、降雨、太阳辐射、地质类型、土地利用等调查研究和太湖水生态功能分区结果，利用 3S 技术等，模拟太湖各生态功能区的物种空间分布、群落结构、生境条件等。

8.2.4 水生态系统模拟

基于太湖湖滨带、浅水区、深水区生态系统结构、区域特征、卫星遥感解译、典型污染物、生物物种、群落分布等的调查研究结果，利用 3S、三维建模等技术，展现太湖湖滨带、浅水区、深水区生态系统结构、生境条件、生物多样性状况及污染情况等。

8.3 关键技术研究

8.3.1 基于粒子滤波的同化模拟技术

粒子滤波以贝叶斯滤波原理为理论依据，通过系统状态转移模型预测状态的先验概率密度，实现观测数据与数值模型有效结合，获得水质参数变化的最优估计，由此不断修正模型运行轨迹。基于粒子滤波的同化方法模拟研究可有效修正数值模型模拟的结果，提高数值模型的模拟精度。

1. 系统状态空间模型

在粒子滤波数据同化过程中，系统状态空间模型对状态变量的最优估计是通过贝叶斯滤波对模型预测与测量更新两个步骤反复迭代实现的。在大气、海洋、陆面系统等实际应用中，一般都使用动态空间模型来描述真实的系统。动态空间模型是一种模拟反映真实系统的时空变化分布模型，时间是模型中隐含的自变量。动态空间模型按所描述的动态系统可以分为线性的与非线性的、时变的与时不变的等，一般包括系统状态模型与观测模型两部分。系统状态模型用于描述系统状态随时间的变化趋势；观测模型用于描述系统状态与系统某时刻的输出之间的关系。

$$系统状态模型：\ x_k = f(x_{k-1}, u_{k-1}) \tag{8.1}$$

$$观测模型：\ z_k = h(x_k, v_k) \tag{8.2}$$

式中，x_k 和 x_{k-1} 分别为系统在 k 时刻和 $k-1$ 时刻的状态变量；f（）为系统状态函数；u_{k-1} 为 $k-1$ 时刻系统过程噪声；z_k 为 k 时刻观测值；h（）为观测函数；v_k 为 k 时刻观测噪声。u_{k-1} 和 v_k 是相互独立且独立于系统状态的。系统状态模型与系统的状态转移概率密度 $p(x_k, x_{k-1})$ 相对应，观测模型与观测似然概率密度 $p(z_k, x_k)$ 相对应。

2. 贝叶斯滤波基本原理

贝叶斯滤波的基本原理是用获取的已知信息来构造系统状态的后验概率密度，用系统状态模型来估计状态变量的先验概率密度，再使用较近时刻的观测值进行修正，得到状态的后验概率密度。通过观测数据来递推计算状态变量取不同时刻的滤波值，由此得到状态变量的最优值。

假设已知概率密度的初始值为 $p(x_0 \mid z_0) = p(x_0)$，x_k 为系统状态变量，z_k 为系统观测值，递推过程可以通过预测与更新两步获得该后验概率密度。

1）预测

假设 $k-1$ 时刻，后验概率密度 $p(x_{k-1} \mid z_{k-1})$ 是已知信息，且假设系统状态 x_k 服从一阶马尔可夫过程并且系统观测值 z_k 独立。利用系统状态模型来预测 k 时刻 x_k 的概率密度，从而得到 k 时刻 x_k 的先验概率密度 $p(x_k \mid z_{1:k-1})$。由此得到如下方程：

$$p(x_k \mid z_{1:k-1}) = \int p(x_k \mid x_{k-1}) p(x_{k-1} \mid z_{1:k-1}) \mathrm{d}x_{k-1} \tag{8.3}$$

式中，k 为时间；$p(x_k \mid z_{1:k-1})$ 为当前时刻先验概率；$p(x_k \mid x_{k-1})$ 为系统状态的转移概率密度；$p(x_{k-1} \mid z_{1:k-1})$ 为上一时刻概率密度。

2）更新

由系统的观测模型，在获得 k 时刻的观测值 z_k 后，利用它修正上述先验概率密度，得到 k 时刻的后验概率密度 $p(x_k \mid z_{1:k})$。其推导过程如下：

由贝叶斯公式 $p(b \mid a) = \dfrac{p(a \mid b) p(b)}{p(a)}$ 得

$$p(x_k \mid z_{1:k}) = \frac{p(z_{1:k} \mid x_k) p(x_k)}{p(z_{1:k})} \tag{8.4}$$

式中，z_k 为 k 时刻观测值；$p(x_k \mid z_{1:k})$ 为后验概率。

将观测值 z_k 独立出来，$p(x_k)$ 为 x 在 k 时刻的概率密度，$p(z_{1:k})$ 为观测概率密度。

$$p(z_{1:k} \mid x_k) = p(z_k, z_{1:k-1} \mid x_k) \tag{8.5}$$

$$p(z_{1:k}) = p(z_k, z_{1:k-1}) \tag{8.6}$$

将式（8.5）和式（8.6）代入式（8.4）得

$$p(x_k \mid z_{1:k}) = \frac{p(z_k, z_{1:k-1} \mid x_k) p(x_k)}{p(z_k, z_{1:k-1})} \tag{8.7}$$

由条件概率定义有

$$p(z_k, z_{1:k-1}) = p(z_k, z_{1:k-1}) p(z_{1:k-1}) \tag{8.8}$$

由联合分布概率公式得

$$p(z_k, z_{1:k-1} \mid x_k) = p(z_k, z_{1:k-1} \mid x_k) p(z_{1:k-1}) \tag{8.9}$$

又由贝叶斯公式得

$$p(z_{1:k-1} \mid x_k) = \frac{p(x_k \mid z_{1:k-1}) p(z_{1:k-1})}{p(x_k)} \tag{8.10}$$

将式（8.8）～式（8.10）代入式（8.7）得

$$p(x_k \mid z_{1:k}) = \frac{p(z_k, z_{1:k-1} \mid x_k) p(x_k \mid z_{1:k-1}) p(z_{1:k-1}) p(x_k)}{p(z_k, z_{1:k-1}) p(z_{1:k-1}) p(x_k)} \tag{8.11}$$

若各个系统观测值 z_k 是相互独立的，得

$$p(z_k, z_{1:k-1} \mid x_k) = p(z_k \mid x_k) \tag{8.12}$$

将式（8.11）代入式（8.12），并消去分母与分子的共同项，得到后验概率密度为

$$p(x_k \mid z_{1:k}) = \frac{p(z_k \mid x_k) p(x_k \mid z_{1:k-1})}{p(z_k \mid z_{1:k-1})} \tag{8.13}$$

式中，$p(z_k \mid x_k)$ 为似然函数，它与系统状态和观测值的相似度有关：

$$p(z_k \mid x_k) = \int \delta(z_k - h(x_k, v_k)) p(v_k) \mathrm{d}v_k \tag{8.14}$$

式中，δ（）为狄拉克函数；p（v_k）为概率密度。

$$p(z_k, z_{1:k-1}) = \int p(z_k \mid x_k) p(x_k, z_{1:k-1}) \mathrm{d}x_k \tag{8.15}$$

式中，$p(z_k, z_{1:k-1})$ 一般是一个归一化因子。

这样式（8.13）和式（8.15）就构成了贝叶斯估计的递推公式，实现了由 k–1 时刻后验概率密度 $p(x_{k-1} \mid z_{1:k-1})$ 到 k 时刻后验概率密度 $p(x_k \mid z_{1:k})$ 递推更新过程，实现了从理论上出发求解后验概率密度的过程。但实际应用中式（8.3）是很难求得的，只有极少数系统可以直接利用上述求解方法，大多数的状态后验概率由于各种因素是很难直接进行解析求得的，甚至是无法解析的。而蒙特卡罗法可以不依赖积分的重数，非常适合高维积分的求解。因此，可以将多重积分的蒙特卡罗法引入贝叶斯滤波中解决以上问题。

3. 蒙特卡罗法

蒙特卡罗法在统计学中也称为统计实验法，它的基本思想是把待求解的问题或对象转变成某种随机事件，再从已知的概率分布中随机抽样，以该种事件出现的概率来估计这一问题的概率。

蒙特卡罗法的理论根本是大数问题，采用的技术方法是随机变量的抽样分析。抽样分析的实验次数越多，求得的数字特征越稳定。因此，当样本足够大时，这种估计等同于贝叶斯滤波的后验概率密度，因此贝叶斯滤波是实现粒子滤波的基础。假设从系统状态的后验概率密度分布 $p(x_k \mid z_{1:k})$ 中随机抽取独立分布的 N 个样本 $\{x_{0:k}^i; i=1,\cdots,N\}$，那么状态的后验概率密度分布可以用经验分布近似逼近为

$$\hat{p}(x_{0:k} \mid z_{1:k}) = \frac{1}{N}\sum_{i=1}^{N}\delta(x - x_i) \tag{8.16}$$

式中，$\delta()$ 为狄拉克函数；$\hat{p}(x_{0:k} \mid z_{1:k})$ 为后验概率近似值；N 为粒子数目，当 $N \to \infty$ 时，$\hat{p}(x_{0:k} \mid z_{1:k})$ 绝对收敛于 $p(x_{0:k} \mid z_{1:k})$。

4. 重要性采样

粒子滤波数据同化方法是通过采用蒙特卡罗法来实现贝叶斯滤波的一种技术方法，各个样本粒子单元通过状态空间模型，得到系统各个时刻的状态变量，最后计算粒子群加权和来近似表示后验概率密度。粒子数目越多，逼近后验概率密度的程度越高。实际应用时概率分布密度很难直接计算得到，而重要性采样可以解决这个问题。

1）贝叶斯重要性采样

贝叶斯重要性采样是从一个已知的容易采样的重要性函数分布中采样，通过对重要性函数的采样粒子集进行加权来逼近 $p(x_{0:k} \mid z_{1:k})$。假设 $g(x_{0:k})$ 为状态变量 $x_{0:k}$ 的任意函数，则 $g(x_{0:k})$ 的数学期望为

$$E(g(x_{0:k})) = \int g(x_{0:k}) p(x_{0:k} \mid z_{1:k}) \mathrm{d}x_{0:k} \tag{8.17}$$

根据蒙特卡罗原理［式（8.16）］，可以从后验概率密度中抽取 N 个独立分布样本，使

$$E(g(x_{0:k})) \approx \frac{1}{N}\sum_{i=1}^{N} g(x_{0:k}(i)) \tag{8.18}$$

假设重要性概率密度的参考分布 $q(x_{0:k} \mid z_{1:k})$ 已知且便于进行抽样。利用该重要性概率密度和贝叶斯公式，变形得

$$\begin{aligned} E(g(x_{0:k})) &= \int g(x_{0:k}) \frac{p(x_{0:k} \mid z_{1:k})}{q(x_{0:k} \mid z_{1:k})} q(x_{0:k} \mid z_{1:k}) \mathrm{d}x_{0:k} \\ &= \int g(x_{0:k}) \frac{p(z_{1:k} \mid x_{0:k}) p(x_{0:k})}{p(z_{1:k}) q(x_{0:k} \mid z_{1:k})} q(x_{0:k} \mid z_{1:k}) \mathrm{d}x_{0:k} \\ &= \int g(x_{0:k}) \frac{w_k(x_{0:k})}{p(z_{1:k})} q(x_{0:k} \mid z_{1:k}) \mathrm{d}x_{0:k} \end{aligned} \tag{8.19}$$

式中，$E(g(x_{0:k}))$ 为期望值；$q(x_{0:k} \mid z_{1:k})$ 为重要性函数分布；$w_k(x_{0:k})$ 为归一化权重，其定义公式如下：

$$w_k(x_{0:k}) = \frac{p(z_k \mid x_{0:k})p(x_{0:k})}{q(x_{0:k} \mid z_{1:k})} \tag{8.20}$$

由于式（8.20）是对 $x_{0:k}$ 积分，所以 $z_{1:k}$ 可看作常数，得

$$E(g(x_{0:k})) = \frac{\int (g(x_{0:k})w_k(x_{0:k}))q(x_{0:k} \mid z_{1:k})\mathrm{d}x_{0:k}}{p(z_{1:k})} \tag{8.21}$$

因为

$$\begin{aligned} p(z_{1:k}) &= \int p(z_{1:k}, x_{0:k})\mathrm{d}x_{0:k} \\ &= \frac{\int (g(x_{0:k})w_k(x_{0:k}))q(x_{0:k} \mid z_{1:k})\mathrm{d}x_{0:k}}{q(x_{0:k} \mid z_{1:k})\mathrm{d}x_{0:k}} \\ &= \int w_k(x_{0:k})q(x_{0:k} \mid z_{1:k})\mathrm{d}x_{0:k} \end{aligned} \tag{8.22}$$

将式（8.22）代入式（8.21）得

$$E(g(x_{0:k})) = \frac{\int (g(x_{0:k})w_k(x_{0:k}))q(x_{0:k} \mid z_{1:k})\mathrm{d}x_{0:k}}{\int w_k(x_{0:k})q(x_{0:k} \mid z_{1:k})\mathrm{d}x_{0:k}} \tag{8.23}$$

依据蒙特卡罗原理，从重要性函数中抽取独立分布的 N 个样本后，则上述数学期望近似表示为式（8.24）（李庆阳和关治，2000）。

$$\begin{aligned} E(g(x_{0:k})) &\approx \frac{\frac{1}{N}\sum_{i=1}^{N} g(x_{0:k}(i))w_k(x_{0:k}(i))}{\frac{1}{N}\sum_{i=1}^{N} w_k(x_{0:k}(i))} \\ &= \sum_{i=1}^{N} g(x_{0:k}(i))w_k(x_{0:k}(i)) \end{aligned} \tag{8.24}$$

又因为

$$w_k(x_{0:k}(i)) = \frac{w_k(x_{0:k}(i))}{\sum_{i=1}^{N} w_k(x_{0:k}(i))} \tag{8.25}$$

为归一化权值，$x_{0:k}(i)$ 为从 $q(x_{0:k} \mid z_{1:k})$ 中随机抽取的粒子集。

2）序贯重要性采样

在重要性采样方法中，对后验概率密度的估算要利用所有计算时刻的系统实测数据信息，每增加新的实测数据，需要对每个系统状态变量的重要性权重进行重新计算，实现起来较困难。而粒子滤波方法基于序贯重要性采样的过程，就是在蒙特卡罗思想中应用统计学理论中的序贯分析方法的过程，以递推得到后验概

率密度函数的最优化估计。它在 $k+1$ 时刻进行采样时并不改变之前的状态变量的粒子群体，而是采用递推的方式计算重要性权值。

建议分布函数 $q(x_{0:k} | z_{1:k})$ 可分解为

$$q(x_{0:k} | z_{1:k}) = q(x_k | x_{0:k-1}, z_{1:k}) q(x_{0:k-1} | z_{1:k-1}) \tag{8.26}$$

若系统状态分布规律服从一阶马尔可夫过程，那么通过由 $q(x_{0:k-1} | z_{1:k-1})$ 得到的支撑点 $x_{0:k-1}(i)$ 和由 $q(x_k | x_{0:k-1}, z_{1:k})$ 得到的支撑点 $x_k(i)$，可以计算得到新的支撑点 $x_{0:k}(i)$。权重更新公式进一步推导即将式（8.26）代入式（8.20）整理得

$$w_k = \frac{p(z_{1:k} | x_{0:k}) p(x_{0:k})}{q(x_k | x_{0:k-1}, z_{1:k}) q(x_{0:k-1} | z_{1:k-1})} \tag{8.27}$$

又结合式（8.12）可得

$$w_{k-1} = \frac{p(z_{1:k-1} | x_{0:k-1}) p(x_{0:k-1})}{q(x_{0:k-1} | z_{1:k-1})} \tag{8.28}$$

合并式（8.27）和式（8.28）得

$$w_k = w_{k-1} \frac{p(z_{1:k} | x_{0:k}) p(x_{0:k})}{p(z_{1:k-1} | x_{0:k-1}) p(x_{0:k-1}) q(x_k | x_{0:k-1}, z_{1:k})} = w_{k-1} \frac{p(z_k | x_k) p(x_k | x_{k-1})}{q(x_k | x_{0:k-1}, z_{1:k})} \tag{8.29}$$

式中，w_k 为当前时刻的粒子权重；w_{k-1} 为上一时刻的粒子权重。

若状态变量的预测是最优估量，那么参考分布的概率密度函数仅需要考虑 x_{k-1} 和 z_k，即

$$q(x_k | x_{0:k-1}, z_{1:k}) = q(x_k | x_{k-1}, z_{1:k}) \tag{8.30}$$

随机抽样之后，对每个粒子赋予权值 $w_k(i)$，将式（8.30）代入式（8.28）得

$$w_k(i) = w_{k-1}(i) \frac{p(z_k | x_k(i)) p(x_k(i) | x_{k-1}(i))}{q(x_k(i) | x_{k-1}(i), z_{1:k})} \tag{8.31}$$

以下是重要性函数可以满足权重方差最小的原则：

$$q(x_k | x_{k-1}, z_k)_{\text{opt}} = p(x_k | x_{k-1}(i), z_k) \tag{8.32}$$

这种情况下的最优概率密度函数 $q(x_k | x_{k-1}(i), z_k)$ 就等同于真实分布，每个粒子 $x_{k-1}(i)$的权重都是 $w_k(i) = 1/N, \mathrm{Var}(w_k(i)) = 0$，则

$$w_k(i) = w_{k-1}(i) \int p(z_k | x'_k) p(x'_k | x_{k-1}(i)) \mathrm{d}x'_k \tag{8.33}$$

但上述重要性函数分布的最优选择方法有两个严重缺陷：一是真实分布 $p(x_k | x_{k-1}(i), z_k)$ 通常无法计算得出；二是式（8.33）积分一般也求解不到。因此最常见的参考分布选择为先验密度，如式（8.34）所示：

$$q(x_k | x_{k-1}(i), z_k) = p(x_k | x_{k-1}(i)) \tag{8.34}$$

将其代入式（8.31）得

$$w_k(i) = w_{k-1}(i) p(z_k | x_k(i)) \tag{8.35}$$

5. 退化现象与重采样

粒子滤波方法的一个较大缺陷是粒子退化现象。粒子退化现象表现为随着滤波器迭代次数的累加，大多数粒子的权重会变得较小，而只有少数粒子有较大的权重。由于粒子群权重的方差会随着时间的变化逐渐增大，粒子退化现象不可避免。为解决粒子滤波方法的粒子退化问题，常用的解决方法是在粒子滤波器计算过程中，将其与重采样算法相结合。

重采样方法的原则就是降低权重很小的粒子数目，重点放在有较大权重的粒子上，该方法的实现思路是对后验概率密度进行有效采样 N_s 次，从而得到新的粒子集 $x_{0:k}(j)_{j=1}^{N_s}$，每次重采样时尽可能多地保留或复制权重较大的粒子，去除权重较小的粒子，将之前的带权样本 $\{x_{0:k}(i), \tilde{w}_k(x_{0:k}(i))\}$ 转变为等权重样本 $\{x_{0:k}(i), N^{-1}\}$，所以式（8.24）转换为

$$\overline{E(g(x_{0:k}))} = \frac{1}{N_s}\sum_{i=1}^{N_s} g(x_{0:k}(i)) \tag{8.36}$$

重采样方法虽解决了一定的粒子退化问题，但导致了采样枯竭问题，就是权重较大的粒子被多次有效复制后，重新采样的结果中就包含了许多重复点集，随着复制次数的增加，采样后的粒子集会逐渐丧失其多样性。所以，一个有效的重采样算法既要保持粒子的多样性，又要尽可能降低较小权重的粒子集数目。目前应用较广泛的重采样方法有多项式重采样方法、残差重采样方法、分层重采样方法、随机重采样方法。下面详细介绍这四种重采样方法的实现步骤。

$\{\xi^i, w^i\}_{1\leqslant i\leqslant n}$ 为重采样之前的粒子集；$\{\widetilde{\xi^i}, \widetilde{w^i}\}_{1\leqslant i\leqslant n}$ 为重采样之后的粒子集，ξ^i 和 $\widetilde{\xi^i}$ 分别为采样前后的第 i 个粒子数值；w^i 和 $\widetilde{w^i}$ 分别为采样前后的第 i 个粒子的权重大小；n 为采样的大小。

1）多项式重采样方法

多项式重采样方法由 Gordon 等（1993）提出，基本解决了标准粒子滤波的粒子退化问题，该方法是各种重采样方法的基础。多项式重采样方法的实现步骤如下。

步骤 1：根据均匀分布的采样方式，在（0，1]区间内进行采样从而获得 n 个独立分布的采样集合 $\{U^i\}_{1\leqslant i\leqslant n}$。

步骤 2：令 $I^i = D_w^{\text{inv}}(U^i)$，$\widetilde{\xi^i} = \xi^{I^i}$，$i = 1, \cdots, n$。其中 D_w^{inv} 是权重集合 $\{w^i\}_{1\leqslant i\leqslant n}$ 的累积分布函数，即 $u \in \left(\sum_{j=1}^{i-1} w^j, \sum_{j=1}^{i} w^j\right]$，$D_w^{\text{inv}}(u) = i$。

其中，假设 $\xi(i) = \xi^i$ 满足函数映射 $\xi: \{1, \cdots, n\} \to X$，则 $\widetilde{\xi^i}$ 可以表示为 $\xi \circ D_w^{\text{inv}}(U^i)$。

步骤 3：$\widetilde{w^i} = 1/n$，$i = 1, \cdots, n$。

记 $\mathrm{Mult}(n;w^1,\cdots,w^n)$ 为采样大小为 n、权重集合为 $\{w^i\}_{1\leqslant i\leqslant n}$ 的重采样函数；$\{U^i\}_{1\leqslant i\leqslant n}$ 为在重采样后生成的新粒子集；U^i 为重采样之前权重较大的第 i 个粒子，在重采样后被复制的次数，$0\leqslant U^i\leqslant n$。

2）残差重采样方法

Liu 和 Chen（1998）提出残差重采样方法，它以多项式重采样方法为基础，但多项式重采样方法计算量较大，残差重采样视残留的粒子数目而定，计算量较小。残差重采样方法的实现步骤如下。

步骤 1：由 $\mathrm{Mult}(n-R;w^{-1},\cdots,w^{-n})$ 得到 $\{\bar{N}^i\}_{1\leqslant i\leqslant n}$，其中，

$R=\sum_{i=1}^{n}\lfloor nw^i\rfloor$，$\bar{w}^i=\dfrac{nw^i-\lfloor nw^i\rfloor}{n-R}$，$i=1,\cdots,n$，$\lfloor\ \rfloor$表示 nw^i 的整数部分。

步骤 2：令 $N^i=\lfloor nw^i\rfloor+\bar{N}^i$。

步骤 3：$w^{-i}=1/n$，$i=1,\cdots,n$。

3）分层重采样方法

分层重采样方法是对复杂的多项式重采样方法的改进，它实现了由原始的无序随机数据变为有序数据。分层重采样方法计算步骤主要有如下四步。

步骤 1：将（0，1]分成 n 个连续互不重合的区间，也就是 $(0,1]=(0,1/n]U\cdots U(\{n-1\}/n,1]$。

步骤 2：对互不重合的各个相互独立子区间进行同分布采样得出 U_s^i，即 $U^i=U((\{i-1\}/n,i/n])$，$U=([a,b])$表示为独立区间$[a,b]$上的均匀分布。

步骤 3：同多项式重采样方法的步骤 2。

步骤 4：同多项式重采样方法的步骤 3。

4）随机重采样方法

随机重采样方法是在粒子归一化的基础上通过服从均匀分布的随机数来确定粒子集。随机重采样方法计算步骤主要有如下三步。

步骤 1：首先生成 n 个服从均匀分布的随机数 $u_k\sim U(0,1]$。

步骤 2：对产生的随机数进行排序 $\tilde{u}_k$。

步骤 3：对第 i 个粒子复制 U^i 个拷贝，$U^i=\tilde{u}_k\in\left(\sum_{j=1}^{i-1}w^j,\sum_{j=1}^{i}w^j\right]$的个数。

随机重采样方法的原理决定了在取值区间内，权重较大的粒子被复制的概率越大。

8.3.2　基于 FVCOM 的水动力与水质模型

FVCOM 模型是由陈长胜教授领导的马萨诸塞州达特默斯大学海洋生态动力

学模型实验室与伍兹霍尔海洋学协会的罗伯特C.比尔兹利博士合作开发的非结构网格有限体积水动力环流数值模型。该模型的数值方法基于有限体积法，保证复杂几何结构的河口、湖泊等在计算中物理量的动态守恒；在水平方向上基于非结构化三角面片结构，能较好地拟合复杂边界线及不规则的岛屿边界；在垂直方向上采用 σ 坐标系统，沿垂直方向分层，与湍流模式结合可以很好地模拟混合层的动力情况。模型采用时间分裂算法，节约了计算时间。外模是正压模，基于二维数值方程，时间步长较短。内模是斜压模，基于三维数值方程，时间步长较长（宋倩，2015）。目前已开源的FVCOM模型版本包括水动力、水质、质点追踪、生物生长和沉积物输运等功能模拟模型。

1. *水动力模型*

水动力方程准确模拟湖泊水体水动力环境是计算水体中水质参数浓度变化的前提。水动力模型原始的连续方程、动量方程、温盐方程经过 σ 坐标系转换后如下：

$$\begin{aligned}&\frac{\partial uD}{\partial t}+\frac{\partial u^2D}{\partial x}+\frac{\partial uvD}{\partial y}+\frac{\partial uw}{\partial \sigma}-fvD\\&=-gD\frac{\partial \zeta}{\partial x}-\frac{gD}{\rho_0}\left[\frac{\partial}{\partial x}\left(D\int_\sigma^0\rho \mathrm{d}\sigma'\right)+\sigma\rho\frac{\partial D}{\partial x}\right]+\frac{1}{D}\frac{\partial}{\partial x}\left(k_m\frac{\partial u}{\partial \sigma}\right)+DF_x\end{aligned}\tag{8.37}$$

$$\begin{aligned}&\frac{\partial vD}{\partial t}+\frac{\partial uvD}{\partial x}+\frac{\partial v^2D}{\partial y}+\frac{\partial uw}{\partial \sigma}-fuD\\&=-gD\frac{\partial \zeta}{\partial y}-\frac{gD}{\rho_0}\left[\frac{\partial}{\partial y}\left(D\int_\sigma^0\rho \mathrm{d}\sigma'\right)+\sigma\rho\frac{\partial D}{\partial y}\right]+\frac{1}{D}\frac{\partial}{\partial \sigma}\left(k_m\frac{\partial v}{\partial \sigma}\right)+DF_y\end{aligned}\tag{8.38}$$

$$\frac{\partial \zeta}{\partial t}+\frac{\partial Du}{\partial x}+\frac{\partial Dv}{\partial y}+\frac{\partial T\omega}{\partial \sigma}=0\tag{8.39}$$

$$\frac{\partial TD}{\partial t}+\frac{\partial TuD}{\partial x}+\frac{\partial TuD}{\partial y}+\frac{\partial T\omega}{\partial \sigma}=-\frac{1}{D}\frac{\partial}{\partial \sigma}\left(k_h\frac{\partial T}{\partial \sigma}\right)+D\hat{H}+DF_T\tag{8.40}$$

$$\frac{\partial SD}{\partial t}+\frac{\partial SuD}{\partial x}+\frac{\partial SuD}{\partial y}+\frac{\partial S\omega}{\partial \sigma}=-\frac{1}{D}\frac{\partial}{\partial \sigma}\left(k_h\frac{\partial S}{\partial \sigma}\right)+DF_S\tag{8.41}$$

$$\rho=\rho(T,S)\tag{8.42}$$

经过 σ 坐标转换后的水平耗散项式为

$$DF_x\approx\frac{\partial}{\partial x}\left[2A_mH\frac{\partial u}{\partial x}\right]+\frac{\partial}{\partial y}\left[A_mH\left(\frac{\partial u}{\partial y}+\frac{\partial v}{\partial x}\right)\right]\tag{8.43}$$

$$DF_y\approx\frac{\partial}{\partial y}\left[2A_mH\frac{\partial v}{\partial y}\right]+\frac{\partial}{\partial x}\left[A_mH\left(\frac{\partial u}{\partial y}+\frac{\partial v}{\partial x}\right)\right]\tag{8.44}$$

$$D(F_T,F_S,F_{q^2},F_{q^2l}) \approx \left[\frac{\partial}{\partial x}\left(A_h H\frac{\partial}{\partial x}\right)+\frac{\partial}{\partial y}A_m H\left(\frac{\partial}{\partial y}\right)\right](T,S,q^2,q^2l) \tag{8.45}$$

式（8.37）～式（8.45）中，x，y，σ 分别为笛卡儿直角右手坐标系的东、北和垂直方向上的坐标；u，v，w 依次为以上 3 个方向上的速度分量；T 为水温；S 为盐度；ρ 为总密度；ρ_0 为参考密度；f 为科氏参数；g 为重力加速度；k_m 为垂向涡流黏性系数；k_h 为垂向热力扩散系数；A_m 为水平涡流黏性系数；A_h 为水平热力扩散系数；F_x，F_y，F_T 和 F_S 代表水平动量（两个分量）、热量和盐度的扩散项；D 为整体水柱深度；$\hat{H}$ 为短波辐射垂直梯度；H 为底部深度；ζ 为自由面高度；$q^2=(u^2+v^2)/2$ 为湍流动能；l 为混合长度。

模式分离中二维外模的基本方程从以下垂直积分方程组得出：

$$\frac{\partial \zeta}{\partial t}+\frac{\partial(\overline{u}D)}{\partial x}+\frac{\partial(\overline{v}D)}{\partial y}=0 \tag{8.46}$$

$$\begin{aligned}&\frac{\partial \overline{u}D}{\partial t}+\frac{\partial \overline{u}^2 D}{\partial x}+\frac{\partial \overline{uv}D}{\partial y}-f\overline{v}D\\&=-gD\frac{\partial \zeta}{\partial x}-\frac{gD}{\rho_0}\left[\int_{-1}^{0}\frac{\partial}{\partial x}\left(D\int_{-1}^{0}\rho \mathrm{d}\sigma'\right)+\frac{\partial D}{\partial x}\int_{-1}^{0}\sigma\rho \mathrm{d}\sigma\right]+\frac{\tau_{sx}-\tau_{bx}}{\rho_0}+DF_x+G_x\end{aligned} \tag{8.47}$$

$$\begin{aligned}&\frac{\partial \overline{v}D}{\partial t}+\frac{\partial \overline{uv}D}{\partial x}+\frac{\partial \overline{v}^2 D}{\partial y}-f\overline{u}D\\&=-gD\frac{\partial \zeta}{\partial y}-\frac{gD}{\rho_0}\left[\int_{-1}^{0}\frac{\partial}{\partial y}\left(D\int_{-1}^{0}\rho \mathrm{d}\sigma'\right)+\frac{\partial D}{\partial y}\int_{-1}^{0}\sigma\rho \mathrm{d}\sigma\right]+\frac{\tau_{sy}-\tau_{by}}{\rho_0}+DF_y+G_y\end{aligned} \tag{8.48}$$

其中 G_x、G_y 分别由式（8.49）和式（8.50）得出：

$$G_x=\frac{\partial \overline{u}^2 D}{\partial x}+\frac{\partial \overline{uv}D}{\partial y}-DF_x-\left(\frac{\partial \overline{u^2}D}{\partial x}+\frac{\partial \overline{uv}D}{\partial y}-D\overline{F_x}\right) \tag{8.49}$$

$$G_y=\frac{\partial \overline{uv}D}{\partial x}+\frac{\partial \overline{v}^2 D}{\partial y}-DF_y-\left(\frac{\partial \overline{uv}D}{\partial x}+\frac{\partial \overline{v^2}D}{\partial y}-D\overline{F_y}\right) \tag{8.50}$$

水平扩散项近似为

$$DF_x \approx \frac{\partial}{\partial x}\left[2\overline{A_m}H\frac{\partial \overline{u}}{\partial x}\right]+\frac{\partial}{\partial y}\left[\overline{A_m}H\left(\frac{\partial \overline{u}}{\partial y}+\frac{\partial \overline{v}}{\partial x}\right)\right] \tag{8.51}$$

$$DF_y \approx \frac{\partial}{\partial x}\left[\overline{A_m}H\left(\frac{\partial \overline{u}}{\partial y}+\frac{\partial \overline{v}}{\partial x}\right)\right]+\frac{\partial}{\partial y}\left[2\overline{A_m}H\frac{\partial \overline{v}}{\partial y}\right] \tag{8.52}$$

$$D\bar{F}_x \approx \frac{\partial}{\partial x}\overline{2A_m H\frac{\partial u}{\partial x}} + \frac{\partial}{\partial y}\overline{A_m H\left(\frac{\partial u}{\partial y}+\frac{\partial v}{\partial x}\right)} \tag{8.53}$$

$$D\bar{F}_y \approx \frac{\partial}{\partial x}\overline{A_m H\left(\frac{\partial u}{\partial y}+\frac{\partial v}{\partial x}\right)} + \frac{\partial}{\partial y}\overline{2A_m\frac{\partial v}{\partial y}} \tag{8.54}$$

式（8.46）～式（8.54）中，符号“—”表示由水底到水面的垂直积分；τ_{sx}，τ_{sy}分别为x方向和y方向上的风应力分量；τ_{bx}，τ_{by}分别为x方向与y方向的底部剪切应力分量。

2. 边界条件

1）自由表面条件

在自由表面时，$\sigma=0$

运动学边界条件：

$$\omega(x,y,0,t)=0 \tag{8.55}$$

动力学边界条件：

$$\left(\frac{\partial u}{\partial \sigma'}\frac{\partial v}{\partial \sigma}\right)=\frac{D}{\rho_0 k_m}(\tau_{sx},\tau_{sy}) \tag{8.56}$$

$$\tau_{sx}=C_{\mathrm{w}}\frac{\rho_{\mathrm{a}}}{\rho}w^2\sin a \tag{8.57}$$

$$\tau_{sy}=C_{\mathrm{w}}\frac{\rho_{\mathrm{a}}}{\rho}w^2\cos a \tag{8.58}$$

式（8.57）和式（8.58）中，C_{W}为风的阻力系数；ρ_{a}为空气的密度；w为风速；a为风速与y轴的夹角。

2）底部表面条件

在水底时，$\sigma=-1$

运动学边界条件为

$$\omega(x,y,-1,t)=0 \tag{8.59}$$

动力学边界条件为

$$\left(\frac{\partial u}{\partial \sigma'}\frac{\partial v}{\partial \sigma}\right)=\frac{D}{\rho_0 k_m}(\tau_{bx},\tau_{by}) \tag{8.60}$$

$$(\tau_{bx},\tau_{by})=C_{\mathrm{d}}\sqrt{u^2+v^2}(u,v) \tag{8.61}$$

式中，C_{d}为底应力拖曳系数。

3）侧边界条件

侧边界有闭边界和开边界两种。

闭边界为岸线及沿岸建筑等，表示为

$$\frac{\partial u}{\partial n}=0 \tag{8.62}$$

式中，n 为侧边界法向量。

开边界是人为地在水体中定出一条中间边界，一般采用强流量或自由表面水位计算得到。

4）干湿边界

FVCOM 模型通过引入强黏性层来判断网格节点的干湿情况，其网格节点的干湿判断准则为

$$\begin{cases}\text{湿点：}D=\zeta+h_B > D_{\min}\\ \text{干点：}D=\zeta+h_B \leqslant D_{\min}\end{cases} \tag{8.63}$$

处理三角形单元干湿判断准则：

$$\begin{cases}\text{湿点：}D=\min(h_{Bi},h_{Bj},h_{Bk})+\max(\zeta_i,\zeta_j,\zeta_k) > D_{\min}\\ \text{干点：}D=\min(h_{Bi},h_{Bj},h_{Bk})+\max(\zeta_i,\zeta_j,\zeta_k) \leqslant D_{\min}\end{cases} \tag{8.64}$$

式中，$D_{\min}$ 为底部黏性层厚度；h_B 为超出水体表面的地形高度，一般小于 0；i，j，k 为每个三角单元的三个节点编号，一般以 1 为起始编号。

3. 模型数值求解

1）网格设计

网格离散是数值模型计算的基础。FVCOM 模型将待研究区域剖分成许多不交叠的不规则三角形单元。每个不规则三角形单元包括三个节点、一个质心中心和三条边。其中，质心位置可表示为

$$[X(i),Y(i),i=1:N] \tag{8.65}$$

节点位置可表示为

$$[X_n(j),Y_n(j),j=1:M] \tag{8.66}$$

待研究区域的质心总数和节点总数分别以 N 和 M 表示。由于每个三角形单元都是没有交叠的，所以 N 也是三角形单元总数目。对于每一个三角网格单元，三角形的三个节点可以用整数 $N_i(\hat{j})$ 来表示，$\hat{j}$ 的值按顺时针方向从 1 到 3，相邻三角形单元用整数 $\mathrm{NBE}_i(\hat{j})$ 表示。在每个三角节点上，与之相邻的三角单元的个数记作 $\mathrm{NT}_i(\hat{j})$，对每个三角形单元从 1 进行编号到 $\mathrm{NB}_i(m)$，m 按顺时针方向标号从 1 到 $\mathrm{NT}(j)$。

为了精确计算湖面水位、流速、盐度、温度、水质参数浓度等状态变量，FVCOM 模型将矢量变量 u、v 放置在质心中心处，标量变量放置在节点处，如 ζ，H，D，ω，S，T，ρ，k_m，k_h，A_m 和 A_h。在节点处的标量变量由穿过连接质心和相邻三角形邻边中点截面的净通量决定，在质心处的 u 和 v 由穿过三角形三条边的净通量计算。

2）σ 坐标变换及垂直离散

为更好地拟合水下地形，FVCOM 模型在垂直方向上采用 σ 坐标系统。水深值统一转化为相对水深，水深值在−1～0。在 σ 坐标系统下，可根据模型模拟需要，可以将待研究水域在垂向上进行任意分层。从数值计算方法考虑，在 σ 坐标系统下，数值方程以离散方式求解要更为容易。σ 坐标系统转换公式如下：

$$\sigma = \frac{Z-\zeta}{H+\zeta} = \frac{Z-\zeta}{D} \tag{8.67}$$

式中，σ 的变化范围为−1（水体底部）～0（水体表面）；Z 为相对水深。

σ 层分布公式如下：

$$\sigma(k) = -[(k-1)/(kb-1)]^{\mathrm{P\_SIGMA}} \tag{8.68}$$

式中，P_SIGMA = 1 表示沿着水深平均分层；P_SIGMA = 2 则表示由水底到水面不均匀分层，且越靠近水面越密集。

在垂直方向上，ω（Σ 层表面的垂直速度）和湍流变量（如 q^2 和 $q^2 l$）在每个 σ 层上计算，其他的模型变量在相邻的两个 σ 层中间计算。模型对 σ 层的厚度没有约束。依据 σ 坐标变换公式，例如取 P_SIGMA 值为 1，将太湖区域垂直方向上均匀分为 3 层，离散成无规则的三棱柱体结构。

3）模态离散方法

FVCOM 模型在数值求解上采用模态分裂计算方法，将数值解分为外模式和内模式两种计算模式，外模式为沿水深积分的长重力波计算模式，内模式为垂向流结构相联系的计算模式。其中，以二维模式求解作为外模式，计算自由表面的水位和垂直方向上的水平流分量；以三维模式求解作为内模式，计算三维变量速度、紊动变量及物质输运浓度参数等。二维外模式计算垂向平均速度和水位，并提供水位给三维内模式，而三维内模式计算的底应力和水平紊动黏性系数作为结果提供给外模式。由于外模式时间步长较短，内模式时间步长较长，因此在模式分离中，需要调节每一个固定时间步长，以确保外模式与内模式产生的垂向积分水量输运守恒，从而保证整个模型的一致性。

4）湍流封闭方法

FVCOM 水平湍流扩散系数基于 Smagorinsky 参数（Smagorinsky，1963），垂直湍流扩散系数基于 Mellor 和 Yamada（1982）的 2.5 阶湍流封闭方法（MY-2.5），并由 Galperin 等（1988）做了相应的改进。水平涡流黏性系数和水平热力扩散系数方程如下：

$$A_m = 0.5C\Omega^u\sqrt{\left(\frac{\partial u}{\partial x}\right)^2 + 0.5\left(\frac{\partial v}{\partial x}+\frac{\partial u}{\partial y}\right)^2 + \left(\frac{\partial v}{\partial y}\right)^2} \tag{8.69}$$

$$A_h = \frac{0.5C\Omega^{\zeta}}{Pr}\sqrt{\left(\frac{\partial u}{\partial x}\right)^2 + 0.5\left(\frac{\partial v}{\partial x}+\frac{\partial u}{\partial y}\right)^2 + \left(\frac{\partial v}{\partial y}\right)^2} \quad (8.70)$$

式中，C 为水平混合系数；Ω^u 和 Ω^{ζ} 分别为动量控制单元和物质控制单元面积；Pr 为普朗特数。

FVCOM 垂直湍流扩散的封闭方法如下：

$$\begin{aligned}&\frac{\partial q^2}{\partial t}+u\frac{\partial q^2}{\partial x}+v\frac{\partial q^2}{\partial y}+w\frac{\partial q^2}{\partial z}\\&=2(P_s+P_b-\varepsilon)+\frac{\partial}{\partial z}\left(K_q\frac{\partial q^2}{\partial z}\right)+F_q\end{aligned} \quad (8.71)$$

$$\begin{aligned}&\frac{\partial q^2 l}{\partial t}+u\frac{\partial q^2 l}{\partial x}+v\frac{\partial q^2 l}{\partial y}+w\frac{\partial q^2 l}{\partial z}\\&=lE\left(P_s+P_b-\frac{\tilde{W}}{E_1}\varepsilon\right)+\frac{\partial}{\partial z}\left(K_q\frac{\partial q^2 l}{\partial z}\right)+F_l\end{aligned} \quad (8.72)$$

式中，$q^2=(u^2+v^2)/2$ 为湍流动能；l 为混合长度；K_q 为垂向涡旋扩散参数；F_q 和 F_l 分别表示湍流动能和宏观尺度的水平扩散；$P_s=k_m(u_s^2+v_s^2)$ 和 $P_b=gk_h\ \rho_s/\rho_0$（ρ_s 为真实水密度，ρ_0 为参考密度）分别为湍流动能的剪切与浮力分量；$\varepsilon=q^3/B_1 l$ 为湍流动能的耗散率；E，E_1 和 B_1 为经验系数；$\tilde{W}=1+E_2 l^2/(kL)^2$ 为近壁函数，其中 $L^{-1}=(\zeta-z)^{-1}+(H+z)^{-1}$，$k$ 为卡尔曼常数，为 0.4。

FVCOM 模型通过以下方程可以使湍流动能和湍流长度等式封闭：

$$\begin{cases}k_m = lqS_m\\ k_h = lqS_h\\ k_q = 0.2lq\end{cases} \quad (8.73)$$

其中：

$$S_m=\frac{0.427\,5-3.354G_h}{(1-34.676G_h)(1-6.127G_h)}$$

$$S_h=\frac{0.494}{1-34.676G_h}$$

$$G_h=\frac{l^2 g}{q^2\rho_0}\rho_s$$

4. 水质模型

水质参数在水体中受到水力、水文、物理、化学、生物、气候、人为等因素的影响，产生稀释、降解、扩散以及物理、化学、生物等方面的变化，从而在湖泊的流动中，其空间分布范围也随着时间在不断变化。水质模型力图把这些影响水质参数变化的因素之间的定量关系确定下来，经过假设、简化和处理计算，使其结果可以为水环境规划和管理做参考。如下是 FVCOM 模型中水质模型的基本控制方程：

$$\frac{\partial c}{\partial t}+\frac{\partial uc}{\partial x}+\frac{\partial vc}{\partial y}+\frac{\partial wc}{\partial z}=\frac{\partial}{\partial z}\left(v_c\frac{\partial c}{\partial z}\right)+F_c+R_i \tag{8.74}$$

式中，c 为某种水质指标浓度，如 BOD、TN 等；F_c 为水平扩散项；R_i 为反应项，包括光合作用、分解作用、溶解氧的消耗等复杂机制。

叶绿素 a 是浮游植物的重要成分，其含量的高低是表征水体富营养化程度的主要参数，是水体水质安全评价的重要指标。开展叶绿素 a 的监测，了解叶绿素 a 的时空变化特征，对于了解太湖湖体水环境质量及演变趋势有着重要的意义。同时由于叶绿素 a 浓度变化机制复杂，影响因子较多，数据获取较为困难。本书尝试实现高频次实测数据（实测时间分辨率为 1h）与水质模型紧密结合以验证本书同化方法的有效性。在短期预报模拟过程中，将水质模型方程的反应项 R_i 参数加以概化，仅考虑叶绿素 a 生长（消亡）系数情况下展开模型与数据同化方法相结合的太湖叶绿素 a 同化修正模拟实验。由于未考虑叶绿素 a 的复杂生物化学反应机理，仅将其概化为一个生长（消亡）系数，对叶绿素 a 的概化过程可能会导致模型的模拟精度降低，但是会使模型的参数大大减少。

8.4 系 统 实 现

8.4.1 基于粒子滤波的太湖同化模拟实验研究

本次工作将三维水动力学 FVCOM 模型与粒子滤波方法进行结合，构建太湖水质参数同化模拟模型。当存在实测数据时，同化模型将利用 FVCOM 模型的模拟结果和实测数据，进行同化处理以提高模型模拟的精度，满足水质参数浓度场的时间和空间分辨率要求；反之，如果没有实测数据，则不进行同化操作，仅单独运行 FVCOM 模型进行太湖水质参数浓度场的模拟。针对同化模拟过程中的粒子退化问题，本书选择计算量较小的随机重采样方法对粒子集进行重采。图 8.1 为粒子滤波同化模拟总体框架图。

1. 粒子滤波同化模拟实现流程

利用 FVCOM 模型与粒子滤波结合进行同化的过程共分为数据输入（input）、模型运行（run）、模型结果输出（output）、数据同化（assimilation）、数据转换（result）五大部分。模型首先是冷启动模式，进行 FVCOM 模型的数值模拟，模拟结束结果输出后，利用获取的水质参数实测数据对结果进行同化修正，用于热启动模式的下一时刻的初始模拟文件，同时将结果进行格式转换，用于水质参数的可视化表达。

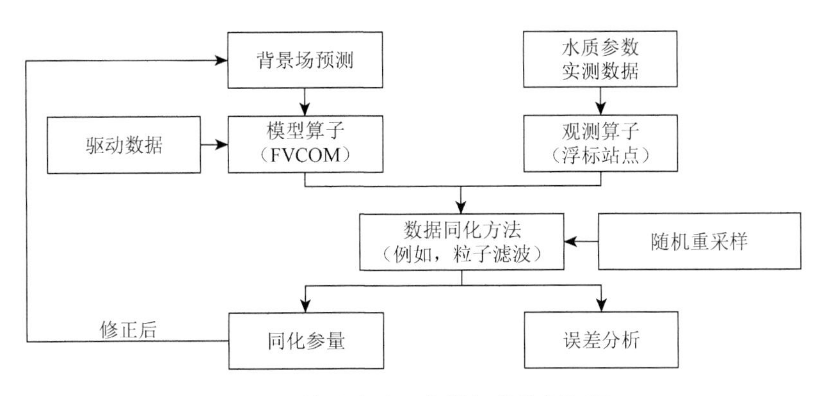

图 8.1　粒子滤波同化模拟总体框架图

2. 同化修正过程实现流程

同化修正过程中，首先设置扰动因子：模型误差、实测误差、粒子数目。然后根据粒子数目及 FVCOM 模型模拟结果产生粒子集并对粒子集浓度场初始化，以多线程运算模拟运算每个粒子，再计算每个粒子的重要性权重，并对重要性权重进行归一化。为减缓粒子退化现象，对粒子集进行随机重采样，产生新的粒子集，并将新产生的粒子集进行下一时刻同化过程模拟，直至模拟结束，最终各时刻粒子集的加权和即为同化模拟结果的最优解。

3. 实验数据

数据同化方法能够根据实测数据对水动力与水质数值模型的模拟过程进行实时校正，使其既能够反映水质变化细节，又能体现水动力与水质参数的分布规律。基于此，本章以太湖水体中叶绿素 a 为例，基于 FVCOM 模型，开展基于粒子滤波的同化模拟实验研究。利用浮标站点的实测数据，通过粒子滤波方法同化 FVCOM 模型模拟的叶绿素 a 浓度结果，实验首先模拟了 2015 年 6 月 1 日 0 点～6 月 3 日 0 点的太湖流场及叶绿素 a 分布规律，以对模型进行参数率定与验证。待流场稳定后，于 2015 年 6 月 2 日 0 点～6 月 3 日 0 点进行叶绿素 a 同化模拟试验，1 h 输出一次模拟结果，6 月 1 日 0 点～6 月 2 日 0 点为 FVCOM 模型单独控制模拟，6 月 2 日 0 点～6 月 3 日 0 点根据上一过程输出结果，结合叶绿素 a 实测数据进行同化处理，同化时间步长为 1 h。最后将同化模拟结果与 FVCOM 模型模拟结果进行对比与分析，以讨论同化模拟的效果及可用性。

1）叶绿素 a 实测数据

叶绿素 a 实测数据取自太湖浮标站点的实际监测信息。本书采用均匀分布于整个太湖湖区的 20 个浮标站点 2015 年 6 月 1 日 0 点～6 月 3 日 0 点的水体表层叶绿素 a 监测数据，用于 FVCOM 模型率定及同化模拟研究，时间分辨率为 1 h。

2）风场实测数据

浮标站点不仅可以监测水体表层中的可溶性污染物、叶绿素 a、蓝藻等参数的浓度信息，也可以同时监测风速、风向等数据信息。因此，风速、风向实测数据也是来自浮标站点的监测。实验分析中共采用太湖湖体内 13 个浮标站点监测的 2015 年 6 月 1 日 0 点～6 月 3 日 0 点的实测数据，时间分辨率为 1 h。13 个浮标站点分别为大浦港口、14 号灯标、兰山嘴、漫山、平台山、拖山南、乌龟山南、西山西、小梅口、新塘港、胥湖心、漾西港、泽山。

4. 太湖叶绿素 a 同化模拟模型构建

为研究粒子滤波同化方法的可用性，从三角网格构建、FVCOM 影响参数、初始背景场生成、FVCOM 模型参数率定、同化模拟影响因子、多线程计算模式 6 个方面考虑构建太湖叶绿素 a 同化模拟模型，以期实现太湖叶绿素 a 同化模拟实验的顺利开展。

1）三角网格构建

太湖边界特征复杂，湖中岛屿较多，基于不规则的三角网格离散能较好地拟合太湖区域边界。因此，本书的水动力水质模型模拟在空间平面离散上采用三角形网格结构，将太湖整个湖区在水平方向上剖分成非结构化的三角形网格，垂直方向上均匀分为七层，从而离散成若干多棱柱体结构。考虑太湖水域面积及计算效率，本书在模型模拟空间离散上，最终将太湖区域离散为 2860 个节点、5324 个三角单元，网格最小尺度约为 780 m，最大尺度约为 2050 m，垂直方向平均分成 7 层结构，其三角网离散结果如图 8.2 所示。

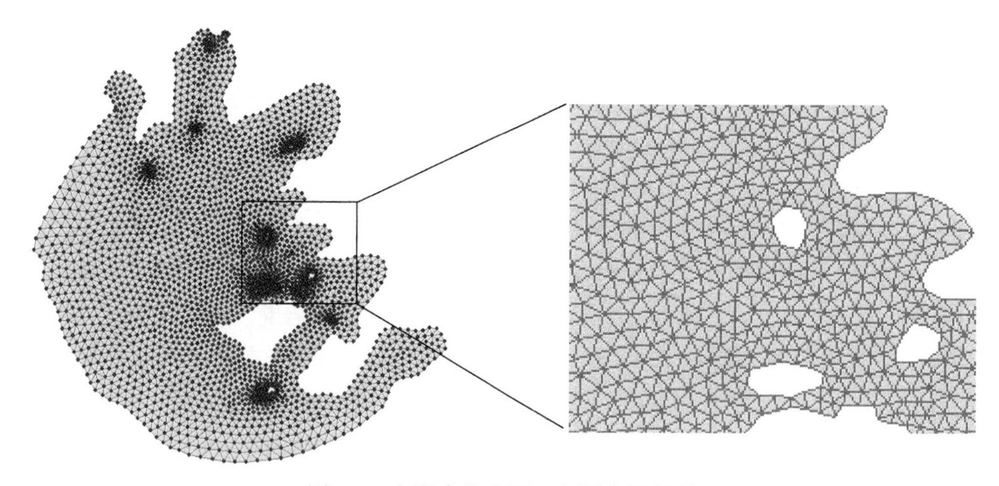

图 8.2　太湖水体表面三角网离散结果

2）FVCOM 影响参数

（1）时间离散。时间离散以小时为单位进行模拟，模型率定模拟初始时间为 2015 年 6 月 1 日 0 点，结束时间为 6 月 2 日 0 点，计算时间为 1d。率定与验证无误后，开展同化模拟实验，初始时间为 2015 年 6 月 2 日 0 点，结束时间为 6 月 3 日 0 点，计算时间为 1 d，计算时间步长根据网格生成的粗细程度确定，外模设置为 10 s，内模为 120 s，输出时间步长为 1h。

（2）物理参数。物理参数包括 Smagorinsky 参数、水平扩散与黏度之比、垂直扩散与黏度之比、背景黏性系数等。

（3）边界条件。由于太湖进出口水量占总水量的比例较小，它对短期风生流的模拟影响不大，所以短期内模拟暂不考虑径流（朱永春和蔡启铭，1998）。因此，太湖主要的动力因素是风应力和湖底摩擦系数，其中风应力主要考虑风速和风向的风场信息，由分布在太湖湖体的浮标站点监测提供；湖底摩擦系数取值 0.002 5。

3）初始背景场生成

将 2015 年 6 月 1 日 0 点的叶绿素 a 实测数据插值到整个太湖三角网格节点上，插值后每个网格节点上的叶绿素 a 浓度作为模型运行的初始背景场浓度。图 8.3 为初始叶绿素 a 背景场可视化效果。

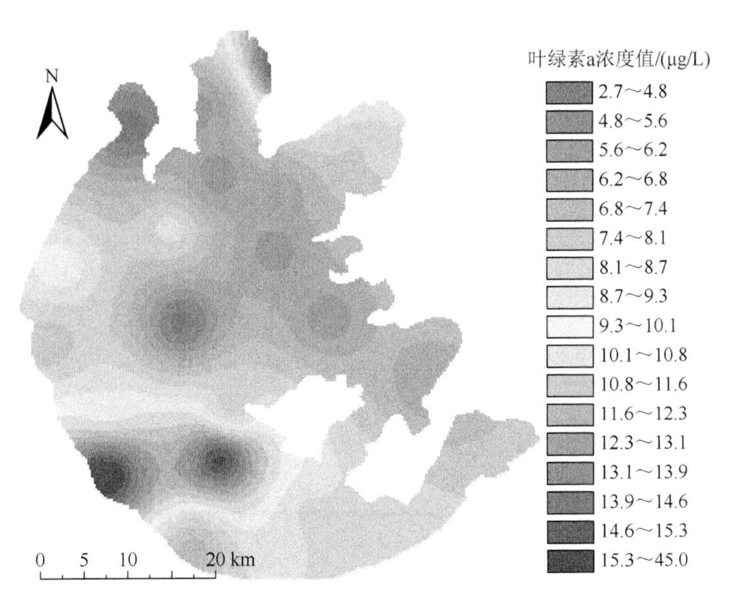

图 8.3　初始叶绿素 a 背景场可视化效果

4）FVCOM 模型参数率定

为验证三维非结构有限体积数值模型在太湖水动力与水质模拟中的有效性和适应性，并更好地了解认识太湖水动力与水质机理演化过程，本书针对风应力条件下太湖流场结构、模型生长（消亡）系数分别进行数值模拟与率定。

（1）流场率定。为了解三维水动力模型的太湖流场规律，针对风应力条件下太湖流场结构进行数值模拟分析，图 8.4 和图 8.5 分别为 6 月 1 日 12 点及 6 月 2 日 0 点两个时刻的顶层流场和底层流场结构图。其中，红色箭头为每个三角面片上流速方向，蓝色箭头为 14 个浮标站点实测的表层流速方向。

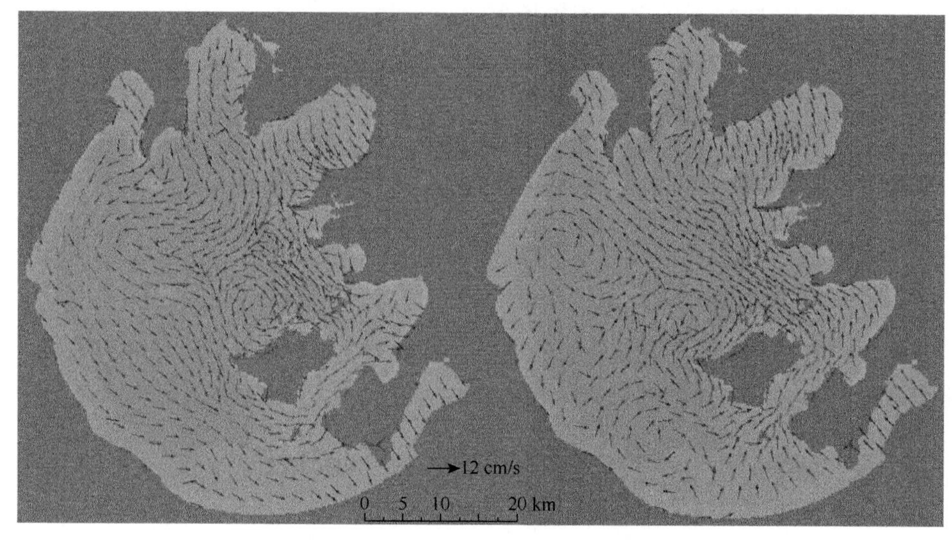

图 8.4 6 月 1 日 12 点时刻流场结构图

左为顶层流场，右为底层流场

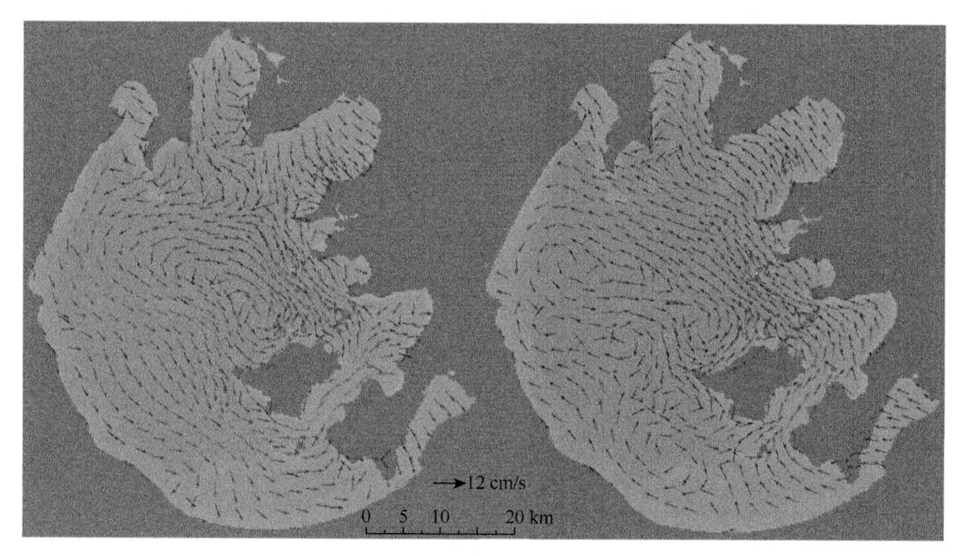

图 8.5 6 月 2 日 0 点时刻流场结构图

左为顶层流场，右为底层流场

从模拟流场和实测流场的对比可以看出，6 月 1 日 12 点和 6 月 2 日 0 点两个时刻的顶层模拟流场都反映了实测流场结构，无论从结构形状还是结构的大体位置，两者都基本一致；底层流场除局部区域外，与顶层流场方向并不一致，与已有的研究成果是相吻合的，且图 8.4 和图 8.5 中数值模拟的流场更能刻画流场的全貌，在局部区域也能很好地了解复杂的流场结构；经率定后的模型参数可以应用于太湖水动力的数值模拟。

（2）模型生长（消亡）系数率定。模型参数的率定主要是各计算参数的确定。其中，生长（消亡）系数是叶绿素 a 的重要计算参数之一。为了解模型的有效性，采用叶绿素 a 实测数据对模型生长（消亡）系数进行验证，在模拟实验时间段内，该系数经率定为 0.008 d。

为定量描述叶绿素 a 模拟的变化情况，采用均方根误差（RMSE）、平均绝对误差（MAE）两种方法判断 20 个浮标站点的 FVCOM 模型模拟结果误差大小。均方根误差和平均绝对误差的数值越小，说明更接近于实测值，模拟效果越好。其计算公式分别为

$$\mathrm{RMSE}=\sqrt{\frac{\sum_{t=1}^{n}(x_i-o_i)^2}{n}} \tag{8.75}$$

$$\mathrm{MAE}=\frac{\sum_{t=1}^{n}|x_i-o_i|}{n} \tag{8.76}$$

式中，n 为整个模拟过程的时刻数；t 为模拟或实测的各时刻，$t=1, 2, \cdots, n$；x_i 为 t 时刻的模拟结果或同化结果；o_i 为 t 时刻的实测数据。

验证结果显示，6 个浮标站点的 FVCOM 模型短期内模拟结果波动平缓，其变化趋势可以反映实测叶绿素 a 浓度变化趋势，20 个浮标站点的叶绿素 a 浓度计算结果与实测数据的均方根误差的均值为 2.03 μg/L（变化范围为 0.69～7.78 μg/L），平均绝对误差的均值为 1.56 μg/L（变化范围为 0.53～5.30 μg/L）。可见，所构建的水动力/水质模型能够反映太湖流场和水质分布变化规律，可以用来做短期预报模拟。

5）同化模拟影响因子

同化过程中，粒子滤波是用权重采样方法获得蒙特卡罗采样粒子并通过对具有优先权重的粒子进行重采样来完成滤波过程。粒子权重的大小直接影响同化模拟的精度。实验分析研究中，其模型误差和实测误差的大小、粒子数目与粒子权重大小直接相关。如果模型误差较小，则同化结果会偏向模型值，同样，如果实测误差较小，则同化结果会偏向于实测值。粒子数目增多能够提高数据同化的精度，但同时也会增加计算量。因此，对于粒子滤波同化方法而言，模型误差、实

测数据和粒子数目是同化能够顺利进行的关键影响因子。

（1）模型误差、实测误差的确定。同化模拟过程中，由于各浮标站点都有实测数据及 FVCOM 模型模拟结果，这给确定模型误差提供了依据。由于浮标站点实测叶绿素 a 浓度的最大误差范围在±5%内，因此本书设定实测误差服从均值为 0、标准差为 2 的高斯分布，其标准差单位为 μg/L。将浮标站点实测值近似为该站点叶绿素 a 浓度的真实值，此时可以假设实测误差为 0，而 FVCOM 模型误差就可以根据实测数据和 FVCOM 模型值来确定。经过不断地实验测试和总结，本书将 FVCOM 模型误差设为服从均值为 0、标准差为 10 的高斯分布，其标准差单位为 μg/L。

（2）粒子数目的确定。FVCOM 同化模拟通过并行模式分别进行了粒子数目为 20 个、40 个、60 个、80 个、100 个和 120 个时太湖叶绿素 a 同化模拟实验。为消除随机因素的影响，同化模拟实验重复 5 次，最终获得的实验结果为 5 次实验的平均值。从粒子数目与均方根误差平均值的变化关系（图 8.6）可以看出，随着粒子数目的增加，20 个浮标站点的均方根误差平均值变化较平缓，始终处在 1.30～2.80 μg/L，当粒子数目为 20 个、40 个、60 个和 80 个时，均方根误差平均值逐渐降低，当粒子数目为 100 个时，均方根误差平均值又有小幅增加，当粒子数目为 120 个时，均方根误差平均值又再次降低。粒子数目与模型运行所耗时间关系（图 8.7）显示，随着粒子数目的增加，模拟运行所耗时间也逐渐增加，且时间增加的速度也逐渐加快，当粒子数目为 100 个时，模型运行所耗时间约为 170 min，当粒子数目超过 120 个时，模型运行所耗时间迅速增加到约 350 min。

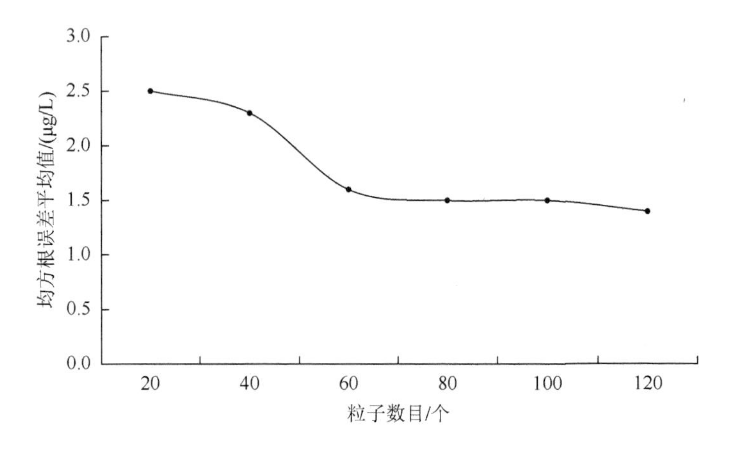

图 8.6　粒子数目与 20 个浮标站点的均方根误差平均值之间的关系

综合以上结果得出，粒子数目越多，模型运行所耗时间越长，而粒子数目太小又可能会影响模拟结果的精度。为节省同化模拟分析的计算时间成本和计算资源，本书选取粒子数目为 80 个用于同化模型的模拟。

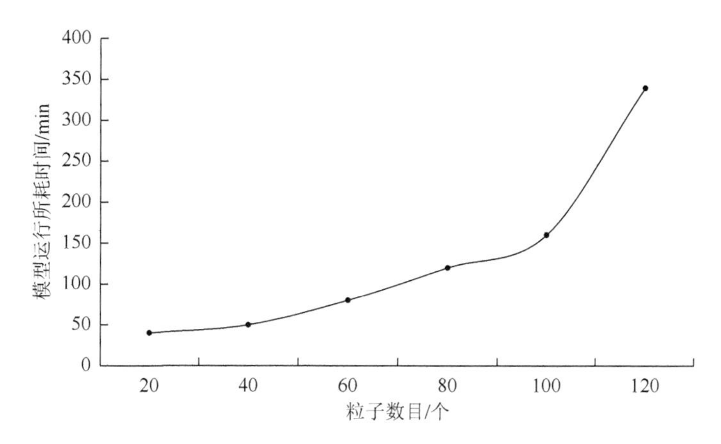

图 8.7　粒子数目与模型运行所耗时间的关系

6）多线程计算模式

在初次需要进行同化的时刻，同化模型模拟会根据上个时刻模型模拟的结果，进行一定的随机扰动产生一系列粒子集，模拟实验时默认扰动的噪声满足高斯分布随机产生的模型误差值，以此扰动后产生的一系列浓度场作为粒子集的初始背景场。

受计算机内存资源限制，计算机同时多线程计算的粒子数目需控制在系统所支持的并行线程数的最大阈值以内，以保证粒子滤波同化模型的快速最优化运行。所以，需要对粒子数目及粒子对应的路径进行动态调配。调配策略为根据计算机粒子运行的阈值对粒子运行分组预估，如果不足一组，则直接进行多线程计算模式；如果分组数大于 1，则依次运行各个分组中的粒子，并对剩余不足一个分组的粒子进行多线程并行计算。

5. 同化模拟模型运行流程

根据 FVCOM 模型模拟机理及粒子滤波同化方法的理论分析，提炼出同化模拟模型的技术运行流程，并从粒子滤波同化模拟算法流程、同化模拟数据框架构建两个方面对同化模型运行流程加以详细介绍。

1）粒子滤波同化模拟算法流程

本书将粒子滤波同化方法与 FVCOM 模型结合，构建基于粒子滤波同化方法的太湖叶绿素 a 同化模拟模型。整个同化模拟过程如下：准备 FVCOM 模型运行所需的水质参数数据及其他驱动文件，将驱动数据代入同化模拟模型进行数值模拟；如果模拟过程中有实测数据，即代入同化模型进行计算，对 FVCOM 模型模拟结果进行适当的随机扰动，产生一系列粒子集，对粒子集进行初始化，然后将每个粒子及其相应的模型驱动数据分别用于同化模型以并行模式继续模拟；同化模拟过程中，需要对每个粒子赋予一个重要性权重；如果粒子发生了退化现象，则需要对粒子集进行重采样，本书用计算量较小的随机重采样方法对粒子进行重采样，将采样后的新粒子重新代入同化模型中继续进行并行模拟运算，直到完成全部时刻的模拟运行。每一次同化时刻粒子集的加权求和即为该时刻同化模拟的真值，最后将真值与不同化模拟结果及实测数据进行对比分析。

2）同化模拟数据框架构建

在进行同化模拟时，由于粒子滤波同化方法在同化处理时会随机产生一系列粒子群，那么模拟过程中对实测数据、控制模型的模拟结果、随机产生的粒子群、同化分析场等各种数据的组织、保存、管理工作相当重要。

数据框架体系主要分为四个阶段，分别为数据组织阶段、计算模拟阶段、同化分析阶段和数据后处理阶段。其中，数据组织阶段主要包括数据输入阶段、数据预处理阶段、结果保存阶段三个部分。数据输入阶段对水质参数实测数据、风场实测数据、控制模型运行所需的基础数据等数据进行保存；数据预处理阶段是对数据输入阶段输入的数据进行预处理，保存成模型运行前初始条件下的数据格式；结果保存阶段主要是对 FVCOM 模拟的结果、同化模拟的结果等数据的保存。计算模拟阶段主要是对控制模型模拟过程中的数据进行管理，它包括对控制模型各时刻背景场数据的保存及各时刻计算步骤中中间数据的保存。同化分析阶段是对粒子群数据的保存，包括对每个模拟粒子的初始条件数据、模拟过程数据、粒子权重、分析场结果等数据的管理与组织。数据后处理阶段主要是对模型模拟的结果、同化模拟的结果进行数据处理，包括数据转换、精度分析、误差统计、可视化表达等。

在控制模型模拟过程中，如何实现实测数据对模拟结果的同化修正，如何对计算过程中的数据进行修正处理是一个关键的问题。基于此，本书提出采用时间尺度分割的方式来进行同化模拟实验的分析。

具体实现过程是，在整个模型模拟过程中，如果模拟中间时刻没有实测数据，那么控制模型会默认以不同化模式进行水质参数的浓度场模拟，直至模拟结束。如果模拟过程中存在实测数据，需要进行数据同化处理，那么模型会根据同化的时刻，对时间尺度进行分割后，再进行模型模拟，即模型在模拟过程中，模拟到需要进行同化的时刻，会结束当前时刻的模拟，然后读取该时刻的模拟结果并与实测数据有效结合，进行修正处理，得到同化之后的较高精度的水质参数浓度数据，以此修正后的数据作为下次模拟的初始背景场，继续下一个时间尺度的模拟，直至模型模拟到结束时刻。

6. 同化模拟结果分析

基于粒子滤波的同化模拟实验模拟结束后，为了分析同化模拟的精度，选取梅梁湖心、平台山、乌龟山南、五里湖心、西山西和新塘港共 6 个浮标站点的同化模拟结果与 FVCOM 模型模拟结果进行对比，分析研究太湖叶绿素 a 同化模拟精度，以评价该同化模型模拟的可行性。

通过结果对比分析，FVCOM 模型模拟结果较为平缓，与波动较大的实测数据偏差较大，其模拟结果只能反映叶绿素 a 浓度变化趋势，不能实时反映真实波动变化。而同化模拟的叶绿素 a 浓度结果随着实测数据的变化而呈现波动变化，其同化模拟结果各时刻变化趋势更接近于实测数据，模拟结果能够较清晰地反映出太湖叶绿素 a 随时间的真实变化。可见，基于粒子滤波的同化模拟效果要优于单独 FVCOM 模型模拟的结果，同化模拟有效提高了 FVCOM 模拟的精度，更具真实性。

7. 同化模拟误差统计

为了精确分析粒子滤波同化模拟结果精度大小，同样分别采用均方根误差（RMSE）、平均绝对误差（MAE）（表 8.1）比较 20 个浮标站点的 FVCOM 模型模拟结果和粒子滤波同化模拟结果。湖体 20 个浮标站点 FVCOM 模型模拟与同化模拟的 24 个小时模拟结果均方根误差比较显示，FVCOM 模型模拟结果的均方根误差较大，同化模拟的结果均方根误差较小，且 20 个浮标站点同化模拟结果的均方根误差均比 FVCOM 模型模拟的小。同时，FVCOM 模型模拟结果的平均均方根误差为 1.99 μg/L，而同化模拟结果的平均均方根误差为 1.67 μg/L。考虑水动力数值模拟在短时间模拟过程中，FVCOM 模型模拟的结果随时间变化较为缓慢，只能反映整体叶绿素 a 浓度变化趋势；而通过同化模拟，降低了各浮标站点模拟结果的均方根误差，更加清晰地反映了叶绿素 a 浓度的变化细节。同化模型模拟的结果有效地降低了 FVCOM 模拟结果的均方根误差，同化修正结果更接近实测数据，精度更高。

20 个浮标站点 FVCOM 模型模拟与同化模拟的 24 个小时模拟结果的平均绝对误差的比较显示，20 个浮标站点的同化模拟结果平均绝对误差均小于 FVCOM 模型模拟结果，平均绝对误差越小，说明越接近实测数据。可以得出，FVCOM 模型模拟不能很好地随着实测数据的变化而变化，短时间内只能模拟叶绿素 a 整体空间变化趋势。而同化模拟的结果有效地修正了 FVCOM 模型模拟结果，使得处理后的结果更接近实测数据，使平均绝对误差大大减小。从二者平均绝对误差的均值来看，FVCOM 模型模拟结果平均绝对误差的均值为

1.47 μg/L，同化模拟结果的平均绝对误差的均值为 1.17 μg/L，比 FVCOM 模型模拟结果的平均绝对误差的均值降低了 0.30 μg/L，也可以看出同化模拟结果有效地减小了 FVCOM 模型模拟的误差，其模拟结果精度较高。

表 8.1　太湖湖体 20 个浮标站点的均方根误差和平均绝对误差比较　（单位：μg/L）

序号	浮标站点	$RMSE_{模拟}$	$RMSE_{同化}$	$MAE_{模拟}$	$MAE_{同化}$
1	14 号灯标	2.64	1.84	2.32	1.55
2	大雷山	1.56	1.22	1.00	0.71
3	大浦港口	2.02	1.72	1.87	1.58
4	椒山	1.97	1.58	1.47	1.19
5	兰山嘴	2.21	1.98	1.72	1.55
6	漫山	2.09	1.78	1.60	1.29
7	梅梁湖心	0.76	0.51	0.62	0.37
8	平台山	2.08	1.54	1.77	1.27
9	沙渚南	1.38	1.23	1.11	0.97
10	拖山南	2.80	2.68	2.29	2.18
11	乌龟山南	1.01	0.90	0.65	0.56
12	五里湖心	4.47	3.64	2.42	1.65
13	西山西	2.25	1.95	1.40	1.11
14	锡东西南四公里	1.86	1.70	1.23	1.05
15	小梅口	2.61	1.99	1.90	1.29
16	新塘港	2.93	2.68	1.65	1.30
17	胥湖心	0.71	0.61	0.55	0.46
18	漾西港	1.36	1.42	1.10	1.14
19	泽山	1.13	1.03	0.97	0.83
20	竺山湖心	1.96	1.42	1.74	1.26
均值		1.99	1.67	1.47	1.17

通过均方根误差和平均绝对误差分析可以看出，基于粒子滤波与 FVCOM 模型集成的同化模拟结果能降低 FVCOM 模型模拟结果的均方根误差和平均绝对误差，均方根误差和平均绝对误差越小，说明模拟结果更贴近实测数据。因此，数据同化结果比 FVCOM 模型的模拟结果要更接近实际观测数据，同化模拟效果较优于 FVCOM 模型的模拟效果。

8. 同化模拟可视化分析

将 2015 年 6 月 2 日 6 点、6 月 2 日 12 点、6 月 2 日 18 点、6 月 3 日 0 点不

同时刻的 FVCOM 模型模拟结果与同化模拟结果进行可视化显示，时间间隔为 6h。图 8.8～图 8.11 分别为 6 月 2 日 6 点、6 月 2 日 12 点、6 月 2 日 18 点、6 月 3 日 0 点 FVCOM 模型模拟与同化模拟结果可视化显示效果，其中，左侧为 FVCOM 模型模拟结果可视化效果，右侧为同化模拟结果可视化效果。

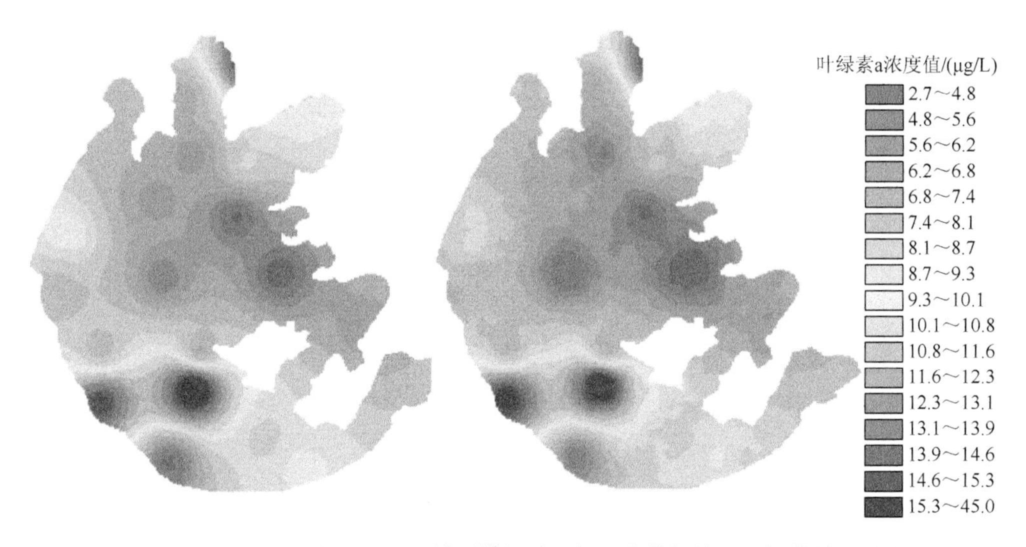

图 8.8　6 月 2 日 6 点 FVCOM 模型模拟结果与同化模拟结果可视化效果对比

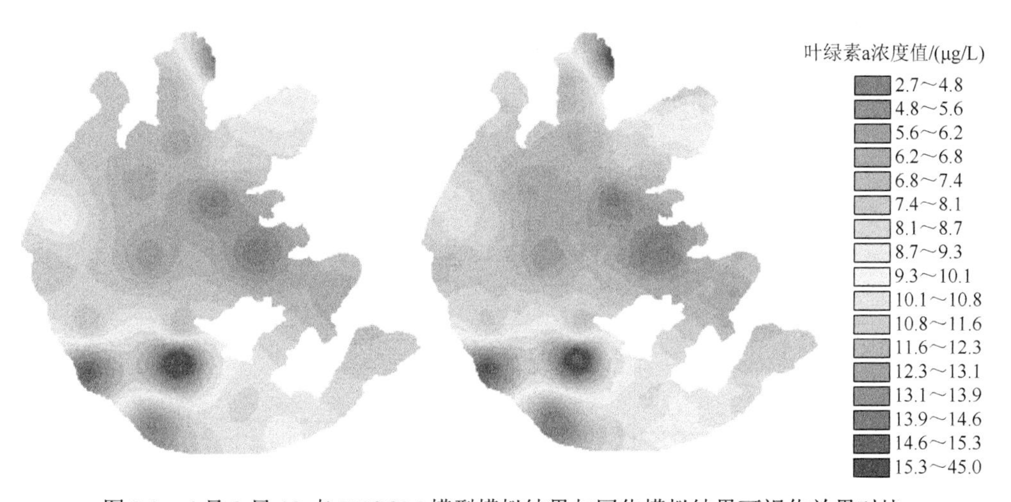

图 8.9　6 月 2 日 12 点 FVCOM 模型模拟结果与同化模拟结果可视化效果对比

结果显示，FVCOM 模型模拟的叶绿素 a 浓度可视化效果变化较为平缓，4 个不同时刻的可视化效果差别较小，而基于粒子滤波的同化模拟叶绿素 a 浓度可视化效果变化较大，可以看出不同时刻叶绿素 a 浓度变化更加明显。结合误差统计分析可以得出，基于粒子滤波的同化模拟结果要优于 FVCOM 模型模拟结果。

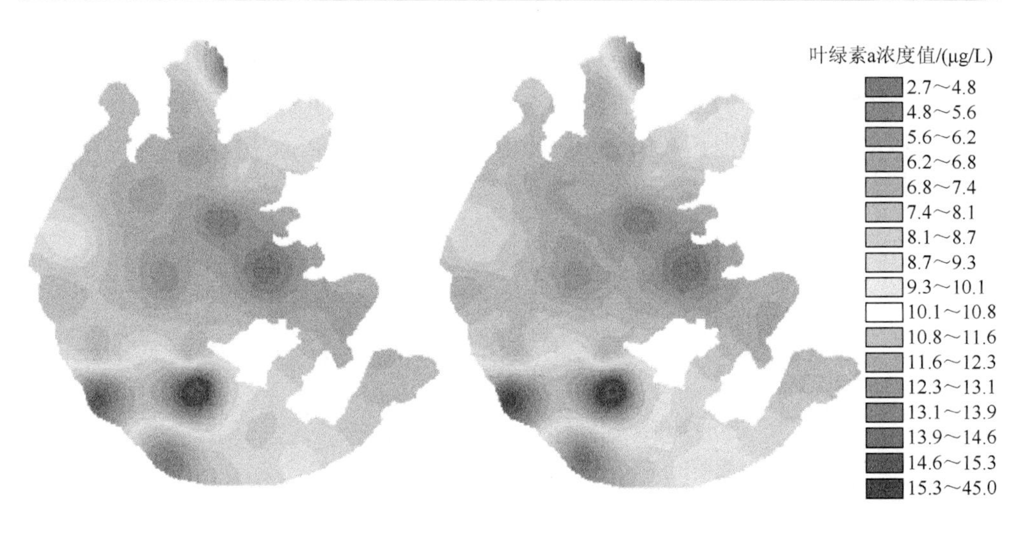

图 8.10　6 月 2 日 18 点 FVCOM 模型模拟结果与同化模拟结果可视化效果对比

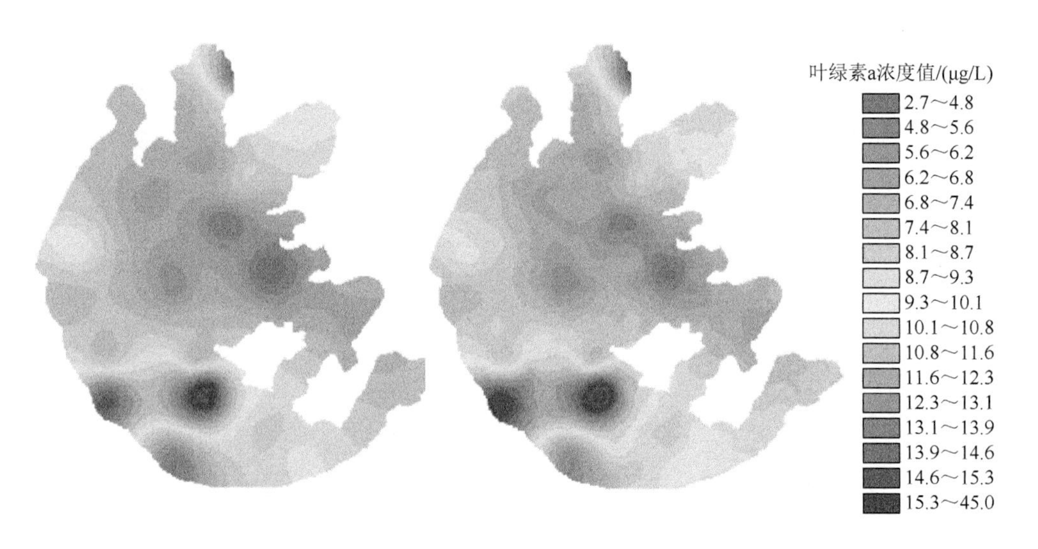

图 8.11　6 月 3 日 0 点 FVCOM 模型模拟结果与同化模拟结果可视化效果对比

8.4.2　基于数值积分的流线生成方法

矢量线方法是源于实验型流场的可视化技术。与实验方法类似，矢量线方法也包含了时线、迹线、脉线、流线等。

在流场中，一条线上所有点的瞬时速度都与该线相切时，该切线称为流线。流体质点的运动规律以速度矢量来描述时可以表示为如下形式：

$$V = V(r,t) \tag{8.77}$$

式中，r 为点 P 的位置向量。在直角坐标系中，其各分量为

$$\begin{cases} u = u(x,y,z,t) \\ v = v(x,y,z,t) \\ w = w(x,y,z,t) \end{cases} \tag{8.78}$$

对给定的时间节点，式（8.78）是定义在空间坐标点 x，y，z 上的。同一时刻不同质点所组成的曲线，给定了该时刻不同流体质点的运动方向，称为流线。流线的方程为

$$\frac{\mathrm{d}x}{u(x,y,z,t)} = \frac{\mathrm{d}y}{v(x,y,z,t)} = \frac{\mathrm{d}z}{w(x,y,z,t)} \tag{8.79}$$

当时间 t 固定时，t 作为常数处理。

在流体计算中，一般得到的是计算空间中离散点上的速度值。可用数值积分方法得到流线。设 p_k 是流线上的任意点，当 $k=0$ 时，p_0 即为流线的起始点。则求流线上各离散点的一种简单积分方法为

$$\begin{cases} p_{k+1} = p_k + S(p_k)V(p_k) \\ k = k+1 \end{cases} \tag{8.80}$$

式中，$V(p_k)$ 为点 p_k 的速度向量，如果 p_k 不是网格点，则需要用其邻近网格点上的速度向量插值得到；$S(p_k) = c\|V(p_k)\|$，常数 c 控制流线的步长，$0<c<1$。

如果要求出流场中某一点 P 的位置随时间 t 变化的函数，则应解下列微分方程：

$$\frac{\mathrm{d}r(t)}{\mathrm{d}t} = V(r(t)) \tag{8.81}$$

其解为

$$r(t) = r(0) + \int_z^t V(r(t))\mathrm{d}t \tag{8.82}$$

这样，只要选定初始位置，采用数值积分的方法，一步步跟踪下去即可得到点 P 的位置随时间 t 的变化曲线，这也是质点跟踪算法的基础。跟踪可以直接在物理空间进行，也可以转化到计算空间进行。求解方法可选择一阶 Euler 方法、Euler 修正法、二阶 Runge-Kutta 法、四阶 Runge-Kutta 法等。

8.5　系统功能设计

8.5.1　水生态系统动力学模拟

水生态系统动力学模拟主要分为水动力模拟与污染物迁移模拟。依据太湖流域降雨、蒸发、径流以及物理化学成因机制等环境调查工作，以典型污染物与氮磷营养盐在水体与沉积物中循环过程的研究成果为基础，基于 3S 技术、水动力学

原理、太湖三维湖流模型等技术方法，模拟太湖湖盆结构、水体的水平及垂直流场分布以及太湖流域的水循环过程，直观展示太湖湖体顶层水面和底层水底水动力状况以及太湖流域的水循环过程；可视化展现各类营养盐在太湖水生态系统中的生物地球化学过程，模拟太湖水生态系统中各类营养盐的形态及分布情况，直观展示太湖总磷、总氮、高锰酸盐指数等关键污染物迁移扩散的动态过程，预测其发展趋势，功能模块见表 8.2。

表 8.2　水生态系统动力学模拟功能列表

模块	功能名称	子功能名称	说明描述
水动力模拟	模拟水流运行方向动态模型	模拟水流运行方向动态模型	模拟太湖顶层和底层水动力流动
污染物迁移模拟	模拟生物迁移运动的动态模型	模拟生物迁移运动的动态模型	展示各时间段 COD_{Mn}、TN、TP 分布情况

8.5.2　水生态功能区场景模拟

水生态功能区场景模拟是基于太湖流域地形、地质、土壤、降雨、太阳辐射、地质类型、土地利用等调查研究和太湖水生态功能分区结果，利用 3S、三维建模等技术方法，在太湖流域矢量图或影像图上加载历次水生态健康监测点位数据、监测结果数据、水生态功能分区数据等，查询对应生态功能区的浮游植物、浮游动物、底栖动物的密度最大的五个类群的信息，并以折线图展示，功能模块见表 8.3。

表 8.3　水生态功能区场景模拟功能列表

模块	功能名称	子功能名称	说明描述
水生态功能区场景模拟	查询对应类别密度最大的五个类群	查询对应生态功能区类别密度最大的五个类群	选择功能区名称，查询浮游植物、浮游动物和底栖动物的密度最大的五个类群的信息，以折线图展示

8.5.3　水生态情景模拟

水生态情景模拟与水生态功能区场景模拟类似，其功能模块见表 8.4。

表 8.4　水生态情景模拟功能列表

模块	功能名称	子功能名称	说明描述
水生态情景模拟	查询监测点位对应的密度最大的五个类群	查询监测点位对应的密度最大的五个类群	选择功能区名称，查询浮游植物、浮游动物和底栖动物的密度最大的五个类群的信息，以折线图展示

8.5.4 生态景观健康监测与评价

生态景观健康监测与评价功能是通过查找获得 1980 年或更早前至今，太湖流域主要时间点土地利用图，利用 3S 技术等，直观展示太湖流域近 30 年城市发展等土地利用格局变化状况。通过土壤分类底图等基础数据，叠加相关调查监测点和生态功能区，直观展现太湖流域整体土壤类型状态，以及调查点和生态功能区的土地利用属性、土壤分类属性等信息，功能模块见表 8.5。

表 8.5　生态景观健康监测与评价功能列表

模块	功能名称	子功能名称	说明描述
生态景观健康监测与评价	项目专题	调查点	查询调查点信息，显示在地图上
		例行监测点	查询例行监测点信息，显示在地图上
		生态功能区	查询生态功能区信息，显示在地图上
	土地利用图	1980 年	显示 1980 年地图
		1990 年	显示 1990 年地图
		1995 年	显示 1995 年地图
		2000 年	显示 2000 年地图
		2005 年	显示 2005 年地图
		2010 年	显示 2010 年地图
	流域土壤	土壤分类图	显示土壤分类图地图

8.5.5 水生态功能区健康变化分析评价

水生态功能区健康变化分析评价依托太湖水生态健康监测与评价技术方法的研究成果，基于 3S、数据库、数据挖掘等技术，在太湖流域矢量图或影像图上加载历次水生态健康监测点位数据、监测结果数据、水生态功能分区数据等，显示太湖流域各水生态监测点位和水生态功能区的水生态健康及分级状态，模拟太湖流域各区域水生态健康空间分布趋势关系，功能模块见表 8.6。

表 8.6　水生态功能区健康变化分析评价功能列表

模块	功能名称	子功能名称	说明描述
水生态功能区健康变化分析评价	水生态健康指数分级结果制图	查询采样点位对应的水生态健康指数分级结果	根据任务名称，查询对应的水生态健康指数分级结果，并根据它的生态功能区范围，在太湖流域显示它的分级效果

8.6　系统服务设计

8.6.1　水生态功能区场景模拟

水生态功能区场景模拟系统服务模块见表 8.7。

表 8.7　水生态功能区场景模拟

序号	服务名	请求方式	说明	备注
1	采样点位基本信息查询	GET	采样点位基本信息查询	GET
2	按功能区浮游植物监测统计信息查询	GET	按功能区浮游植物监测统计信息查询	GET
3	按功能区浮游动物监测统计信息查询	GET	按功能区浮游动物监测统计信息查询	GET
4	按功能区底栖动物监测统计信息查询	GET	按功能区底栖动物监测统计信息查询	GET

8.6.2　水生态情景模拟

水生态情景模拟系统服务模块见表 8.8。

表 8.8　水生态情景模拟

序号	服务名	请求方式	说明	备注
1	采样点位基本信息查询	GET	采样点位基本信息查询	GET
2	浮游植物监测统计信息查询	GET	浮游植物监测统计信息查询	GET
3	浮游动物监测统计信息查询	GET	浮游动物监测统计信息查询	GET
4	底栖动物监测统计信息查询	GET	底栖动物监测统计信息查询	GET

8.6.3　生态景观健康监测与评价

生态景观健康监测与评价系统服务模块见表 8.9。

表 8.9　生态景观健康监测与评价

序号	服务名	请求方式	说明	备注
1	采样点位基本信息查询	GET	采样点位基本信息查询	GET

续表

序号	服务名	请求方式	说明	备注
2	例行水生生物监测点位信息查询	GET	例行水生生物监测点位信息查询	GET
3	水生生物监测点位信息查询	GET	水生生物监测点位信息查询	GET
4	行政区划地理范围查询	GET	行政区划地理范围查询	GET

8.6.4　水生态功能区健康分析评价变化

水生态功能区健康分析评价变化系统服务模块见表 8.10。

表 8.10　水生态功能区健康分析评价变化

序号	服务名	请求方式	说明	备注
1	采样点位基本信息查询	GET	采样点位基本信息查询	GET
2	水生态健康指数	GET	水生态健康指数	GET
3	水生生物监测点位信息查询	GET	水生生物监测点位信息查询	GET
4	行政区划地理范围查询	GET	行政区划地理范围查询	GET

第 9 章　太湖流域水生态管理决策支持系统

9.1　系统总体设计

构建太湖水生态管理决策支持系统，可实现太湖水生态基础数据和环境数据等的实时获取和分析处理；通过相关政策标准、技术体系、处置规则的查询分析和辅助决策机制，针对太湖流域不同生态问题进行方案模拟和比选，从而提出科学合理的决策方案。

9.2　系统建设内容

系统基于已有数据，结合太湖流域水环境管理实际情况，在太湖流域空间数据库、辅助决策模型库、太湖仿真情景库和太湖水生态健康评估参数库的支持下，构建太湖流域水生态管理决策支持系统，以实现太湖水生态基础数据和环境数据等的实时获取和分析处理；针对太湖湖体和流域河流的水环境状态进行方案模拟和比选，并通过相关政策标准、技术体系、处置规则的查询分析，从而科学合理地辅助流域水环境管理与决策。水生态管理决策支持系统主要具备以下功能。

（1）太湖流域水环境基础空间数据管理和分析；

（2）太湖流域水质分析和水生态健康预警评价；

（3）国家和地区水质、水生态的相关政策文件查询；

（4）太湖流域水环境管理案例方案与辅助决策报告生成。

9.2.1　水生态管理决策辅助系统

1. 系统组成

1）数据管理

系统的数据来源于太湖主管部门、省级环境监测中心、设区市环境监测站，主要包括水质、水生态、物种等基础数据，水文监测数据，管理政策文件，社会经济数据等，主要实体有行政区划、遥感影像、DEM 数据、土地利用数据、污染源空间数据、监测点空间数据、水环境常规监测数据、水污染特征监测数据、水生态毒性数据、应急预案、法律与法规等。

系统提供对数据的导入导出、数据在线编辑、空间数据基础操作、属性数据查询汇总、文本数据浏览等常规功能。

2）模型库管理

系统的模型库主要包括河流水质评价、太湖蓝藻预警分析以及水生态功能区健康评价等。

系统的模型库通过输入参数得到模拟结果。系统的模型参数输入界面供用户设置参数，也可调用接口导入数据。河流水质评价通过输入相应参数值可直接计算得到河流断面水质值。在河流水质监测数据的基础上，通过对比 GB 3838—2002 中基本项目标准限值，确定河流水质类别。该功能可以实现实时、日报、月报、季报、年报监测数据的综合分析，以反映不同时期的水质状况。同时，依据不同水质指标监测值和目标值的对比运算，实现一定时间段内单因子水质污染评价，以及一定区域范围内水质状况的综合分析。太湖蓝藻风险预警借助“污染物累积浓度概率”这一累积性风险预警方法进行太湖湖体重要饮用水水源地的藻类密度风险预警分析。水生态功能区健康评价以第 5 章的成果进行不同水生态功能区的健康指数计算和分等定级，为水生态功能分区的管理决策提供支撑。

3）管理政策查询

管理政策查询主要实现与流域水生态环境有关的管理政策文件的检索、标记及下载，包括国家、地方两级的水环境管理法律法规、规章制度、标准技术规范以及相关规划文本等。根据决策者的水环境管理需求，通过输入关键字以实现相应类别与等级的管理文件查询。

4）决策支持方案

决策支持方案针对流域水生态环境状况进行管理方案模拟和比选，并依据模型的模拟结果和基础数据的分析与统计，制定不同情景的水生态环境管理调控方案，为管理决策提供信息支撑。

根据模拟情况提供合理预案，系统通过接口对相关信息进行展示。预案库中储存了已有的预案及其处置方式，通过关键字搜索可查看相关预案的处置过程。

2. 系统框架

系统以微软官方提供的 ASP.NET MVC 框架为主体。客户端以基于 HTML 5、CSS 3、JavaScript 的 Bootstrap 框架来搭建；服务器端主要以 ASP.NET MVC-Controller 配合 MongoDB Drivers 来实现用户与数据库的交互；地图方面则是在客户端通过调用 JavaScript for ArcGIS API 4.0 与 ArcGIS Server 地图服务器实现互动。系统框架见图 9.1。

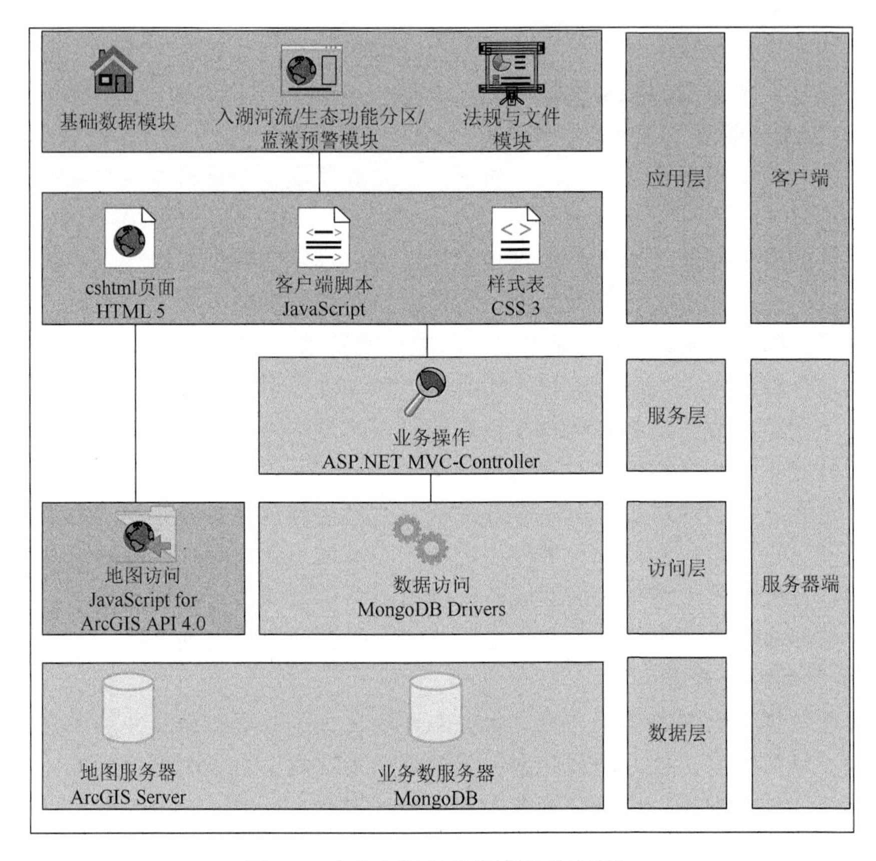

图 9.1　水生态管理决策辅助系统框架

9.2.2　水生态健康监测诊断与预警

1. 系统结构

本系统主要分为水质数据自动化同步及存储和 Web 子系统两个部分。其中，水质数据自动化同步及存储是数据的输入模块，实现将监测数据存入服务器数据库的功能，并且将生成的分析结果数据存入数据库。而 Web 子系统则是数据的输出模块，以 Web 页面上表格、图表等用户易于理解的方式展示水质数据，该部分分为客户端和服务器端，客户端负责视图层（View），服务器端负责模型层（Model）和控制层（Controller），服务器端包含业务逻辑处理的实现、数据持久化及其访问。

2. 系统架构

水生态健康监测诊断与预警系统主要包括水质数据自动化同步及存储和 Web

子系统两个部分。该系统可以自动化同步并存储监测数据。利用该系统提供的 Web 子系统，用户可以方便地通过浏览器查看水质数据信息。

9.3　系统实现关键技术方法

9.3.1　河流水质评价方法

在河流水质监测数据的基础上，通过第 5 章建立的河流水质指数计算方法计算河流的水质指数。该模块可以实现实时、日报、月报、季报、年报监测数据的综合分析，以反映不同时期的水质状况。同时，借助统计分析（平均值、列表或趋势图等）功能，实现对一定时间段内水质变化的趋势分析，以及一定区域范围内水质状况的综合分析。

9.3.2　太湖蓝藻风险预警方法

本书采用“污染物累积浓度概率”进行太湖蓝藻风险预警。累积概率曲线的计算原理：将观测值从小到大排序，之后依次编号，计算韦布尔点位位置值（Weibull plotting position），赋予其累积概率值，公式如式（9.1）所示。以标准概率尺度为横坐标，相应的观测值为纵坐标，绘制二维散点图。

$$P = \frac{m}{n+1} \tag{9.1}$$

式中，m（1, 2, 3, …, n）为观测值排序后的编号；n 为观测值数组的维数。累积概率曲线传递的思想是在小于或等于特定观测值的累积频率 P（或者说，大于或等于特定观测值的累计频率 $1-P$）。本书中，绘制指定污染物浓度的累积概率曲线，以相应水质管理目标为阈值，通过阈值线与累积概率曲线交点得到的概率值来评价太湖特征污染物潜在的累积性风险。

本书提出累积性风险预警方法——“污染物累积浓度概率”，即 90%的监测时间范围内，污染物浓度达到水质标准，或只允许 10%的监测时间范围内，污染物浓度超过水质标准。以 90%为“达标”临界点，划分四个风险等级：[0%，50%)（一级预警，红色），[50%，70%)（二级预警，橙色），[70%，90%)（三级预警，黄色）和[90%，100%]（四级预警，绿色）。本书的预警指标采用湖体藻类密度均值，预警阈值为 3000 万个/L。

9.3.3　水生态功能区健康评价方法

水生态功能区健康评价方法具体见第 5 章的内容。

9.4　系统实现技术路线

系统采用微软官方提供的 ASP.NET MVC 框架，将整个项目分为数据层、访问层、服务层、应用层。

9.4.1　数据层

数据层包括业务数据库与地图数据库。

业务数据库使用部署方便、扩展灵活的 MongoDB。MongoDB 是一个介于关系数据库和非关系数据库之间的产品，其在非关系数据库当中功能最丰富，且最像关系数据库。它支持的数据结构非常松散，是类似 JSON 的 BJSON 格式。因此，可以存储比较复杂的数据类型。MongoDB 最大的特点是它支持的查询语言非常强大，其语法有点类似于面向对象的查询语言，几乎可以实现类似关系数据库单表查询的绝大部分功能，而且还支持对数据建立索引。

地图数据使用 ESRI 提供的 ArcGIS Server 以地图服务的方式发布，ArcGIS Server 是一个用于构建集中管理、支持多用户的企业级 GIS 应用的平台。ArcGIS Server 提供了丰富的 GIS 功能，如地图、定位器和用在中央服务器应用中的软件对象等。

9.4.2　访问层

访问层包括业务数据访问与地图访问。

使用 MongoDB 的.NET 驱动 mongoDB-net（MongoDB.Driver.dll）业务数据访问功能，该模式支持 C#和 VB.NET。它的特点是高性能、易部署、易使用，存储、读取数据非常方便。

地图访问我们使用 ESRI 公司发布的 ArcGIS API for JavaScript。ArcGIS API for JavaScript（JavaScript API）是 ESRI 根据 JavaScript 技术实现调用 ArcGIS Server REST API 接口的一组脚本。通过 ArcGIS API for JavaScript 可以将 ArcGIS Server 提供的地图资源嵌入 Web 应用中并且方便快捷地进行互动。

9.4.3　服务层

在服务层，我们使用 ASP.NET MVC 中的 Controller 来控制程序请求，提供原生的 URL Routing 功能来重写 URL，从视图读取数据，控制用户输入，并向模型发送数据。

9.4.4　应用层

应用层使用前端框架 Bootstrap 与 Razor 标记语言来搭建。

Bootstrap 是基于 HTML、CSS、JavaScript 构建的。它简洁灵活，使得 Web 开发更加快捷，提供了优雅的 HTML 和 CSS 规范。

Razor 是一种允许用户向网页中嵌入基于服务器代码（Visual Basic 和 C#）的标记语法。当网页被写入浏览器时，基于服务器的代码能够创建动态内容。在网页加载时，服务器在向浏览器返回页面之前，会执行页面内的服务器代码。由于是在服务器上运行，这种代码能执行复杂的任务，如访问数据库。

9.5　系统功能设计

9.5.1　水生态辅助管理决策

在太湖流域空间数据库、辅助决策模型库、太湖仿真情景库和太湖水生态健康评估参数库的支持下，构建太湖水生态管理决策支持系统。水生态管理决策辅助系统功能模块具体见表 9.1。

表 9.1　水生态管理决策辅助系统功能列表

序号	功能模块	子功能名称	说明描述
1	基础数据	基础数据查看	查看太湖流域中排污企业、监测点、监测断面、主要流域、生态功能分区的地图位置与基本信息
		地图放大缩小	对地图执行放大缩小操作
		矢量图、影像图切换	切换矢量图与影像图
2	入湖河流专题	生成评价报告	按河流、时间生成河流水质管理方案报告，提供浏览、打印、下载等功能
3	生态功能区专题	生成评价报告	按地区生成水生态分区管理方案报告，提供浏览、打印、下载等功能
4	蓝藻预警专题	监测点信息	在地图查看太湖主要监测点的相关信息
		历年监测数据	通过图表的方式展示太湖监测点历年的监测数据
		生成评价报告	按监测点、时间生成蓝藻风险预警月度分析报告，提供浏览、打印、下载等功能
5	法规与文件	搜索法规文件	可根据法规文件的文件名称、发布机构、关键字等信息搜索文件
		查看法规文件	浏览、下载、打印法规文件

9.5.2 水生态健康监测诊断与预警

基于 GIS 平台，对接已有生态观测站、水质自动监测站、湖泊藻类消长过程现场观测系统等系统的数据信息，实现多源多类数据的汇聚与信息交互，对各类监控数据进行一体化集成管理，并基于监控数据、太湖生态健康诊断预警技术研究成果实现太湖水生态健康状况的自动预警。

系统大致可以划分为七个功能点。例如，查看水质数据这个功能点可以细分为查看给定经纬度位置的各种水质指标的最新测量值、历史平均测量值、水域标准值和给定时间段的所有测量值。水质数据的统计图表这个功能点可细分为查看当前位置当天重金属、三合一、常规五参数等各种指标测量值的统计图表数据。具体见表 9.2。

表 9.2 水生态健康监测诊断与预警功能列表

需求 ID	需求名称	需求描述	优先级
FR01	水质数据同步及存储	将水质监测车上的数据表格通过文件传输协议（FTP）同步到服务器上并且将表格中的数据存入数据库中	高
FR03	查看水质数据	查看给定经纬度位置的各种水质指标的最新测量值、历史平均测量值、水域标准值和给定时间段的所有测量值	高
FR04	水质数据的统计图表	查看当前位置当天重金属、三合一、常规五参数等各种指标测量值的统计图表数据	高
FR05	查看毒性报告数据	用户输入时间，查看当前位置的毒性报告数据	中
FR06	日志记录管理	用户可以添加当前位置的日志记录或根据时间查看日志记录	低
FR07	水域信息管理	用户可以查看属于某一种水域类型的区域范围，并且可以设置区域的水域类型	低

9.6 系统数据库设计

9.6.1 太湖水生态管理决策支持系统数据库

太湖水生态管理决策支持系统数据库功能列表见表 9.3。

表 9.3 太湖水生态管理决策支持系统数据库功能列表

序号	表名	中文名称
1	HLPJBZ	入湖河流评级标准表
2	HLJCSJ	入湖河流历年监测数据表

续表

序号	表名	中文名称
3	PDF	PDF 文件相关信息表
4	SHJBZ	入湖河流污染物指数评级标准表
5	SSTFHBZ	水生态功能分区评级标准表
6	SSTFQ	水生态功能分区基础信息表
7	SZKZMB2020	入湖河流 2020 年污染物指数控制标准表
8	THJCD	太湖湖体监测点基本信息表
9	THJCDXX	太湖湖体监测点历年监测数据

9.6.2　水生态健康监测诊断与预警数据库

水生态健康监测诊断与预警数据库功能列表见表 9.4。

表 9.4　水生态健康监测诊断与预警数据库功能列表

序号	表名	中文名称	描述
1	water_type	水域类型规则表	保存各种水域类型对 pH、温度、重金属等指标的取值范围
2	waters	水域信息表	保存某个区域的信息，主要包括区域的边界和该区域所属的水域类型
3	water_parm	水质数据表	存储移动监测车上水处理设备生成的日报表信息
4	toxicity_rule	毒性规则表	毒性规则总表，记录不同毒性相应属性的取值范围
5	toxicity_report	毒性报告表	记录某一个区域水检测报告中的毒性数据的结论
6	zebfish_result	斑马鱼视频分析结果表	用来存储斑马鱼视频分析的结果信息

9.7　系统服务设计

太湖流域水生态管理决策支持系统服务功能列表见表 9.5。

表 9.5　太湖流域水生态管理决策支持系统服务功能列表

序号	服务名	请求方式	说明
1	GetJCSJ	GET	获取鼠标点击目标数据
2	GetJCDXX	GET	获取湖体监测点基础信息
3	GetPDFS	GET	获取 PDF 信息列表

第 10 章　系统管理与维护系统建设

10.1　系统建设内容

系统管理包含用户管理和系统日志。管理员通过该功能模块进行系统的基本信息维护、用户行为监控等操作。

10.2　系统功能设计

10.2.1　用户管理

用户管理模块包括查询用户信息、新增用户信息、修改用户信息和删除用户信息 4 个子功能（表 10.1），主要用于管理用户信息，赋予不同用户以不同的权限，保障系统有效安全稳定运行。

表 10.1　用户管理功能列表

模块	功能名称	子功能名称	说明描述
用户管理	管理用户信息	查询用户信息	查询系统用户信息
		新增用户信息	新增系统用户信息
		修改用户信息	修改系统用户信息
		删除用户信息	删除系统用户信息

10.2.2　系统日志

系统日志用于记录系统运行过程中，用户登录、操作等关键信息，便于监控系统运行状态，系统发生突发状况时，分析可能的原因，辅助完成系统修复等。系统日志功能列表见表 10.2。

表 10.2　系统日志功能列表

模块	功能名称	子功能名称	说明描述
系统日志	管理系统日志	查询登录信息	选择时间，查询登录信息

10.3　系统物理架构图

系统物理架构具体如图 10.1 所示，以上级用户江苏省环境监测中心和下级用户苏州市环境监测中心（现为江苏省苏州环境监测中心）为例。

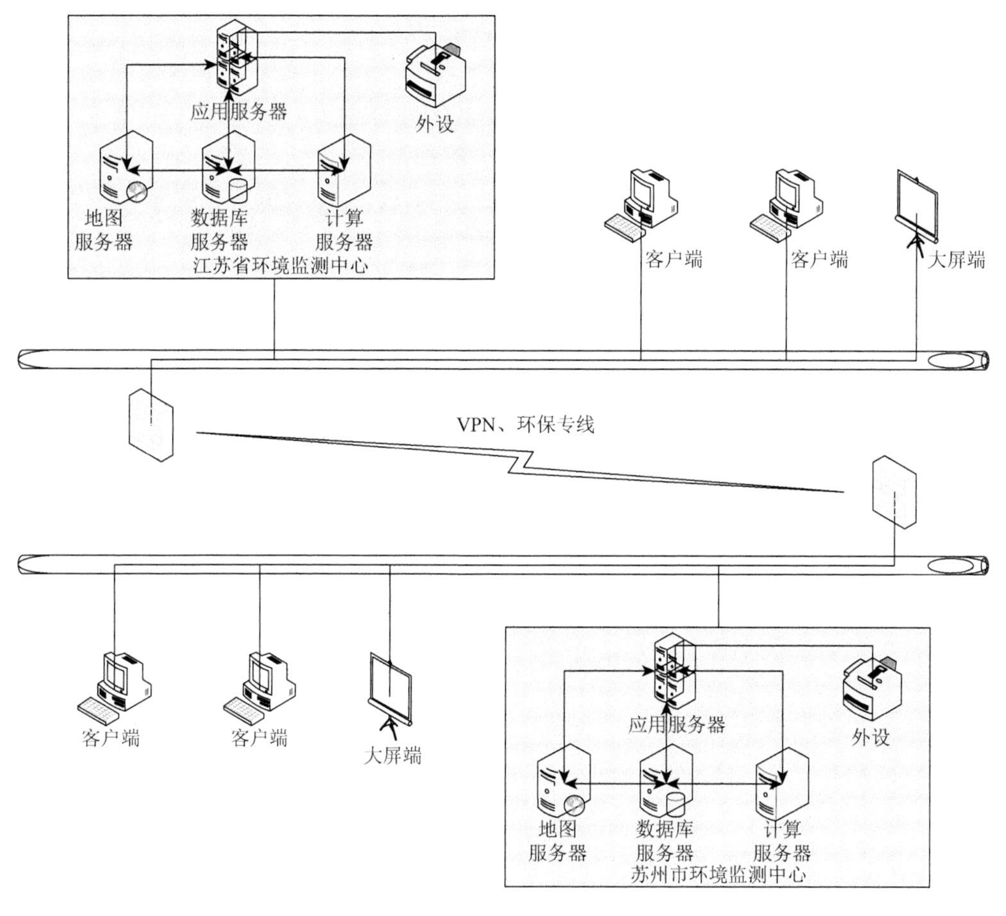

图 10.1　系统物理框架

10.4　软硬件环境

10.4.1　软件平台

（1）操作系统平台选型：Windows Server 2008；

（2）数据库平台选型：Microsoft SQL Server 2008；

（3）服务中间件平台的选型：REST 风格 SOA 架构；
（4）地理信息平台选型：ArcGIS 10.1；
（5）开发工具平台的选型：Visual Studio 2010 及 Microsoft Silverlight 5。

10.4.2 硬件环境

（1）数据库服务器：配置 2 核 CPU/32GB 内存；
（2）地图服务器：配置 2 核 CPU/32GB 内存；
（3）Web 发布服务器：配置 2 核 CPU/32GB 内存；
（4）数据备份服务器：配置 2 核 CPU/32GB 内存；
（5）高端存储阵列：配置 32GB 或以上缓存，不小于 10TB 总容量。

10.4.3 软件环境

（1）服务器操作系统：Windows Server 2008；
（2）数据库管理系统：Microsoft SQL Server 2008 及以上；
（3）GIS 管理平台：ArcGIS 10.1 系列产品；
（4）系统运行环境：.NET Framework 4.0 及以上；
（5）网站发布中间件：IIS 6.0 及以上。

参 考 文 献

安婷，朱庆平. 2018. 青海湖“健康”评价及保护对策[J]. 华北水利水电大学学报（自然科学版），39（5）：66-72.

安贞煜. 2007. 洞庭湖生态系统健康评价及其生态修复[D]. 长沙：湖南大学.

毕温凯，袁兴中，唐清华，等. 2012. 基于支持向量机的湖泊生态系统健康评价研究[J]. 环境科学学报，32（8）：1985-1990.

蔡琨，秦春燕，李继影，等. 2016. 基于浮游植物生物完整性指数的湖泊生态系统评价——以2012年冬季太湖为例[J]. 生态学报，36（5）：1431-1441.

蔡琨，张杰，徐兆安，等. 2014. 应用底栖动物完整性指数评价太湖生态健康[J]. 湖泊科学，26（1）：74-82.

蔡永久，张祯，唐桂荣，等. 2020. 洪泽湖生态系统健康状况评价和保护[J]. 江苏水利，（7）：1-7，13.

陈丽，高欣，牛翠娟. 2013. 太湖流域春季底栖动物群落结构特征及水质评价[J]. 水产学报，37（11）：1679-1688.

陈桥，徐东炯，张翔，等. 2013. 太湖流域平原水网区底栖动物完整性健康评价[J]. 环境科学研究，26（12）：1301-1308.

陈星，许钦，何新玥，等. 2016. 城市浅水湖泊生态系统健康与保护研究[J]. 水资源保护，32（2）：77-81.

樊贤璐，徐国宾. 2018. 基于生态-社会服务功能协调发展度的湖泊健康评价方法[J]. 湖泊科学，30（5）：1225-1234.

方慷，刘存歧，杨军. 2013. 大清河水系保定段城市河道浮游植物群落结构及水质评价[J]. 水生态学杂志，34（3）：25-31.

付爱红，陈亚宁，李卫红. 2009. 基于层次分析法的塔里木河流域生态系统健康评价[J]. 资源科学，31（9）：1535-1544.

高桂芹. 2006. 东平湖湿地生态系统健康评价研究[D]. 济南：山东师范大学.

高劲松，刘明，吴明白，等. 2020. 宿迁市骆马湖健康生态评估的分析[J]. 科技推广与应用，（5）：43-45.

高永胜，王浩，王芳. 2007. 河流健康生命评价指标体系的构建[J]. 水科学进展，18（2）：252-257.

顾笑迎. 2008. 苏州河生态恢复过程中浮游生物群落的动态变化[D]. 上海：华东师范大学.

贺方兵. 2015. 东部浅水湖泊水生态系统健康状态评估研究——以湖北省为例[D]. 重庆：重庆交通大学.

胡春宏，陈建国，郭庆超，等. 2005.论维持黄河健康生命的关键技术与调控措施[J]. 中国水利水电科学研究院学报，3：1-5.

胡志新，胡维平，陈永根，等. 2005a. 太湖不同湖区生态系统健康评价方法研究[J]. 农村生态环境，21（4）：28-32.
胡志新，胡维平，谷孝鸿，等. 2005b. 太湖湖泊生态系统健康评价[J]. 湖泊科学，17（3）：256-262.
胡志新，胡维平，张发兵，等. 2005c. 太湖梅梁湾生态系统健康状况周年变化的评价研究[J]. 生态学杂志，24（7）：763-767.
贾海燕，朱惇，卢路. 2018. 鄱阳湖健康综合评价研究[J]. 三峡生态环境监测，3（3）：74-81.
金苗，王光社，武晟，等. 2009. 兴庆湖生态系统健康评价方法研究[J]. 水利科技与经济，15（8）：708-710，715.
金占伟，李向阳，林木隆，等. 2009. 健康珠江评价指标体系研究[J]. 人民珠江，（1）：20-21.
鞠永富. 2017. 小兴凯湖水生生物多样性及生态系统健康评价[D]. 哈尔滨：东北林业大学.
孔令阳. 2012. 江汉湖群典型湖泊生态系统健康评价——以湖北省梁子湖、网湖、斧头胡、涨渡为例[D]. 武汉：湖北大学.
李灿，李永，李嘉. 2011. 湖泊健康评价指标体系级评价方法初探[J]. 四川环境，30（2）：71-75.
李庆阳，关治. 2000. 数值计算原理[M]. 北京：清华大学出版社.
李雪松. 2018. 查干湖湖泊健康评估研究[D]. 长春：吉林大学.
李艳利，徐宗学，杨晓静. 2013. 基于底栖动物完整性指数的浑太河流域河流健康状况评价[J]. 北京师范大学学报（自然科学版），49（2/3）：297-303.
梁婷，朱京海，徐光，等. 2014. 应用 B-IBI 和 UAV 遥感技术评价辽河上游生态健康[J]. 环境科学研究，27（10）：1134-1142.
梁延鹏，赵淞盛，魏建文，等. 2013. 桂林市四湖生态健康状况的对比评价[J]. 桂林理工大学学报，33（2）：371-375.
刘恒，涂敏. 2005. 对国外河流健康问题的初步认识[J]. 中国水利，4：19-22.
刘建军，王文杰，李春来. 2002. 生态系统健康研究进展[J]. 植物生态学报，25（6）：644-647.
刘麟菲，宋佳，王博涵，等. 2015. 渭河流域硅藻群落特征及水生态健康评价[J]. 环境科学研究，28（10）：1560-1569.
刘晓燕，张原峰. 2006. 健康黄河的内涵及其指标[J]. 水利学报，37（6）：649-654，661.
卢媛媛. 2006. 武汉市湖泊生态系统健康评价[D]. 武汉：华中科技大学.
钱红，严云志，储玲. 2016. 巢湖流域河流鱼类群落的时空分布[J]. 长江流域资源与环境，25（2）：257-264.
渠晓东，张远，马淑芹，等. 2013. 太子河流域大型底栖动物群落结构空间分布特征[J]. 环境科学研究，26（5）：509-515.
沈宏，石彭灵，吴耀，等. 2016. 梁塘河大型底栖动物群落及其水质生物学评价[J]. 水生生物学报，40（1）：203-210.
帅红. 2012. 洞庭湖健康综合评价研究[D]. 长沙：湖南师范大学.
水利部长江水利委员会. 2005. 维护健康长江，促进人水和谐研究报告[R]. 武汉：水利部长江水利委员会.
宋倩. 2015. 南海北部湾 FVCOM 潮汐模式的高度计同化模拟研究[D]. 上海：上海海洋大学.
孙天翊. 2019. 白洋淀生态健康评价研究[D]. 北京：北京林业大学.
孙治仁，宋良西. 2005. 对河流健康的认识和维护珠江健康的思考[J]. 人民珠江，3：4-5.
王皓冉，陈永灿，刘昭伟，等. 2015. 牡丹江中游底栖动物分布及其与栖境因子的关系[J]. 中国环境科学，35（4）：1197-1204.

王佳. 2014. 瀛湖水生态系统健康评级及保护[D]. 西安：西安建筑科技大学.
王通. 2014. 蠡湖微生物调查与湖泊生态健康的研究[D]. 哈尔滨：哈尔滨商业大学.
王伟，王冰，何旭颖，等. 2013. 太子河鱼类群落结构空间分布特征[J]. 环境科学研究，26（5）：494-501.
王亚超，徐恒省，李继影，等. 2013. 京杭运河苏州市区段大型底栖动物种群结构特征与评价[J]. 中国环境监测，29（3）：79-83.
吴波，陈德辉，吴琼，等. 2007. 黄浦江浮游植物群落结构及其对水环境的指示作用[J]. 武汉植物学研究，25（5）：467-472.
吴道喜，黄思平. 2007. 健康长江指标体系研究[J]. 水利水电快报，28（12）：1-3.
吴明洋，程家兴. 2019. 集对分析级分级贴近度模型在湖泊健康评价中的应用[J]. 水力发电，45（2）：35-38.
吴易雯，李莹杰，张列宇，等. 2017. 基于主客观赋权模糊综合评价法的湖泊水生态系统健康评价[J]. 湖泊科学，29（5）：1091-1102.
肖风劲，欧阳华. 2002. 生态系统健康及其评价指标和方法[J]. 自然资源学报，2（17）：203-209.
熊春晖，张瑞雷，季高华，等. 2016. 江苏滆湖大型底栖动物群落结构及其与环境因子的关系[J]. 应用生态学报，27（3）：927-936.
杨林. 2016. 鲁湖生态系统健康评价及问题诊断[D]. 武汉：湖北工业大学.
殷旭旺，李庆南，朱美桦，等. 2015. 渭河丰水期和枯水期底栖生物群落特征及综合健康评估[J]. 生态学报，35（14）：1-14.
于长水，常青，王涛，等. 2013. 乌梁素海生态健康与鸟类服务功能调查[J]. 北方环境，2（3）：10-13.
詹诺，彭锶淇，廖维，等. 2019. 广州市典型湖泊生态系统健康评价[J]. 亚热带水土保持，31（4）：9-15，64.
张春媛，于长水，潘高娃，等. 2011. 湖泊生态系统健康评估初探——以乌梁素海为例[J]. 北方环境，23（8）：38-39，44.
张海萍，武大勇，王赵明，等. 2014. 不同尺度因子对滦河流域大型底栖无脊椎动物群落的影响[J]. 生态学报，34（5）：1253-1263.
张皓，徐东炯，张翔. 2015. 应用大型底栖无脊椎动物评价常州市“清水工程生态修复”示范河道的研究[J]. 环境污染与防治，37（1）：12-18.
张楠，王永刚，徐菲，等. 2014. 密云水库上游河流底栖动物群落结构与水质评价[J]. 环境污染与防治，36（10）：34-38.
张淑倩，孔令阳，邓旭伟，等. 2017. 江汉湖群典型湖泊生态系统健康评价——以梁子湖、洪湖、长湖、斧头胡和武湖为例[J]. 环境科学学报，37（9）：3613-3620.
张颖，胡金，万云. 2014. 基于底栖动物完整性指数 B-IBI 的淮河流域水系生态健康评价[J]. 生态与农村环境学报，30（3）：300-305.
张又，刘凌，蔡永久. 2015. 太湖流域河流及溪流大型底栖动物群落结构及影响因素[J]. 中国环境科学，35（5）：1535-1546.
赵峰. 2009. 武汉市浅水湖泊生态系统健康评价指标重要度分析[J]. 工业安全与环保，35（12）：31-33.
赵臻彦，徐福留，詹巍，等. 2005. 湖泊生态系统健康定量评价方法[J]. 生态学报，25（6）：

1466-1474.

钟振宇. 2010. 洞庭湖生态健康与安全评价研究[D]. 长沙：中南大学.

仲嘉，王卫民，单保庆. 2015. 大清河摇蚊幼虫群落结构特征及水质初步评价[J]. 中国农学通报，31（32）：106-116.

周晓蔚，王丽萍，郑炳辉，等. 2009. 基于底栖动物完整性指数的河口健康评价[J]. 环境科学，30（1）：242-247.

周笑白，张宁红，张咏，等. 2014. 太湖水质与水生生物健康的关联性初探[J]. 环境科学，35（1）：271-278.

朱永春，蔡启铭. 1998. 太湖梅梁湾三维水动力学的研究——1.模型的建立与结果分析[J]. 海洋与湖泊，29（1）：79-85.

An K G，Park S S，Shin J Y. 2002. An evaluation of a river health using the index of biological integrity along with relations to chemical and habitat conditions[J]. Environment International，28（5）：411-420.

Belpaire C，Smolders R，Auweele I V，et al. 2000. An index of biotic integrity characterizing fish populations and the ecological quality of Flandrian water bodies[J]. Hydrobiologia，434（1-3）：17-33.

Butcher J T，Stewart P M，Simon T P. 2003. A benthic community index for streams in the northern lakes and forests ecoregion[J]. Ecological Indicators，3（3）：181-193.

Chen K N，Bao C H，Zhou W P. 2009. Ecological restoration in eutrophic lake Wuli：A large enclosure experiment[J]. Ecological Engineering，35（11）：1646-1655.

Costanza R. 1992. Toward an operational definition of health[C]//Costanza R，Norton B G，Haskell B D. Ecosystem Health：New Goals for Environmental Management. Washington D.C.：Island Press.

Davis N M，Weaver V，Parks K，et al. 2003. An assessment of water quality，physical habitat，and biological integrity of an urban stream in Wichita，Kansas，prior to restoration improvements（Phase Ⅰ）[J]. Archives of Environmental Contamination and Toxicology，44（3）：351-359.

Dokulil M，Chen W，Cai Q. 2000. Anthropogenic impacts to large lakes in China：The Tai Hu example[J]. Aquatic Ecosystem Health and Management，3（1）：81-94.

Eaton H J，Lydy M J. 2000. Assessment of water quality in Wichita，Kansas，using an index of biotic integrity and analysis of bed sediment and fish tissue for organochlorine insecticides[J]. Archives of Environmental Contamination and Toxicology，39（4）：531-540.

Edwards C J，Ryder R A，Marshall T R. 1990. Using lake trout as a surrogate of ecosystem health for oligotrophic waters of the Great Lakes[J]. Journal of Great Lakes Research，16（4）：591-608.

Fairweather P G.1999. State of environmental indicators of river health：Exploring the metaphor[J]. Freshwater Biology，41（2）：211-220.

Galperin B，Kantha L H，Hassid S，et al. 1988. A quasi-equilibrium turbulent energy model for geophysical flows[J]. Journal of the Atmospheric Sciences，45（1）：55-62.

Gao Y X，Zhu G W，Qin B Q，et al. 2009. Effect of ecological engineering on the nutrient content of surface sediments in Lake Taihu，China[J]. Ecological Engineering，35（11）：1624-1630.

Gordon N J，Salmond D J，Smith A F M. 1993. Novel approach to nonlinear/non-Gaussian Bayesian state estimation[C]//Radar and Signal Processing，IEE Proceedings F. IET，140(2): 107-113.

Haskell B D，Norton B G，Costanza R. 1992. What is ecosystem health and why should we worry about it[C]//Costanza R，Norton B G，Haskell B D. Ecosystem Health：New Goals for Environmental Management. Washington D. C.：Island Press.

Isabelle L. 2007. The Eastern Canadian Diatom Index（IDEC：Indice Diatomées de l'Est du Canada）：A multivariate approach for assessing stream biological integrity [D]. Peterborough：Trent University.

Jørgensen S E，Nielson S N，Mejer H. 1995. Emergy，environ，exergy and ecological modelling[J]. Ecological Modelling，77（2-3）：99-109.

Kaiser J. 1997. Getting a handle on ecosystem health[J]. Science，276（5314）：887.

Karr J R，Fausch K D，Angermeier P L. 1986. Assessing biological integrity in running waters：A method and its rational[M]. Chmpaign：Illinois Natural History Survey.

Karr J R. 1995. Ecological integrity and ecological health are not the same[C]//Schulze I P. Engineering within Ecological Constrains. Washington，D. C.：National Academy of Engineer，National Academy Press.

Kevin R，Harry B. 1999. Integrating indicators，endpoints and value systems in strategic management of the rivers of the Kruger National Park [J]. Freshwater Biology，41（2）：439-447.

Leopold A. 1941. Wilderness as a land laboratory[J]. Living Wilderness，6（2）：3.

Li X N，Song H L，Lu X W，et al. 2009. Characteristics and mechanisms of the hydroponic bio-filter method for purification of eutrophic surface water[J]. Ecological Engineering，35（11）：1574-1583.

Liu J S，Chen R. 1998. Sequential Monte Carlo methods for dynamic systems[J]. Journal of the American Statistical Association，93（443）：1032-1044.

Mellor G L，Yamada T. 1982. Development of a turbulence closure model for geophysical fluid problems[J]. Reviews of Geophysics，20（4）：851-875.

Meyer J L. 1997. Stream health：Incorporating the human dimension to advance stream ecology[J]. Journal of the North American Benthological Society，16（2）：439-447.

Norris R，Thoms M. 1999. What is river health？[J]. Freshwater Biology，41（2）：197-209.

Parsons M，Thoms M，Norris R. 2002. Australian river assessment system：Review of physical river assessment methods—a biological perspective[R]. Canberra：Commonwealth of Australia and University of Canberra.

Qadir A，Malik R N. 2009. Assessment of an index of biological integrity（IBI）to quantify the quality of two tributaries of river Chenab，Sialkot，Pakistan[J]. Hydrobiologia，621（1）：127-153.

Qin B Q. 2009. Lake eutrophhication：Control countermeasures and recycling exploitation[J]. Ecological Engineering，35（11）：1569-1673.

Rapport D J. 1989. What constitutes ecosystem health?[J]. Perspective in Biology and Medicine，33（1）：120-132.

Rapport D J，Costanza R，Mcmichael A J. 1998. Assessing ecosystem health？[J].Trends in Ecology and Evolution，13（10）：397-402.

Scardi M，Cataudella S，Dato P D，et al. 2008. An expert system based on fish assemblages for evaluating the ecological quality of streams and rivers[J]. Ecological Informatics，3（1）：55-63.

Schaeffer D J，Herricks E E，Kerster H W. 1988. Ecosystem health：1. Measuring ecosystem health[J]. Environmental Management，12（4）：445-455.

Smagorinsky J. 1963. General circulation experiments with the primitive equations：Ⅰ. the basic experiment[J]. Monthly Weather Review，91（3）：99-164.

Sonstegard R A, Leatherland J F. 1984. Great lakes coho salmon as an indicator organism for ecosystem health [J]. Marine Environmental Research，14（1-4）：480-487.

Wang B X，Yang L F，Hu B J，et al. 2005. A preliminary study on the assessment of stream ecosystem health in south of Anhui Province using benthic-index of biotic integrity[J]. Acta Ecologica Sinica，25（6）：1481-1489.

Xiao L，Yang L，Zhang Y，et al. 2009. Solid state fermentation of aquatic macrophytes for crude protein extraction[J]. Ecological Engineering，35（11）：1668-1676.

Zalack J T，Smucker N J，Vis M L. 2010. Development of a diatom index of biotic integrity for acid mine drainage impacted streams[J]. Ecological Indicators，10（2）：287-295.

Zhang Y，Xu C B，Ma X P，et al. 2007. Biotic integrity and criteria of benthic organisms in Liao River Basin[J]. Acta Scientiae Circumstantiae，27（6）：919-927.

附录一：江苏省太湖流域水生态调查监测点位信息

序号	水体类型	点位名称	经度/°E	纬度/°N
1	溪流	东小坝桥	119.264 31	32.107 28
2		下周	119.385 11	31.203 28
3		桂花园	119.420 44	31.205 39
4		平桥	119.447 81	31.209 44
5		上横涧	119.482 83	31.214 06
6		横涧	119.501 92	31.175 31
7		涧河	119.666 31	31.253 83
8		芙蓉村	119.715 14	31.279 22
9		宝盛园	119.318 78	31.808 69
10		茅山西	119.324 78	31.799 83
11		水厂桥	119.312 19	31.751 39
12		陶庄	119.300 08	31.648 86
13		洑溪涧	119.707 50	31.178 47
14		永红涧	119.788 15	31.232 07
15		湖滏	119.787 22	31.233 92
16		向阳涧	119.831 78	31.186 53
17	水库	凌塘水库	119.382 34	32.068 01
18		仑山水库	119.254 77	32.074 90
19		墓东水库	119.310 27	31.877 70
20		茅东水库	119.330 28	31.739 82
21		塘马水库	119.370 50	31.589 50
22		瓦屋山水库	119.297 11	31.656 58
23		大山口水库	119.306 08	31.639 80
24		吕庄水库	119.300 55	31.598 91
25		前宋水库	119.323 03	31.302 78
26		大溪水库南	119.379 00	31.342 20
27		大溪水库北	119.369 84	31.393 29
28		天目湖南	119.400 83	31.265 28

续表

序号	水体类型	点位名称	经度/°E	纬度/°N
29	水库	天目湖北	119.423 33	31.310 28
30		横山水库西	119.541 79	31.224 68
31		横山水库东	119.574 55	31.228 71
32	湖泊	元荡	120.869 29	31.070 07
33		昆承湖	120.743 64	31.581 95
34		东西氿	119.768 49	31.379 12
35		鹅真荡	120.569 62	31.512 63
36		五里湖	120.236 61	31.530 40
37		徐家大塘	119.882 28	31.538 64
38		阳澄西湖南	120.716 91	31.412 28
39		阳澄中湖北	120.805 70	31.472 72
40		阳澄东湖南	120.830 79	31.408 69
41		傀儡湖	120.860 44	31.407 69
42		澄湖东	120.854 42	31.223 09
43		澄湖南	120.811 94	31.197 30
44		北干河口	119.774 26	31.578 59
45		高渎	119.756 00	31.499 16
46		大洪港	119.873 37	31.633 65
47		湖北区	119.840 00	31.669 13
48		湖南	119.520 12	31.560 80
49		北干	119.593 57	31.608 40
50		湖北	119.601 88	31.658 30
51		钱资荡	119.570 91	31.709 69
52	太湖	胥湖南	120.421 26	31.115 28
53		小湾里	120.229 40	31.501 40
54		湖心	120.207 07	31.225 08
55		胥湖心	120.400 00	31.171 70
56		乌龟山	120.229 00	31.310 30
57		金墅港	120.360 80	31.384 30
58		七都口	120.381 10	30.957 80
59		东太湖	120.506 70	31.071 46
60		竺山湖南	120.036 39	31.373 10

续表

序号	水体类型	点位名称	经度/°E	纬度/°N
61	太湖	新塘港	119.994 70	31.035 00
62		椒山	120.096 90	31.333 30
63		沙墩港	120.401 70	31.442 20
64		沙渚	120.215 80	31.399 20
65		拖山	120.162 20	31.391 90
66		闾江口	120.146 76	31.498 54
67		泽山	120.267 50	31.013 60
68		四号灯标	120.150 60	31.062 80
69		大雷山	120.011 90	31.136 40
70		平台山	120.103 30	31.225 80
71		漫山	120.281 10	31.263 90
72		大浦口	119.938 10	31.308 90
73		沙塘港	120.037 49	31.433 94
74		百渎口	120.044 67	31.475 45
75		小梅口	120.102 30	30.969 70
76		东西山铁塔	120.343 35	31.085 67
77		渔洋山	120.345 10	31.210 60
78		浦庄	120.453 00	31.185 80
79		西山西	120.149 52	31.140 45
80		庙港	120.461 00	31.001 70
81	河流	陈东桥	119.924 32	31.323 97
82		林家闸	119.743 84	32.018 31
83		河口桥	119.230 00	31.369 72
84		黄埝桥	119.602 78	31.832 78
85		为民桥	119.947 01	31.574 31
86		太平桥	119.742 92	31.712 03
87		石坝头桥	119.689 70	31.606 50
88		庄巷	119.360 13	31.938 80
89		旧县	119.422 69	31.862 50
90		别桥	119.461 51	31.558 57
91		潘家坝	119.527 84	31.405 36
92		五港渡	119.699 26	31.436 97

续表

序号	水体类型	点位名称	经度/°E	纬度/°N
93	河流	湖山桥	120.117 53	31.513 78
94		航管站	120.471 00	31.228 00
95		虎山桥	120.381 75	31.301 13
96		后洪大前桥	119.956 53	31.469 26
97		平陵大桥	119.860 80	31.799 19
98		浔溪大桥	120.454 17	30.892 50
99		辛丰镇	119.567 22	32.053 35
100		横洛间	120.145 57	31.673 62
101		瓜泾口	120.659 00	31.200 00
102		界标	120.845 00	31.017 00
103		太浦闸	120.540 00	31.008 00
104		石浦	121.067 75	31.271 30
105		江里庄	120.874 00	31.314 40
106		白宕桥	120.906 11	31.733 33
107		钓渚大桥	120.552 78	31.579 72
108		娄陆大桥	121.191 73	31.467 34
109		杨林桥	121.046 94	31.506 111
110		港丰公路大桥	120.621 76	31.938 36
111		东潘桥	119.924 03	31.973 95
112		北国大桥	120.545 54	31.783 23
113		泗河桥	120.241 67	31.735 55
114		金潼桥	120.312 34	31.931 02
115		张家桥	120.162 62	31.877 49
116		塘北桥	119.980 11	31.875 28
117		城巷桥	119.814 26	31.924 36
118		浮桥东	121.112 06	31.588 11
119		毛娄	120.926 59	31.602 19
120		周归大桥	120.721 01	31.715 81

附录二：江苏省太湖流域淡水大型底栖无脊椎动物生物耐污敏感性指标（BMWP）数值[1]

<table>
<tr><th>门</th><th>纲</th><th>目</th><th colspan="2">科</th><th>科级敏感值</th></tr>
<tr><td rowspan="12">环节动物门
Annelida</td><td rowspan="3">蛭纲 Hirudinea</td><td>吻蛭目
Rhynchobdellida</td><td colspan="2">扁蛭科/舌蛭科 Glossiphonidae</td><td>3[2]</td></tr>
<tr><td rowspan="2">无吻蛭目
Arhynchobdellida</td><td colspan="2">石蛭科 Erpobdellidae</td><td>3[2]</td></tr>
<tr><td colspan="2">医蛭科 Hirudinidae</td><td>3[3]</td></tr>
<tr><td rowspan="4">多毛纲 Polychaeta</td><td rowspan="2">沙蚕目
Nereidida/Nereimorpha</td><td colspan="2">齿吻沙蚕科 Nephtyidae</td><td>3[3]</td></tr>
<tr><td colspan="2">沙蚕科 Nereidae</td><td>3[3]</td></tr>
<tr><td>蛰龙介目 Terebellida</td><td colspan="2">丝鳃虫科 Cirratulidae</td><td>3[3]</td></tr>
<tr><td>囊吻目 Scolecida</td><td colspan="2">小头虫科 Capitellidae</td><td>1[3]</td></tr>
<tr><td rowspan="5">寡毛纲 Oligochaeta</td><td rowspan="5">—</td><td colspan="2">线蚓科 Enchytreidae</td><td>1[3]</td></tr>
<tr><td colspan="2">颤蚓科 Tubificidae</td><td>1[2]</td></tr>
<tr><td colspan="2">单向蚓科 Haplotaxidae</td><td>1[2]</td></tr>
<tr><td colspan="2">仙女虫科 Naididae</td><td>3[3]</td></tr>
<tr><td colspan="2">带丝蚓科 Lumbriculidae</td><td>1[2]</td></tr>
<tr><td rowspan="13">节肢动物门
Arthropoda</td><td rowspan="13">昆虫纲 Insecta</td><td rowspan="12">双翅目 Diptera</td><td rowspan="3">摇蚊科
Chironomidae</td><td>长足摇蚊亚科
Tanypodinae</td><td>2[2]</td></tr>
<tr><td>摇蚊亚科
Chironominae</td><td>2[2]</td></tr>
<tr><td>直突摇蚊亚科
Orthocladiinae</td><td>2[2]</td></tr>
<tr><td colspan="2">大蚊科 Tipulidae</td><td>5[2]</td></tr>
<tr><td colspan="2">细蚊科 Dixidae</td><td>6[3]</td></tr>
<tr><td colspan="2">蠓科 Ceratopogonidae</td><td>6[3]</td></tr>
<tr><td colspan="2">毛蠓科 Psychodidae</td><td>8[2]</td></tr>
<tr><td colspan="2">长足虻科 Dolichopodidae</td><td>6[3]</td></tr>
<tr><td colspan="2">水虻科 Stratiomyidae</td><td>6[3]</td></tr>
<tr><td colspan="2">蚋科 Simuliidae</td><td>5[3]</td></tr>
<tr><td colspan="2">舞虻科 Empididae</td><td>4[3]</td></tr>
<tr><td colspan="2">虻科 Tabanidae</td><td>5[3]</td></tr>
<tr><td>蜻蜓目 Odonata</td><td colspan="2">蟌科 Coenagrionidae</td><td>6[2]</td></tr>
</table>

续表

门	纲	目	科	科级敏感值
节肢动物门 Arthropoda	昆虫纲 Insecta	蜻蜓目 Odonata	综蟌科 Chlorolestidae	6[3)]
			丝蟌科 Lestidae	7[3)]
			山蟌科 Megapodagrionidae	8[3)]
			溪蟌科 Euphaeidae	8[3)]
			色蟌科 Calopterygidae	5[3)]
			春蜓科/箭蜓科 Gomphidae	8[2)]
			大蜓科 Cordulegastridae	8[2)]
			蜓科/晏蜓科 Aeshnidae	8[2)]
			蜻科 Libellulidae	8[2)]
			大蜻科 Macromiidae	8[3)]
			古蜓科 Petaluridae	8[3)]
			弓蜓科/伪蜓科 Corduliidae	8[2)]
		蜉蝣目 Ephemerida	细蜉科 Caenidae	7[2)]
			四节蜉科 Baetidae	4[2)]
			小蜉科 Ephemerellidae	10[2)]
			扁蜉科 Heptageniidae	10[2)]
			细裳蜉科 Leptophlebiidae	10[2)]
			短丝蜉科 Siphlonuridae	10[2)]
			鲎蜉科 Prosopistomatidae	10[3)]
			新蜉科 Neoephemeridae	10[3)]
			长跗蜉科 Metretopodidae	10[3)]
			等蜉科 Isonychiidae	10[3)]
			蜉蝣科 Ephemeridae	10[2)]
		毛翅目 Trichoptera	小石蛾科 Hydroptilidae	6[2)]
			细翅石蛾科 Molannidae	10[2)]
			纹石蛾科 Hydropsychidae	5[2)]
			长须石蛾科/径石蛾科 Ecnomidae	5[3)]
			等翅石蛾科 Philopotamidae	8[2)]
			瘤石蛾科 Goeridae	9[3)]
			剑石蛾科 Xiphocentronidae	10[3)]
			沼石蛾科 Limnephilidae	7[2)]
			长角石蛾科 Leptoceridae	10[2)]
			舌石蛾科 Glossosomatidae	10[3)]

续表

门	纲	目	科	科级敏感值
节肢动物门 Arthropoda	昆虫纲 Insecta	毛翅目 Trichoptera	齿角石蛾科 Odontoceridae	10 2)
			黑管石蛾科/乌石蛾科 Uenoidae	10 3)
			拟石蛾科 Phryganopsychidae	10 3)
			畸距石蛾科 Dipseudopsidae	7 3)
			多距石蛾科 Polycentropodidae	7 2)
			枝石蛾科 Calamoceratidae	6 3)
			丝口石蛾科/毛石蛾科 Sericostomatidae	6 3)
		襀翅目 Plecoptera	石蝇科/襀科 Perlidae	10 2)
			绿襀科 Chloroperlidae	10 3)
		鳞翅目 Lepidoptera	草螟科 Crambidae	6 3)
			螟蛾科 Pyralidae	6 3)
		广翅目 Megaloptera	鱼蛉科/齿蛉科 Corydalidae	6 3)
		半翅目 Hemiptera	负子蝽科/田鳖科 Belostomatidae	5 3)
			划蝽科 Corixidae	5 2)
			仰蝽科/仰泳蝽科 Notonectidae	5 2)
			水黾科/黾蝽科 Gerridae	5 2)
			宽肩黾科/阔黾蝽科 Veliidae	5 3)
			圆头蝽科/固头蝽科 Pleidae	5 2)
		鞘翅目 Coleoptera	豉甲科 Gyrinidae	5 2)
			龙虱科 Dytiscidae	5 2)
			小粒龙虱科 Noteridae	5 3)
			泥甲科 Dryopidae	5 2)
			长角泥甲科 Elmidae	5 2)
			扁泥甲科 Psephenidae	5 3)
			水龟虫科 Hydrophilidae	5 2)
			沼梭科 Haliplidae	5 2)
			叶甲科 Chrysomelidae	5 2)
			隐翅虫科 Staphylinidae	5 3)
			萤科 Lampyridae	7 3)
		脉翅目 Neuroptera	水蛉科 Sisyridae	5 3)
		弹尾目 Collembola	球角蛾科 Hypogastruridae	6 3)
	蛛形纲 Arachnida	真螨目 Acariformes	软滑水螨科 Pionidae	5 3)
		蜘蛛目 Araneae	水蛛科 Argyronetidae	4 3)

续表

门	纲	目	科	科级敏感值
节肢动物门 Arthropoda	甲壳纲 Crustacea	等足目 Isopoda	花尾水虱科 Anthuridea	4[3]
			球木虱科/球鼠妇科 Armadillidiidae	4[3]
			栉水虱科 Asellidae	3[2]
		十足目 Decapoda	长臂虾科 Palaemonidae	5[3]
			方额总科 Brachyrhyncha	4[3]
			尖额总科 Oxyrhyncha	5[3]
			蜘蛛蟹科 Majidae	4[3]
			华溪蟹科 Sinopotamidae	6[3]
			匙指虾科 Atyidae	5[3]
			美螯虾科/螯虾科 Cambaridae	3[3]
		端足目 Amphipoda	钩虾科 Gammaridae	6[2]
			畸钩虾科 Aoridae	6[3]
			跳钩虾科 Talitridae	6[3]
			蜾蠃蜚科 Corophiidae	6[3]
软体动物门 Mollusca	腹足纲 Gastropoda	基眼目 Basommatophora	椎实螺科 Lymnaeidae	3[2]
			扁蜷螺科 Planorbidae	3[2]
			膀胱螺科 Physidae	3[2]
		中腹足目 Mesogastropoda	肋蜷科 Pleuroseridae	6[3]
			觿螺科 Hydrobiidae	3[2]
			豆螺科 Bithyniidae	6[3]
			狭口螺科 Stenothyridae	3[2]
			田螺科 Viviparidae	5[3]
	双壳纲 Bivalvia	蚌目 Unionoida	蚌科 Unionidae	6[2]
		帘蛤目 Veneroida	蚬科 Corbiculidae	6[3]
			球蚬科 Sphaeriidae	5[3]
			截蛏科 Solecurtidae	6[3]
		贻贝目 Mytilida	贻贝科 Mytilidae	6[3]
线形动物门 Nematomorpha	—	铁线虫目 Gordioidea	铁线虫科 Gordiidae	10[2]
扁形动物门 Platyhelminthes	涡虫纲 Tubellaria	—	涡虫纲某科[4]	5[3]

1）此次发布的科级敏感值为初步参考值

2）引自文献 Mandaville S M. 2002. Benthic macroinvertebrates in freshwaters-taxa tolerance values，metrics，and protocols. Soil and Water Conservation Society of Metro Halifax：B2-B3.

3）经验值

4）偶见类群，未鉴定至科水平

附录三：太湖流域水生态监控数据管理系统数据库与服务用表

（一）水生生物科学研究调查数据库

附表 3.1　水生生物科学研究调查数据库表列表

序号	表名	中文名称
1	TK_水生态功能分区	TK_水生态功能分区
2	编目信息表	编目信息表
3	采样点生境照片表	采样点生境照片表
4	采样点位基本信息表	采样点位基本信息表
5	采样点现场生境记录表	采样点现场生境记录表
6	采样工具表	采样工具表
7	采样任务表	采样任务表
8	底泥监测结果表	底泥监测结果表
9	底泥监测统计表	底泥监测统计表
10	底栖动物监测结果表	底栖动物监测结果表
11	发光菌毒性测试标准校验表	发光菌毒性测试标准校验表
12	发光菌毒性测试监测结果表	发光菌毒性测试监测结果表
13	粪大肠菌群监测结果表	粪大肠菌群监测结果表
14	浮游动物监测结果表	浮游动物监测结果表
15	浮游动物监测统计表	浮游动物监测统计表
16	浮游植物监测结果表	浮游植物监测结果表
17	浮游植物监测统计表	浮游植物监测统计表
18	水产品残毒分析方法表	水产品残毒分析方法表
19	水产品残毒监测结果表	水产品残毒监测结果表
20	水生生物监测点位信息表	水生生物监测点位信息表
21	水质及五参数监测结果表	水质及五参数监测结果表

附表 3.2　水生生物科学研究调查数据库存储过程列表

序号	存储过程名称	中文名称
1	TK_PROC_查询_TK_水生态功能分区	TK_PROC_查询_TK_水生态功能分区
2	TK_PROC_查询_采样点位基本信息	TK_PROC_查询_采样点位基本信息
3	TK_PROC_查询_采样任务信息	TK_PROC_查询_采样任务信息
4	TK_PROC_查询_底泥监测结果信息	TK_PROC_查询_底泥监测结果信息
5	TK_PROC_查询_底栖动物监测结果信息	TK_PROC_查询_底栖动物监测结果信息
6	TK_PROC_查询_发光菌毒性测试标准校验信息	TK_PROC_查询_发光菌毒性测试标准校验信息
7	TK_PROC_查询_发光菌监测结果信息	TK_PROC_查询_发光菌监测结果信息
8	TK_PROC_查询_粪大肠菌群监测结果信息	TK_PROC_查询_粪大肠菌群监测结果信息
9	TK_PROC_查询_浮游动物监测结果信息	TK_PROC_查询_浮游动物监测结果信息
10	TK_PROC_查询_浮游植物监测结果信息	TK_PROC_查询_浮游植物监测结果信息
11	TK_PROC_查询_浮游植物统计结果信息	TK_PROC_查询_浮游植物统计结果信息
12	TK_PROC_查询_生态功能分区	TK_PROC_查询_生态功能分区
13	TK_PROC_查询_水产品残毒分析方法信息	TK_PROC_查询_水产品残毒分析方法信息
14	TK_PROC_查询_水产品残毒监测结果信息	TK_PROC_查询_水产品残毒监测结果信息
15	TK_PROC_查询_水生生物监测点位信息	TK_PROC_查询_水生生物监测点位信息
16	TK_PROC_查询_水质及五参数监测结果信息	TK_PROC_查询_水质及五参数监测结果信息
17	TK_PROC_浮游动物统计信息	TK_PROC_浮游动物统计信息
18	TK_PROC_浮游植物统计信息	TK_PROC_浮游植物统计信息
19	TK_PROC_高级查询_采样点位基本信息	TK_PROC_高级查询_采样点位基本信息
20	TK_PROC_删除_采样点位基本信息	TK_PROC_删除_采样点位基本信息
21	TK_PROC_删除_采样任务信息	TK_PROC_删除_采样任务信息
22	TK_PROC_删除_底泥监测结果信息	TK_PROC_删除_底泥监测结果信息
23	TK_PROC_删除_底栖动物监测结果信息	TK_PROC_删除_底栖动物监测结果信息
24	TK_PROC_删除_发光菌毒性测试标准校验信息	TK_PROC_删除_发光菌毒性测试标准校验信息
25	TK_PROC_删除_发光菌毒性测试监测结果信息	TK_PROC_删除_发光菌毒性测试监测结果信息
26	TK_PROC_删除_粪大肠菌群监测结果信息	TK_PROC_删除_粪大肠菌群监测结果信息
27	TK_PROC_删除_浮游动物监测结果信息	TK_PROC_删除_浮游动物监测结果信息
28	TK_PROC_删除_浮游植物监测结果信息	TK_PROC_删除_浮游植物监测结果信息
29	TK_PROC_删除_水产品残毒分析方法信息	TK_PROC_删除_水产品残毒分析方法信息
30	TK_PROC_删除_水产品残毒监测结果信息	TK_PROC_删除_水产品残毒监测结果信息
31	TK_PROC_删除_水生生物监测点位信息	TK_PROC_删除_水生生物监测点位信息
32	TK_PROC_删除_水质及五参数监测结果信息	TK_PROC_删除_水质及五参数监测结果信息
33	TK_PROC_新增_采样点位基本信息	TK_PROC_新增_采样点位基本信息

续表

序号	存储过程名称	中文名称
34	TK_PROC_新增_采样任务信息	TK_PROC_新增_采样任务信息
35	TK_PROC_新增_底泥监测结果信息	TK_PROC_新增_底泥监测结果信息
36	TK_PROC_新增_底栖动物监测结果信息	TK_PROC_新增_底栖动物监测结果信息
37	TK_PROC_新增_发光菌毒性测试标准校验信息	TK_PROC_新增_发光菌毒性测试标准校验信息
38	TK_PROC_新增_发光菌毒性测试监测结果信息	TK_PROC_新增_发光菌毒性测试监测结果信息
39	TK_PROC_新增_粪大肠菌群监测结果信息	TK_PROC_新增_粪大肠菌群监测结果信息
40	TK_PROC_新增_浮游动物监测结果信息	TK_PROC_新增_浮游动物监测结果信息
41	TK_PROC_新增_浮游植物监测结果信息	TK_PROC_新增_浮游植物监测结果信息
42	TK_PROC_新增_水产品残毒分析方法信息	TK_PROC_新增_水产品残毒分析方法信息
43	TK_PROC_新增_水产品残毒监测结果信息	TK_PROC_新增_水产品残毒监测结果信息
44	TK_PROC_新增_水生生物监测点位信息	TK_PROC_新增_水生生物监测点位信息
45	TK_PROC_新增_水质及五参数监测结果信息	TK_PROC_新增_水质及五参数监测结果信息
46	TK_PROC_修改_采样点位基本信息	TK_PROC_修改_采样点位基本信息
47	TK_PROC_修改_采样点现场生境记录表	TK_PROC_修改_采样点现场生境记录表
48	TK_PROC_修改_采样任务信息	TK_PROC_修改_采样任务信息
49	TK_PROC_修改_底泥监测结果信息	TK_PROC_修改_底泥监测结果信息
50	TK_PROC_修改_底栖动物监测结果信息	TK_PROC_修改_底栖动物监测结果信息
51	TK_PROC_修改_发光菌毒性测试标准校验信息	TK_PROC_修改_发光菌毒性测试标准校验信息
52	TK_PROC_修改_发光菌毒性测试监测结果信息	TK_PROC_修改_发光菌毒性测试监测结果信息
53	TK_PROC_修改_粪大肠菌群监测结果信息	TK_PROC_修改_粪大肠菌群监测结果信息
54	TK_PROC_修改_浮游动物监测结果信息	TK_PROC_修改_浮游动物监测结果信息
55	TK_PROC_修改_浮游植物监测结果信息	TK_PROC_修改_浮游植物监测结果信息
56	TK_PROC_修改_水产品残毒分析方法信息	TK_PROC_修改_水产品残毒分析方法信息
57	TK_PROC_修改_水产品残毒监测结果信息	TK_PROC_修改_水产品残毒监测结果信息
58	TK_PROC_修改_水生生物监测点位信息	TK_PROC_修改_水生生物监测点位信息
59	TK_PROC_修改_水质及五参数监测结果信息	TK_PROC_修改_水质及五参数监测结果信息

（二）水生生物例行监测调查数据库

附表 3.3　水生生物例行监测调查数据库表列表

序号	表名	中文名称
1	编目信息表	编目信息表
2	采样点生境照片表	采样点生境照片表

续表

序号	表名	中文名称
3	采样点位基本信息表	采样点位基本信息表
4	采样点现场生境记录表	采样点现场生境记录表
5	采样工具表	采样工具表
6	采样任务表	采样任务表
7	底泥监测结果表	底泥监测结果表
8	底泥监测统计表	底泥监测统计表
9	底栖动物监测结果表	底栖动物监测结果表
10	发光菌毒性测试标准校验表	发光菌毒性测试标准校验表
11	发光菌毒性测试监测结果表	发光菌毒性测试监测结果表
12	粪大肠菌群监测结果表	粪大肠菌群监测结果表
13	浮游动物监测结果表	浮游动物监测结果表
14	浮游动物监测统计表	浮游动物监测统计表
15	浮游植物监测结果表	浮游植物监测结果表
16	浮游植物监测统计表	浮游植物监测统计表
17	水产品残毒分析方法表	水产品残毒分析方法表
18	水产品残毒监测结果表	水产品残毒监测结果表
19	水生生物监测点位信息表	水生生物监测点位信息表
20	水质及五参数监测结果表	水质及五参数监测结果表

附表 3.4　水生生物例行监测调查数据库存储过程列表

序号	存储过程名称	中文名称
1	TK_PROC_查询_采样点位基本信息	TK_PROC_查询_采样点位基本信息
2	TK_PROC_查询_采样点现场生境记录表	TK_PROC_查询_采样点现场生境记录表
3	TK_PROC_查询_采样任务信息	TK_PROC_查询_采样任务信息
4	TK_PROC_查询_底泥监测结果信息	TK_PROC_查询_底泥监测结果信息
5	TK_PROC_查询_底栖动物监测结果信息	TK_PROC_查询_底栖动物监测结果信息
6	TK_PROC_查询_发光菌毒性测试标准校验信息	TK_PROC_查询_发光菌毒性测试标准校验信息
7	TK_PROC_查询_发光菌监测结果信息	TK_PROC_查询_发光菌监测结果信息
8	TK_PROC_查询_粪大肠菌群监测结果信息	TK_PROC_查询_粪大肠菌群监测结果信息
9	TK_PROC_查询_浮游动物监测结果信息	TK_PROC_查询_浮游动物监测结果信息
10	TK_PROC_查询_浮游植物监测结果信息	TK_PROC_查询_浮游植物监测结果信息
11	TK_PROC_查询_水产品残毒分析方法信息	TK_PROC_查询_水产品残毒分析方法信息
12	TK_PROC_查询_水产品残毒监测结果信息	TK_PROC_查询_水产品残毒监测结果信息

续表

序号	存储过程名称	中文名称
13	TK_PROC_查询_水生生物监测点位信息	TK_PROC_查询_水生生物监测点位信息
14	TK_PROC_查询_水质及五参数监测结果信息	TK_PROC_查询_水质及五参数监测结果信息
15	TK_PROC_删除_采样点位基本信息	TK_PROC_删除_采样点位基本信息
16	TK_PROC_删除_采样点现场生境记录表	TK_PROC_删除_采样点现场生境记录表
17	TK_PROC_删除_采样任务信息	TK_PROC_删除_采样任务信息
18	TK_PROC_删除_底泥监测结果信息	TK_PROC_删除_底泥监测结果信息
19	TK_PROC_删除_底栖动物监测结果信息	TK_PROC_删除_底栖动物监测结果信息
20	TK_PROC_删除_发光菌毒性测试标准校验信息	TK_PROC_删除_发光菌毒性测试标准校验信息
21	TK_PROC_删除_发光菌毒性测试监测结果信息	TK_PROC_删除_发光菌毒性测试监测结果信息
22	TK_PROC_删除_粪大肠菌群监测结果信息	TK_PROC_删除_粪大肠菌群监测结果信息
23	TK_PROC_删除_浮游动物监测结果信息	TK_PROC_删除_浮游动物监测结果信息
24	TK_PROC_删除_浮游植物监测结果信息	TK_PROC_删除_浮游植物监测结果信息
25	TK_PROC_删除_水产品残毒分析方法信息	TK_PROC_删除_水产品残毒分析方法信息
26	TK_PROC_删除_水产品残毒监测结果信息	TK_PROC_删除_水产品残毒监测结果信息
27	TK_PROC_删除_水生生物监测点位信息	TK_PROC_删除_水生生物监测点位信息
28	TK_PROC_删除_水质及五参数监测结果信息	TK_PROC_删除_水质及五参数监测结果信息
29	TK_PROC_新增_采样点位基本信息	TK_PROC_新增_采样点位基本信息
30	TK_PROC_新增_采样点现场生境记录表	TK_PROC_新增_采样点现场生境记录表
31	TK_PROC_新增_采样任务信息	TK_PROC_新增_采样任务信息
32	TK_PROC_新增_底泥监测结果信息	TK_PROC_新增_底泥监测结果信息
33	TK_PROC_新增_底栖动物监测结果信息	TK_PROC_新增_底栖动物监测结果信息
34	TK_PROC_新增_发光菌毒性测试标准校验信息	TK_PROC_新增_发光菌毒性测试标准校验信息
35	TK_PROC_新增_发光菌毒性测试监测结果信息	TK_PROC_新增_发光菌毒性测试监测结果信息
36	TK_PROC_新增_粪大肠菌群监测结果信息	TK_PROC_新增_粪大肠菌群监测结果信息
37	TK_PROC_新增_浮游动物监测结果信息	TK_PROC_新增_浮游动物监测结果信息
38	TK_PROC_新增_浮游植物监测结果信息	TK_PROC_新增_浮游植物监测结果信息
39	TK_PROC_新增_水产品残毒分析方法信息	TK_PROC_新增_水产品残毒分析方法信息
40	TK_PROC_新增_水产品残毒监测结果信息	TK_PROC_新增_水产品残毒监测结果信息
41	TK_PROC_新增_水生生物监测点位信息	TK_PROC_新增_水生生物监测点位信息
42	TK_PROC_新增_水质及五参数监测结果信息	TK_PROC_新增_水质及五参数监测结果信息
43	TK_PROC_修改_采样点位基本信息	TK_PROC_修改_采样点位基本信息
44	TK_PROC_修改_采样点现场生境记录表	TK_PROC_修改_采样点现场生境记录表

续表

序号	存储过程名称	中文名称
45	TK_PROC_修改_采样任务信息	TK_PROC_修改_采样任务信息
46	TK_PROC_修改_底泥监测结果信息	TK_PROC_修改_底泥监测结果信息
47	TK_PROC_修改_底栖动物监测结果信息	TK_PROC_修改_底栖动物监测结果信息
48	TK_PROC_修改_发光菌毒性测试标准校验信息	TK_PROC_修改_发光菌毒性测试标准校验信息
49	TK_PROC_修改_发光菌毒性测试监测结果信息	TK_PROC_修改_发光菌毒性测试监测结果信息
50	TK_PROC_修改_粪大肠菌群监测结果信息	TK_PROC_修改_粪大肠菌群监测结果信息
51	TK_PROC_修改_浮游动物监测结果信息	TK_PROC_修改_浮游动物监测结果信息
52	TK_PROC_修改_浮游植物监测结果信息	TK_PROC_修改_浮游植物监测结果信息
53	TK_PROC_修改_水产品残毒分析方法信息	TK_PROC_修改_水产品残毒分析方法信息
54	TK_PROC_修改_水产品残毒监测结果信息	TK_PROC_修改_水产品残毒监测结果信息
55	TK_PROC_修改_水生生物监测点位信息	TK_PROC_修改_水生生物监测点位信息
56	TK_PROC_修建_水质及五参数监测结果信息	TK_PROC_修建_水质及五参数监测结果信息

（三）生物物种资源数据库

附表 3.5　生物物种资源数据库表列表

序号	表名	中文名称
1	编目表	编目表
2	物种表	物种表
3	标本表	标本表
4	标本图片表	标本图片表
5	标本音视频表	标本音视频表
6	标本参考文献表	标本参考文献表
7	保护等级代码表	保护等级代码表
8	专题分类代码表	专题分类代码表

附表 3.6　生物物种资源数据库视图列表

序号	视图名	中文名称
1	底栖动物	底栖动物
2	浮游动物	浮游动物
3	浮游植物	浮游植物
4	藻类	藻类

附表 3.7　生物物种资源数据库存储过程列表

序号	存储过程名称	中文名称
1	TK_PROC_按专题统计物种总数	TK_PROC_按专题统计物种总数
2	TK_PROC_查询标本列表	TK_PROC_查询标本列表
3	TK_PROC_查询物种分类数量	TK_PROC_查询物种分类数量
4	TK_PROC_查询物种列表	TK_PROC_查询物种列表
5	TK_PROC_高级查询物种列表	TK_PROC_高级查询物种列表
6	TK_PROC_根据 ID 获取标本生境照片	TK_PROC_根据 ID 获取标本生境照片
7	TK_PROC_根据 ID 获取标本信息	TK_PROC_根据 ID 获取标本信息
8	TK_PROC_根据 ID 获取标本右侧面特征图	TK_PROC_根据 ID 获取标本右侧面特征图
9	TK_PROC_根据 ID 获取标本正面特征图	TK_PROC_根据 ID 获取标本正面特征图
10	TK_PROC_根据 ID 获取标本左侧面特征图	TK_PROC_根据 ID 获取标本左侧面特征图
11	TK_PROC_根据 ID 获取物种参考文献	TK_PROC_根据 ID 获取物种参考文献
12	TK_PROC_根据 ID 获取物种分布地图	TK_PROC_根据 ID 获取物种分布地图
13	TK_PROC_根据 ID 获取物种图片	TK_PROC_根据 ID 获取物种图片
14	TK_PROC_根据 ID 获取物种信息	TK_PROC_根据 ID 获取物种信息
15	TK_PROC_根据 ID 获取物种形态照片	TK_PROC_根据 ID 获取物种形态照片
16	TK_PROC_根据 ID 获取物种音视频	TK_PROC_根据 ID 获取物种音视频
17	TK_PROC_根据 ID 获取物种音视频缩略图	TK_PROC_根据 ID 获取物种音视频缩略图
18	TK_PROC_根据标本 ID 获取物种参考文献列表	TK_PROC_根据标本 ID 获取物种参考文献列表
19	TK_PROC_根据标本 ID 获取物种图片列表	TK_PROC_根据标本 ID 获取物种图片列表
20	TK_PROC_根据标本 ID 获取物种音视频列表	TK_PROC_根据标本 ID 获取物种音视频列表
21	TK_PROC_根据图片 ID 获取物种图片	TK_PROC_根据图片 ID 获取物种图片
22	TK_PROC_根据物种 ID 获取标本列表	TK_PROC_根据物种 ID 获取标本列表
23	TK_PROC_根据音视频 ID 获取物种音视频	TK_PROC_根据音视频 ID 获取物种音视频
24	TK_PROC_根据音视频 ID 获取物种音视频缩略图	TK_PROC_根据音视频 ID 获取物种音视频缩略图
25	TK_PROC_更新标本生境照片	TK_PROC_更新标本生境照片
26	TK_PROC_更新标本图片	TK_PROC_更新标本图片
27	TK_PROC_更新标本右侧面特征图	TK_PROC_更新标本右侧面特征图
28	TK_PROC_更新标本正面特征图	TK_PROC_更新标本正面特征图
29	TK_PROC_更新标本左侧面特征图	TK_PROC_更新标本左侧面特征图
30	TK_PROC_更新参考文献	TK_PROC_更新参考文献
31	TK_PROC_更新物种分布地图	TK_PROC_更新物种分布地图
32	TK_PROC_更新物种形态照片	TK_PROC_更新物种形态照片

续表

序号	存储过程名称	中文名称
33	TK_PROC_更新音视频	TK_PROC_更新音视频
34	TK_PROC_更新音视频缩略图	TK_PROC_更新音视频缩略图
35	TK_PROC_获取保护等级代码表	TK_PROC_获取保护等级代码表
36	TK_PROC_获取物种编目列表	TK_PROC_获取物种编目列表
37	TK_PROC_获取专题分类代码表	TK_PROC_获取专题分类代码表
38	TK_PROC_删除标本数据	TK_PROC_删除标本数据
39	TK_PROC_删除标本图片数据	TK_PROC_删除标本图片数据
40	TK_PROC_删除参考文献数据	TK_PROC_删除参考文献数据
41	TK_PROC_删除物种数据	TK_PROC_删除物种数据
42	TK_PROC_删除音视频数据	TK_PROC_删除音视频数据
43	TK_PROC_统计物种总数	TK_PROC_统计物种总数
44	TK_PROC_新增标本数据	TK_PROC_新增标本数据
45	TK_PROC_新增标本图片数据	TK_PROC_新增标本图片数据
46	TK_PROC_新增参考文献数据	TK_PROC_新增参考文献数据
47	TK_PROC_新增物种数据	TK_PROC_新增物种数据
48	TK_PROC_新增音视频数据	TK_PROC_新增音视频数据
49	TK_PROC_修改标本数据	TK_PROC_修改标本数据
50	TK_PROC_修改标本图片数据	TK_PROC_修改标本图片数据
51	TK_PROC_修改参考文献数据	TK_PROC_修改参考文献数据
52	TK_PROC_修改物种数据	TK_PROC_修改物种数据
53	TK_PROC_修改音视频数据	TK_PROC_修改音视频数据

（四）DLG 基础地理信息数据库

附表 3.8　DLG 基础地理信息数据库表列表

序号	类别	图层名称
1	专题水系（配图范围）	河流_PG
2		河流_PL
3		湖泊
4		海域
5		流域范围

续表

序号	类别	图层名称
6	水系	DH_PG 双线河
7		DH_PG 水系
8		DH_PG 湖泊
9	绿地	DH_PG 绿地
10	政区与境界	DH_PG 行政区划
11		DH_PG 省界
12		DH_PL 地区界
13		DH_PL 行政区划边线
14	交通	DH_PL 国道
15		DH_PL 高速公路
16		DH_PL 省道
17		DH_PL 铁路
18		DH_PL 县道
19		DH_PL 乡镇村道 06
20		DH_PL 其他道路 08
21		DH_PL 九级路
22		DH_PL 行人道路
23		DH_PT 地铁
24		DH_PL 轮渡
25	居民地	DH_PT 省
26		DH_PT 省政府
27		DH_PT 省会城市
28		DH_PT 市州政府
29		DH_PT 地级市
30		DH_PT 县政府
31		DH_PT 乡镇政府
32		DH_PT 居民点
33	单位地标	DH_PT 动物园
34		DH_PT 医院
35		DH_PT 厂矿企业
36		DH_PT 商场超市
37		DH_PT 固有名称 1

续表

序号	类别	图层名称
38	单位地标	DH_PT 固有名称 2
39		DH_PT 固有名称 3
40		DH_PT 大厦
41		DH_PT 娱乐场所
42		DH_PT 学校
43		DH_PT 宗教
44		DH_PT 山
45		DH_PT 收费站
46		DH_PT 政府机关
47		DH_PT 新闻媒体
48		DH_PT 旅游景点
49		DH_PT 星级饭店
50		DH_PT 机场
51		DH_PT 港口码头
52		DH_PT 火车站
53		DH_PT 警察局
54		DH_PT 邮局
55		DH_PT 银行

附表 3.9　河流_PG 表结构

序号	字段名称	中文名称	字段类型	字段长度	空值
1	OBJECTID	系统标识	整型		N
2	Shape	几何对象	几何对象		N
3	MapID	地图编号	字符型	8	N
4	ID	编号	字符型	13	N
5	Kind	类型	字符型	4	N
6	AdminCode	行政编号	字符型	6	N
7	NAME	名称	字符型	50	N
8	Grade	级别	整型		N
9	FL	分类	字符型	50	N

附表 3.10 河流_PL 表结构

序号	字段名称	中文名称	字段类型	字段长度	空值
1	OBJECTID	系统标识	整型		N
2	Shape	几何对象	几何对象		N
3	NAME	名称	字符型	50	N
4	Grade	级别	整型		N

附表 3.11 湖泊表结构

序号	字段名称	中文名称	字段类型	字段长度	空值
1	OBJECTID	系统标识	整型		N
2	Shape	几何对象	几何对象		N
3	MapID	地图编号	字符型	8	N
4	ID	编号	字符型	13	N
5	Kind	类型	字符型	4	N
6	AdminCode	行政编号	字符型	6	N
7	NAME	名称	字符型	50	N
8	Class	分类	字符型	50	N
9	Grade	级别	整型		N

附表 3.12 海域表结构

序号	字段名称	中文名称	字段类型	字段长度	空值
1	OBJECTID	系统标识	整型		N
2	Shape	几何对象	几何对象		N
3	NAME	名称	字符型	50	N

附表 3.13 流域范围表结构

序号	字段名称	中文名称	字段类型	字段长度	空值
1	OBJECTID	系统标识	整型		N
2	Shape	几何对象	几何对象		N
3	AREA	面积	浮点型		N
4	PERIMETER	周长	浮点型		N
5	范围地理坐标	范围地理坐标	整型		N
6	范围地理_1	范围地理_1	整型		N
7	BASIN_	流域	整型		N

续表

序号	字段名称	中文名称	字段类型	字段长度	空值
8	BASIN_ID	流域编号	整型		N
9	CODE	标识码	字符型	2	N
10	NAME	名称	字符型	20	N
11	BASIN	所属流域	字符型	20	N

附表 3.14　等值线表结构

序号	字段名称	中文名称	字段类型	字段长度	空值
1	OBJECTID	系统标识	整型		N
2	Shape	几何对象	几何对象		N
3	ID	编号	字符型		N
4	CONTOUR	等值线	字符型		N

附表 3.15　DH_PG 双线河表结构

序号	字段名称	中文名称	字段类型	字段长度	空值
1	OBJECTID	系统标识	整型		N
2	Shape	几何对象	几何对象		N
3	NAME	名称	字符串	40	N

附表 3.16　DH_PG 水系表结构

序号	字段名称	中文名称	字段类型	字段长度	空值
1	OBJECTID	系统标识	整型		N
2	Shape	几何对象	几何对象		N
3	MapID	地图编号	字符型	8	N
4	ID	编号	字符型	13	N
5	Kind	类型	字符型	4	N
6	AdminCode	行政编号	字符型	6	N
7	NAME	名称	字符型	50	N

附表 3.17　DH_PG 湖泊表结构

序号	字段名称	中文名称	字段类型	字段长度	空值
1	OBJECTID	系统标识	整型		N
2	Shape	几何对象	几何对象		N
3	NAME	名称	字符串	4	N

附表 3.18　DH_PG 绿地表结构

序号	字段名称	中文名称	字段类型	字段长度	空值
1	OBJECTID	系统标识	整型		N
2	Shape	几何对象	几何对象		N
3	MapID	地图编号	字符型	8	N
4	ID	编号	字符型	13	N
5	Kind	类型	字符型	4	N
6	AdminCode	行政编号	字符型	6	Y

附表 3.19　DH_PG 行政区划

序号	字段名称	中文名称	字段类型	字段长度	空值
1	OBJECTID	系统标识	整型		N
2	Shape	几何对象	几何对象		N
3	AdminCode	行政编号	字符型	6	N
4	Kind	类别	字符型	4	N
5	OID_	对象标识	整型		N
6	FeatID	行政编号	字符型	13	N
7	NameType	名称类型	字符型	2	N
8	NAME	名称	字符型	254	N
9	PY	拼音	字符型	254	N
10	Seq_Nm	序列号	字符型	2	N
11	SignNumFlg		字符型	1	Y
12	SignNameTp		字符型	1	Y
13	Language	语种	字符型	2	N
14	NameFlag	名称标记	字符型	1	N

附表 3.20　DH_PG 省界表结构

序号	字段名称	中文名称	字段类型	字段长度	空值
1	OBJECTID	系统标识	整型		N
2	Shape	几何对象	几何对象		N
3	PROV_ID	省份编号	双精度		Y
4	NAME	名称	字符串	4	N

附表 3.21　DH_PL 地区界表结构

序号	字段名称	中文名称	字段类型	字段长度	空值
1	OBJECTID	系统标识	整型		N
2	Shape	几何对象	几何对象		N
3	NAME	名称	字符串		Y

附表 3.22　DH_PL 行政区划边线表结构

序号	字段名称	中文名称	字段类型	字段长度	空值
1	OBJECTID	系统标识	整型		N
2	Shape	几何对象	几何对象		N
3	AdminCode	行政编号	字符型	6	N
4	Kind	类别	字符型	4	N
5	OID_	对象标识	整型		N
6	FeatID	行政编号	字符型	13	N
7	NameType	名称类型	字符型	2	N
8	NAME	名称	字符型	254	N
9	PY	拼音	字符型	254	N
10	Seq_Nm	序列号	字符型	2	N
11	SignNumFlg		字符型	1	Y
12	SignNameTp		字符型	1	Y
13	Language	语种	字符型	2	N
14	NameFlag	名称标记	字符型	1	N

附表 3.23　DH_PL 国道表结构

序号	字段名称	中文名称	字段类型	字段长度	空值
1	OBJECTID	系统标识	整型		N
2	Shape	几何对象	几何对象		N
3	MapID	地图编号	字符串	8	N
4	ID	编号	字符串	13	N
5	Kind_num	类型编号	字符型	2	N
6	Kind	类别	字符串	23	N
7	Width	道路宽度	字符串	3	N
8	Direction	道路方向	字符串	1	N
9	SnodeID	起始节点编号	字符串	13	N

续表

序号	字段名称	中文名称	字段类型	字段长度	空值
10	EnodeID	终止节点编号	字符串	13	N
11	PathClass	道路等级	字符串	2	N
12	Length	道路长度	字符串	8	N
13	Through	能否通过	字符串	1	N
14	UnThruCRID		字符串	13	Y
15	AdminCodeL	道路左侧行政区编号	字符串	6	N
16	AdminCodeR	道路右侧行政区编号	字符串	6	N
17	OnewayCRID		字符型	13	Y
18	AccessCRID		字符型	13	Y
19	Elevated	是否为高架	字符型	1	N
20	OID_	对象标识	整型		N
21	MapID_1	地图编号	字符型	8	N
22	ID_1	编号	字符型	13	N
23	Route_ID	道路编号	字符型	13	N
24	Name_Kind	名称性质	字符型	1	N
25	Name_Type	名称类型	字符型	1	N
26	OID_1	对象标识	整型		N
27	Route_ID_1	道路编号	字符型	13	N
28	Route_Kind	道路类型	字符型	2	N
29	PathName	道路名称	字符型	60	N
30	PathPY	道路名称拼音	字符型	160	N
31	PreName	曾用名	字符型	6	N
32	PrePY	曾用名拼音	字符型	20	N
33	BaseName	基本名称	字符型	60	N
34	BasePY	基本名称拼音	字符型	160	N
35	StTpName	道路类型名称	字符型	15	N
36	StTpPY	道路类型名称拼音	字符型	30	N
37	SurName		字符型	6	Y
38	SurPY		字符型	20	Y
39	Language	语种	字符型	2	N
40	StTpLoc		字符型	1	N

附表 3.24　DH_PL 高速公路表结构

序号	字段名称	中文名称	字段类型	字段长度	空值
1	OBJECTID	系统标识	整型		N
2	Shape	几何对象	几何对象		N
3	MapID	地图编号	字符串	8	N
4	ID	编号	字符串	13	N
5	Kind_num	类型编号	字符型	2	N
6	Kind	类别	字符串	23	N
7	Width	道路宽度	字符串	3	N
8	Direction	道路方向	字符串	1	N
9	SnodeID	起始节点编号	字符串	13	N
10	EnodeID	终止节点编号	字符串	13	N
11	PathClass	道路等级	字符串	2	N
12	Length	道路长度	字符串	8	N
13	Through	能否通过	字符串	1	N
14	UnThruCRID		字符串	13	Y
15	AdminCodeL	道路左侧行政区编号	字符串	6	N
16	AdminCodeR	道路右侧行政区编号	字符串	6	N
17	OnewayCRID		字符型	13	Y
18	AccessCRID		字符型	13	Y
19	Elevated	是否为高架	字符型	1	N
20	OID_	对象标识	整型		N
21	MapID_1	地图编号	字符型	8	N
22	ID_1	编号	字符型	13	N
23	Route_ID	道路编号	字符型	13	N
24	Name_Kind	名称性质	字符型	1	N
25	Name_Type	名称类型	字符型	1	N
26	OID_1	对象标识	整型		N
27	Route_ID_1	道路编号	字符型	13	N
28	Route_Kind	道路类型	字符型	2	N
29	PathName	道路名称	字符型	60	N
30	PathPY	道路名称拼音	字符型	160	N
31	PreName	曾用名	字符型	6	N
32	PrePY	曾用名拼音	字符型	20	N

续表

序号	字段名称	中文名称	字段类型	字段长度	空值
33	BaseName	基本名称	字符型	60	N
34	BasePY	基本名称拼音	字符型	160	N
35	StTpName	道路类型名称	字符型	15	N
36	StTpPY	道路类型名称拼音	字符型	30	N
37	SurName		字符型	6	Y
38	SurPY		字符型	20	Y
39	Language	语种	字符型	2	N
40	StTpLoc		字符型	1	N

附表 3.25 DH_PL 省道表结构

序号	字段名称	中文名称	字段类型	字段长度	空值
1	OBJECTID	系统标识	整型		N
2	Shape	几何对象	几何对象		N
3	MapID	地图编号	字符串	8	N
4	ID	编号	字符串	13	N
5	Kind_num	类型编号	字符型	2	N
6	Kind	类别	字符串	23	N
7	Width	道路宽度	字符串	3	N
8	Direction	道路方向	字符串	1	N
9	SnodeID	起始节点编号	字符串	13	N
10	EnodeID	终止节点编号	字符串	13	N
11	PathClass	道路等级	字符串	2	N
12	Length	道路长度	字符串	8	N
13	Through	能否通过	字符串	1	N
14	UnThruCRID		字符串	13	Y
15	AdminCodeL	道路左侧行政区编号	字符串	6	N
16	AdminCodeR	道路右侧行政区编号	字符串	6	N
17	OnewayCRID		字符型	13	Y
18	AccessCRID		字符型	13	Y
19	Elevated	是否为高架	字符型	1	N
20	OID_	对象标识	整型		N
21	MapID_1	地图编号	字符型	8	N
22	ID_1	编号	字符型	13	N

续表

序号	字段名称	中文名称	字段类型	字段长度	空值
23	Route_ID	道路编号	字符型	13	N
24	Name_Kind	名称性质	字符型	1	N
25	Name_Type	名称类型	字符型	1	N
26	OID_1	对象标识	整型		N
27	Route_ID_1	道路编号	字符型	13	N
28	Route_Kind	道路类型	字符型	2	N
29	PathName	道路名称	字符型	60	N
30	PathPY	道路名称拼音	字符型	160	N
31	PreName	曾用名	字符型	6	N
32	PrePY	曾用名拼音	字符型	20	N
33	BaseName	基本名称	字符型	60	N
34	BasePY	基本名称拼音	字符型	160	N
35	StTpName	道路类型名称	字符型	15	N
36	StTpPY	道路类型名称拼音	字符型	30	N
37	SurName		字符型	6	Y
38	SurPY		字符型	20	Y
39	Language	语种	字符型	2	N
40	StTpLoc		字符型	1	N

附表 3.26　DH_PL 铁路表结构

序号	字段名称	中文名称	字段类型	字段长度	空值
1	OBJECTID	系统标识	整型		N
2	Shape	几何对象	几何对象		N
3	MapID	地图编号	字符串	8	N
4	ID	编号	字符串	13	N
5	Kind	类别	字符串	9	N
6	SnodeID	起始节点编号	字符串	13	N
7	EnodeID	终止节点编号	字符串	13	N

附表 3.27　DH_PL 县道表结构

序号	字段名称	中文名称	字段类型	字段长度	空值
1	OBJECTID	系统标识	整型		N
2	Shape	几何对象	几何对象		N

续表

序号	字段名称	中文名称	字段类型	字段长度	空值
3	MapID	地图编号	字符串	8	N
4	ID	编号	字符串	13	N
5	Kind_num	类型编号	字符型	2	N
6	Kind	类别	字符串	23	N
7	Width	道路宽度	字符串	3	N
8	Direction	道路方向	字符串	1	N
9	SnodeID	起始节点编号	字符串	13	N
10	EnodeID	终止节点编号	字符串	13	N
11	PathClass	道路等级	字符串	2	N
12	Length	道路长度	字符串	8	N
13	Through	能否通过	字符串	1	N
14	UnThruCRID		字符串	13	Y
15	AdminCodeL	道路左侧行政区编号	字符串	6	N
16	AdminCodeR	道路右侧行政区编号	字符串	6	N
17	OnewayCRID		字符型	13	Y
18	AccessCRID		字符型	13	Y
19	Elevated	是否为高架	字符型	1	N
20	OID_	对象标识	整型		N
21	MapID_1	地图编号	字符型	8	N
22	ID_1	编号	字符型	13	N
23	Route_ID	道路编号	字符型	13	N
24	Name_Kind	名称性质	字符型	1	N
25	Name_Type	名称类型	字符型	1	N
26	OID_1	对象标识	整型		N
27	Route_ID_1	道路编号	字符型	13	N
28	Route_Kind	道路类型	字符型	2	N
29	PathName	道路名称	字符型	60	N
30	PathPY	道路名称拼音	字符型	160	N
31	PreName	曾用名	字符型	6	N
32	PrePY	曾用名拼音	字符型	20	N
33	BaseName	基本名称	字符型	60	N
34	BasePY	基本名称拼音	字符型	160	N

续表

序号	字段名称	中文名称	字段类型	字段长度	空值
35	StTpName	道路类型名称	字符型	15	N
36	StTpPY	道路类型名称拼音	字符型	30	N
37	SurName		字符型	6	Y
38	SurPY		字符型	20	Y
39	Language	语种	字符型	2	N
40	StTpLoc		字符型	1	N

附表 3.28　DH_PL 乡镇村道 06 表结构

序号	字段名称	中文名称	字段类型	字段长度	空值
1	OBJECTID	系统标识	整型		N
2	Shape	几何对象	几何对象		N
3	MapID	地图编号	字符串	8	N
4	ID	编号	字符串	13	N
5	Kind_num	类型编号	字符型	2	N
6	Kind	类别	字符串	23	N
7	Width	道路宽度	字符串	3	N
8	Direction	道路方向	字符串	1	N
9	SnodeID	起始节点编号	字符串	13	N
10	EnodeID	终止节点编号	字符串	13	N
11	PathClass	道路等级	字符串	2	N
12	Length	道路长度	字符串	8	N
13	Through	能否通过	字符串	1	N
14	UnThruCRID		字符串	13	Y
15	AdminCodeL	道路左侧行政区编号	字符串	6	N
16	AdminCodeR	道路右侧行政区编号	字符串	6	N
17	OnewayCRID		字符型	13	Y
18	AccessCRID		字符型	13	Y
19	Elevated	是否为高架	字符型	1	N
20	OID_	对象标识	整型		N
21	MapID_1	地图编号	字符型	8	N
22	ID_1	编号	字符型	13	N
23	Route_ID	道路编号	字符型	13	N

续表

序号	字段名称	中文名称	字段类型	字段长度	空值
24	Name_Kind	名称性质	字符型	1	N
25	Name_Type	名称类型	字符型	1	N
26	OID_1	对象标识	整型		N
27	Route_ID_1	道路编号	字符型	13	N
28	Route_Kind	道路类型	字符型	2	N
29	PathName	道路名称	字符型	60	N
30	PathPY	道路名称拼音	字符型	160	N
31	PreName	曾用名	字符型	6	N
32	PrePY	曾用名拼音	字符型	20	N
33	BaseName	基本名称	字符型	60	N
34	BasePY	基本名称拼音	字符型	160	N
35	StTpName	道路类型名称	字符型	15	N
36	StTpPY	道路类型名称拼音	字符型	30	N
37	SurName		字符型	6	Y
38	SurPY		字符型	20	Y
39	Language	语种	字符型	2	N
40	StTpLoc		字符型	1	N

附表 3.29 DH_PL 其他道路 08 表结构

序号	字段名称	中文名称	字段类型	字段长度	空值
1	OBJECTID	系统标识	整型		N
2	Shape	几何对象	几何对象		N
3	MapID	地图编号	字符串	8	N
4	ID	编号	字符串	13	N
5	Kind_num	类型编号	字符型	2	N
6	Kind	类别	字符串	23	N
7	Width	道路宽度	字符串	3	N
8	Direction	道路方向	字符串	1	N
9	SnodeID	起始节点编号	字符串	13	N
10	EnodeID	终止节点编号	字符串	13	N
11	PathClass	道路等级	字符串	2	N
12	Length	道路长度	字符串	8	N
13	Through	能否通过	字符串	1	N

续表

序号	字段名称	中文名称	字段类型	字段长度	空值
14	UnThruCRID		字符串	13	Y
15	AdminCodeL	道路左侧行政区编号	字符串	6	N
16	AdminCodeR	道路右侧行政区编号	字符串	6	N
17	OnewayCRID		字符型	13	Y
18	AccessCRID		字符型	13	Y
19	Elevated	是否为高架	字符型	1	N
20	OID_	对象标识	整型		N
21	MapID_1	地图编号	字符型	8	N
22	ID_1	编号	字符型	13	N
23	Route_ID	道路编号	字符型	13	N
24	Name_Kind	名称性质	字符型	1	N
25	Name_Type	名称类型	字符型	1	N
26	OID_1	对象标识	整型		N
27	Route_ID_1	道路编号	字符型	13	N
28	Route_Kind	道路类型	字符型	2	N
29	PathName	道路名称	字符型	60	N
30	PathPY	道路名称拼音	字符型	160	N
31	PreName	曾用名	字符型	6	N
32	PrePY	曾用名拼音	字符型	20	N
33	BaseName	基本名称	字符型	60	N
34	BasePY	基本名称拼音	字符型	160	N
35	StTpName	道路类型名称	字符型	15	N
36	StTpPY	道路类型名称拼音	字符型	30	N
37	SurName		字符型	6	Y
38	SurPY		字符型	20	Y
39	Language	语种	字符型	2	N
40	StTpLoc		字符型	1	N

附表 3.30 DH_PL 九级路表结构

序号	字段名称	中文名称	字段类型	字段长度	空值
1	OBJECTID	系统标识	整型		N
2	Shape	几何对象	几何对象		N
3	MapID	地图编号	字符串	8	N
4	ID	编号	字符串	13	N
5	Kind_num	类型编号	字符型	2	N

续表

序号	字段名称	中文名称	字段类型	字段长度	空值
6	Kind	类别	字符串	23	N
7	Width	道路宽度	字符串	3	N
8	Direction	道路方向	字符串	1	N
9	SnodeID	起始节点编号	字符串	13	N
10	EnodeID	终止节点编号	字符串	13	N
11	PathClass	道路等级	字符串	2	N
12	Length	道路长度	字符串	8	N
13	Through	能否通过	字符串	1	N
14	UnThruCRID		字符串	13	Y
15	AdminCodeL	道路左侧行政区编号	字符串	6	N
16	AdminCodeR	道路右侧行政区编号	字符串	6	N
17	OnewayCRID		字符型	13	Y
18	AccessCRID		字符型	13	Y
19	Elevated	是否为高架	字符型	1	N
20	OID_	对象标识	整型		N
21	MapID_1	地图编号	字符型	8	N
22	ID_1	编号	字符型	13	N
23	Route_ID	道路编号	字符型	13	N
24	Name_Kind	名称性质	字符型	1	N
25	Name_Type	名称类型	字符型	1	N
26	OID_1	对象标识	整型		N
27	Route_ID_1	道路编号	字符型	13	N
28	Route_Kind	道路类型	字符型	2	N
29	PathName	道路名称	字符型	60	N
30	PathPY	道路名称拼音	字符型	160	N
31	PreName	曾用名	字符型	6	N
32	PrePY	曾用名拼音	字符型	20	N
33	BaseName	基本名称	字符型	60	N
34	BasePY	基本名称拼音	字符型	160	N
35	StTpName	道路类型名称	字符型	15	N
36	StTpPY	道路类型名称拼音	字符型	30	N
37	SurName		字符型	6	Y
38	SurPY		字符型	20	Y
39	Language	语种	字符型	2	N
40	StTpLoc		字符型	1	N

附表 3.31　DH_PL 行人道路表结构

序号	字段名称	中文名称	字段类型	字段长度	空值
1	OBJECTID	系统标识	整型		N
2	Shape	几何对象	几何对象		N
3	MapID	地图编号	字符串	8	N
4	ID	编号	字符串	13	N
5	Kind_num	类型编号	字符型	2	N
6	Kind	类别	字符串	23	N
7	Width	道路宽度	字符串	3	N
8	Direction	道路方向	字符串	1	N
9	SnodeID	起始节点编号	字符串	13	N
10	EnodeID	终止节点编号	字符串	13	N
11	PathClass	道路等级	字符串	2	N
12	Length	道路长度	字符串	8	N
13	Through	能否通过	字符串	1	N
14	UnThruCRID		字符串	13	Y
15	AdminCodeL	道路左侧行政区编号	字符串	6	N
16	AdminCodeR	道路右侧行政区编号	字符串	6	N
17	OnewayCRID		字符型	13	Y
18	AccessCRID		字符型	13	Y
19	Elevated	是否为高架	字符型	1	N
20	OID_	对象标识	整型		N
21	MapID_1	地图编号	字符型	8	N
22	ID_1	编号	字符型	13	N
23	Route_ID	道路编号	字符型	13	N
24	Name_Kind	名称性质	字符型	1	N
25	Name_Type	名称类型	字符型	1	N
26	OID_1	对象标识	整型		N
27	Route_ID_1	道路编号	字符型	13	N
28	Route_Kind	道路类型	字符型	2	N
29	PathName	道路名称	字符型	60	N
30	PathPY	道路名称拼音	字符型	160	N
31	PreName	曾用名	字符型	6	N
32	PrePY	曾用名拼音	字符型	20	N
33	BaseName	基本名称	字符型	60	N

续表

序号	字段名称	中文名称	字段类型	字段长度	空值
34	BasePY	基本名称拼音	字符型	160	N
35	StTpName	道路类型名称	字符型	15	N
36	StTpPY	道路类型名称拼音	字符型	30	N
37	SurName		字符型	6	Y
38	SurPY		字符型	20	Y
39	Language	语种	字符型	2	N
40	StTpLoc		字符型	1	N

附表 3.32 DH_PT 地铁表结构

序号	字段名称	中文名称	字段类型	字段长度	空值
1	OBJECTID	系统标识	整型		N
2	Shape	几何对象	几何对象		N
3	ID	编号	字符型	13	N
4	Kind	类别	字符型	4	N
5	NAME	名称	字符型	254	N
6	MapID	地图编号	字符型	8	
7	Class	分类	字符型	1	
8	OID_	对象标识	整型		N
9	FeatID	行政编号	字符型	13	N
10	NameType	名称类型	字符型	2	N
11	PY	拼音	字符型	254	Y
12	Seq_Nm	序列号	字符型	2	N
13	SignNumFlg		字符型	1	Y
14	SignNameTp		字符型	1	Y
15	Language	语种	字符型	2	N
16	NameFlag	名称标记	字符型	1	N

附表 3.33 DH_PL 轮渡表结构

序号	字段名称	中文名称	字段类型	字段长度	空值
1	OBJECTID	系统标识	整型		N
2	Shape	几何对象	几何对象		N
3	MapID	地图编号	字符串	8	N

续表

序号	字段名称	中文名称	字段类型	字段长度	空值
4	ID	编号	字符串	13	N
5	Kind_num	类型编号	字符型	2	N
6	Kind	类别	字符串	23	N
7	Width	道路宽度	字符串	3	N
8	Direction	道路方向	字符串	1	N
9	SnodeID	起始节点编号	字符串	13	N
10	EnodeID	终止节点编号	字符串	13	N
11	PathClass	道路等级	字符串	2	N
12	Length	道路长度	字符串	8	N
13	Through	能否通过	字符串	1	N
14	UnThruCRID		字符串	13	Y
15	AdminCodeL	道路左侧行政区编号	字符串	6	N
16	AdminCodeR	道路右侧行政区编号	字符串	6	N
17	OnewayCRID		字符型	13	Y
18	AccessCRID		字符型	13	Y
19	Elevated	是否为高架	字符型	1	N
20	OID_	对象标识	整型		N
21	MapID_1	地图编号	字符型	8	N
22	ID_1	编号	字符型	13	N
23	Route_ID	道路编号	字符型	13	N
24	Name_Kind	名称性质	字符型	1	N
25	Name_Type	名称类型	字符型	1	N
26	OID_1	对象标识	整型		N
27	Route_ID_1	道路编号	字符型	13	N
28	Route_Kind	道路类型	字符型	2	N
29	PathName	道路名称	字符型	60	N
30	PathPY	道路名称拼音	字符型	160	N
31	PreName	曾用名	字符型	6	N
32	PrePY	曾用名拼音	字符型	20	N
33	BaseName	基本名称	字符型	60	N
34	BasePY	基本名称拼音	字符型	160	N
35	StTpName	道路类型名称	字符型	15	N

续表

序号	字段名称	中文名称	字段类型	字段长度	空值
36	StTpPY	道路类型名称拼音	字符型	30	N
37	SurName		字符型	6	Y
38	SurPY		字符型	20	Y
39	Language	语种	字符型	2	N
40	StTpLoc		字符型	1	N

附表 3.34 DH_PT 省表结构

序号	字段名称	中文名称	字段类型	字段长度	空值
1	OBJECTID	系统标识	整型		N
2	Shape	几何对象	几何对象		N
3	PROV_ID	省份编号	双精度		N
4	NAME	名称	字符串	20	N
5	ORIG_FID	曾用系统标识	双精度		N

附表 3.35 DH_PT 省政府表结构

序号	字段名称	中文名称	字段类型	字段长度	空值
1	OBJECTID	系统标识	整型		N
2	Shape	几何对象	几何对象		N
3	ID	编号	字符型	13	N
4	Kind	类别	字符型	4	N
5	NAME	名称	字符型	254	N
6	MapID	地图编号	字符型	8	N
7	Class	分类	字符型	1	N
8	OID_	对象标识	整型		N
9	FeatID	行政编号	字符型	13	N
10	NameType	名称类型	字符型	2	N
11	PY	拼音	字符型	254	Y
12	Seq_Nm	序列号	字符型	2	N
13	SignNumFlg		字符型	1	Y
14	SignNameTp		字符型	1	Y
15	Language	语种	字符型	2	N
16	NameFlag	名称标记	字符型	1	N

续表

序号	字段名称	中文名称	字段类型	字段长度	空值
17	ZipCode	邮政编码	字符型	6	Y
18	Telephone	电话号码	字符型	15	Y
19	AdminCode	行政编号	字符型	6	Y
20	POI_ID	信息点	字符型	13	Y
21	PID		字符型	15	Y

附表 3.36　DH_PT 省会城市表结构

序号	字段名称	中文名称	字段类型	字段长度	空值
1	OBJECTID	系统标识	整型		N
2	Shape	几何对象	几何对象		N
3	CODE	行政编号	双精度		N
4	NAME	名称	字符串	32	N
5	ORIG_FID	曾用系统标识	双精度		N

附表 3.37　DH_PT 地级市表结构

序号	字段名称	中文名称	字段类型	字段长度	空值
1	OBJECTID	系统标识	整型		N
2	Shape	几何对象	几何对象		N
3	CODE	行政编号	双精度		N
4	NAME	名称	字符串	32	N
5	ORIG_FID	曾用系统标识	双精度		N

附表 3.38　DH_PT 县政府表结构

序号	字段名称	中文名称	字段类型	字段长度	空值
1	OBJECTID	系统标识	整型		N
2	Shape	几何对象	几何对象		N
3	ID	编号	字符型	13	N
4	Kind	类别	字符型	4	N
5	NAME	名称	字符型	254	N
6	MapID	地图编号	字符型	8	N
7	Class	分类	字符型	1	N
8	OID_	对象标识	整型		N

续表

序号	字段名称	中文名称	字段类型	字段长度	空值
9	FeatID	行政编号	字符型	13	N
10	NameType	名称类型	字符型	2	N
11	PY	拼音	字符型	254	Y
12	Seq_Nm	序列号	字符型	2	N
13	SignNumFlg		字符型	1	Y
14	SignNameTp		字符型	1	Y
15	Language	语种	字符型	2	N
16	NameFlag	名称标记	字符型	1	N

附表 3.39 DH_PT 乡镇政府表结构

序号	字段名称	中文名称	字段类型	字段长度	空值
1	OBJECTID	系统标识	整型		N
2	Shape	几何对象	几何对象		N
3	ID	编号	字符型	13	N
4	Kind	类别	字符型	4	N
5	NAME	名称	字符型	254	N
6	MapID	地图编号	字符型	8	N
7	Class	分类	字符型	1	N
8	OID_	对象标识	整型		N
9	FeatID	行政编号	字符型	13	N
10	NameType	名称类型	字符型	2	N
11	PY	拼音	字符型	254	Y
12	Seq_Nm	序列号	字符型	2	N
13	SignNumFlg		字符型	1	Y
14	SignNameTp		字符型	1	Y
15	Language	语种	字符型	2	N
16	NameFlag	名称标记	字符型	1	N

附表 3.40 DH_PT 居民点表结构

序号	字段名称	中文名称	字段类型	字段长度	空值
1	OBJECTID	系统标识	整型		N
2	Shape	几何对象	几何对象		N

续表

序号	字段名称	中文名称	字段类型	字段长度	空值
3	ID	编号	字符型	13	N
4	Kind	类别	字符型	4	N
5	NAME	名称	字符型	254	N
6	MapID	地图编号	字符型	8	N
7	Class	分类	字符型	1	N
8	OID_	对象标识	整型		N
9	FeatID	行政编号	字符型	13	N
10	NameType	名称类型	字符型	2	N
11	PY	拼音	字符型	254	Y
12	Seq_Nm	序列号	字符型	2	N
13	SignNumFlg		字符型	1	Y
14	SignNameTp		字符型	1	Y
15	Language	语种	字符型	2	N
16	NameFlag	名称标记	字符型	1	N

附表 3.41　DH_PT 动物园表结构

序号	字段名称	中文名称	字段类型	字段长度	空值
1	OBJECTID	系统标识	整型		N
2	Shape	几何对象	几何对象		N
3	ID	编号	字符型	13	N
4	Kind	类别	字符型	4	N
5	NAME	名称	字符型	254	N
6	MapID	地图编号	字符型	8	N
7	Class	分类	字符型	1	N
8	OID_	对象标识	整型		N
9	FeatID	行政编号	字符型	13	N
10	NameType	名称类型	字符型	2	N
11	PY	拼音	字符型	254	Y
12	Seq_Nm	序列号	字符型	2	N
13	SignNumFlg		字符型	1	Y
14	SignNameTp		字符型	1	Y
15	Language	语种	字符型	2	N
16	NameFlag	名称标记	字符型	1	N

附表 3.42　DH_PT 医院表结构

序号	字段名称	中文名称	字段类型	字段长度	空值
1	OBJECTID	系统标识	整型		N
2	Shape	几何对象	几何对象		N
3	ID	编号	字符型	13	N
4	Kind	类别	字符型	4	N
5	NAME	名称	字符型	254	N
6	MapID	地图编号	字符型	8	N
7	Class	分类	字符型	1	N
8	OID_	对象标识	整型		N
9	FeatID	行政编号	字符型	13	N
10	NameType	名称类型	字符型	2	N
11	PY	拼音	字符型	254	Y
12	Seq_Nm	序列号	字符型	2	N
13	SignNumFlg		字符型	1	Y
14	SignNameTp		字符型	1	Y
15	Language	语种	字符型	2	N
16	NameFlag	名称标记	字符型	1	N

附表 3.43　DH_PT 厂矿企业表结构

序号	字段名称	中文名称	字段类型	字段长度	空值
1	OBJECTID	系统标识	整型		N
2	Shape	几何对象	几何对象		N
3	ID	编号	字符型	13	N
4	Kind	类别	字符型	4	N
5	NAME	名称	字符型	254	N
6	MapID	地图编号	字符型	8	N
7	Class	分类	字符型	1	N
8	OID_	对象标识	整型		N
9	FeatID	行政编号	字符型	13	N
10	NameType	名称类型	字符型	2	N
11	PY	拼音	字符型	254	Y
12	Seq_Nm	序列号	字符型	2	N
13	SignNumFlg		字符型	1	Y
14	SignNameTp		字符型	1	Y
15	Language	语种	字符型	2	N
16	NameFlag	名称标记	字符型	1	N

附表 3.44　DH_PT 商场超市表结构

序号	字段名称	中文名称	字段类型	字段长度	空值
1	OBJECTID	系统标识	整型		N
2	Shape	几何对象	几何对象		N
3	ID	编号	字符型	13	N
4	Kind	类别	字符型	4	N
5	NAME	名称	字符型	254	N
6	MapID	地图编号	字符型	8	N
7	Class	分类	字符型	1	N
8	OID_	对象标识	整型		N
9	FeatID	行政编号	字符型	13	N
10	NameType	名称类型	字符型	2	N
11	PY	拼音	字符型	254	Y
12	Seq_Nm	序列号	字符型	2	N
13	SignNumFlg		字符型	1	Y
14	SignNameTp		字符型	1	Y
15	Language	语种	字符型	2	N
16	NameFlag	名称标记	字符型	1	N

附表 3.45　DH_PT 固有名称 1 表结构

序号	字段名称	中文名称	字段类型	字段长度	空值
1	OBJECTID	系统标识	整型		N
2	Shape	几何对象	几何对象		N
3	ID	编号	字符型	13	N
4	Kind	类别	字符型	4	N
5	NAME	名称	字符型	254	N
6	MapID	地图编号	字符型	8	N
7	Class	分类	字符型	1	N
8	OID_	对象标识	整型		N
9	FeatID	行政编号	字符型	13	N
10	NameType	名称类型	字符型	2	N
11	PY	拼音	字符型	254	Y
12	Seq_Nm	序列号	字符型	2	N
13	SignNumFlg		字符型	1	Y
14	SignNameTp		字符型	1	Y
15	Language	语种	字符型	2	N
16	NameFlag	名称标记	字符型	1	N

附表 3.46　DH_PT 固有名称 2 表结构

序号	字段名称	中文名称	字段类型	字段长度	空值
1	OBJECTID	系统标识	整型		N
2	Shape	几何对象	几何对象		N
3	ID	编号	字符型	13	N
4	Kind	类别	字符型	4	N
5	NAME	名称	字符型	254	N
6	MapID	地图编号	字符型	8	N
7	Class	分类	字符型	1	N
8	OID_	对象标识	整型		N
9	FeatID	行政编号	字符型	13	N
10	NameType	名称类型	字符型	2	N
11	PY	拼音	字符型	254	Y
12	Seq_Nm	序列号	字符型	2	N
13	SignNumFlg		字符型	1	Y
14	SignNameTp		字符型	1	Y
15	Language	语种	字符型	2	N
16	NameFlag	名称标记	字符型	1	N

附表 3.47　DH_PT 固有名称 3 表结构

序号	字段名称	中文名称	字段类型	字段长度	空值
1	OBJECTID	系统标识	整型		N
2	Shape	几何对象	几何对象		N
3	ID	编号	字符型	13	N
4	Kind	类别	字符型	4	N
5	NAME	名称	字符型	254	N
6	MapID	地图编号	字符型	8	N
7	Class	分类	字符型	1	N
8	OID_	对象标识	整型		N
9	FeatID	行政编号	字符型	13	N
10	NameType	名称类型	字符型	2	N
11	PY	拼音	字符型	254	Y
12	Seq_Nm	序列号	字符型	2	N
13	SignNumFlg		字符型	1	Y
14	SignNameTp		字符型	1	Y
15	Language	语种	字符型	2	N
16	NameFlag	名称标记	字符型	1	N

附表 3.48　DH_PT 固有名称 4 表结构

序号	字段名称	中文名称	字段类型	字段长度	空值
1	OBJECTID	系统标识	整型		N
2	Shape	几何对象	几何对象		N
3	ID	编号	字符型	13	N
4	Kind	类别	字符型	4	N
5	NAME	名称	字符型	254	N
6	MapID	地图编号	字符型	8	N
7	Class	分类	字符型	1	N
8	OID_	对象标识	整型		N
9	FeatID	行政编号	字符型	13	N
10	NameType	名称类型	字符型	2	N
11	PY	拼音	字符型	254	Y
12	Seq_Nm	序列号	字符型	2	N
13	SignNumFlg		字符型	1	Y
14	SignNameTp		字符型	1	Y
15	Language	语种	字符型	2	N
16	NameFlag	名称标记	字符型	1	N

附表 3.49　DH_PT 大厦表结构

序号	字段名称	中文名称	字段类型	字段长度	空值
1	OBJECTID	系统标识	整型		N
2	Shape	几何对象	几何对象		N
3	ID	编号	字符型	13	N
4	Kind	类别	字符型	4	N
5	NAME	名称	字符型	254	N
6	MapID	地图编号	字符型	8	N
7	Class	分类	字符型	1	N
8	OID_	对象标识	整型		N
9	FeatID	行政编号	字符型	13	N
10	NameType	名称类型	字符型	2	N
11	PY	拼音	字符型	254	Y
12	Seq_Nm	序列号	字符型	2	N
13	SignNumFlg		字符型	1	Y
14	SignNameTp		字符型	1	Y
15	Language	语种	字符型	2	N
16	NameFlag	名称标记	字符型	1	N

附表 3.50　DH_PT 娱乐场所表结构

序号	字段名称	中文名称	字段类型	字段长度	空值
1	OBJECTID	系统标识	整型		N
2	Shape	几何对象	几何对象		N
3	ID	编号	字符型	13	N
4	Kind	类别	字符型	4	N
5	NAME	名称	字符型	254	N
6	MapID	地图编号	字符型	8	N
7	Class	分类	字符型	1	N
8	OID_	对象标识	整型		N
9	FeatID	行政编号	字符型	13	N
10	NameType	名称类型	字符型	2	N
11	PY	拼音	字符型	254	Y
12	Seq_Nm	序列号	字符型	2	N
13	SignNumFlg		字符型	1	Y
14	SignNameTp		字符型	1	Y
15	Language	语种	字符型	2	N
16	NameFlag	名称标记	字符型	1	N

附表 3.51　DH_PT 学校表结构

序号	字段名称	中文名称	字段类型	字段长度	空值
1	OBJECTID	系统标识	整型		N
2	Shape	几何对象	几何对象		N
3	ID	编号	字符型	13	N
4	Kind	类别	字符型	4	N
5	NAME	名称	字符型	254	N
6	MapID	地图编号	字符型	8	N
7	Class	分类	字符型	1	N
8	OID_	对象标识	整型		N
9	FeatID	行政编号	字符型	13	N
10	NameType	名称类型	字符型	2	N
11	PY	拼音	字符型	254	Y
12	Seq_Nm	序列号	字符型	2	N
13	SignNumFlg		字符型	1	Y
14	SignNameTp		字符型	1	Y
15	Language	语种	字符型	2	N
16	NameFlag	名称标记	字符型	1	N

附表 3.52　DH_PT 宗教表结构

序号	字段名称	中文名称	字段类型	字段长度	空值
1	OBJECTID	系统标识	整型		N
2	Shape	几何对象	几何对象		N
3	ID	编号	字符型	13	N
4	Kind	类别	字符型	4	N
5	NAME	名称	字符型	254	N
6	MapID	地图编号	字符型	8	N
7	Class	分类	字符型	1	N
8	OID_	对象标识	整型		N
9	FeatID	行政编号	字符型	13	N
10	NameType	名称类型	字符型	2	N
11	PY	拼音	字符型	254	Y
12	Seq_Nm	序列号	字符型	2	N
13	SignNumFlg		字符型	1	Y
14	SignNameTp		字符型	1	Y
15	Language	语种	字符型	2	N
16	NameFlag	名称标记	字符型	1	N

附表 3.53　DH_PT 山表结构

序号	字段名称	中文名称	字段类型	字段长度	空值
1	OBJECTID	系统标识	整型		N
2	Shape	几何对象	几何对象		N
3	ID	编号	字符型	13	N
4	Kind	类别	字符型	4	N
5	NAME	名称	字符型	254	N
6	MapID	地图编号	字符型	8	N
7	Class	分类	字符型	1	N
8	OID_	对象标识	整型		N
9	FeatID	行政编号	字符型	13	N
10	NameType	名称类型	字符型	2	N
11	PY	拼音	字符型	254	Y
12	Seq_Nm	序列号	字符型	2	N
13	SignNumFlg		字符型	1	Y
14	SignNameTp		字符型	1	Y
15	Language	语种	字符型	2	N
16	NameFlag	名称标记	字符型	1	N

附表 3.54 DH_PT 收费站表结构

序号	字段名称	中文名称	字段类型	字段长度	空值
1	OBJECTID	系统标识	整型		N
2	Shape	几何对象	几何对象		N
3	ID	编号	字符型	13	N
4	Kind	类别	字符型	4	N
5	NAME	名称	字符型	254	N
6	MapID	地图编号	字符型	8	N
7	Class	分类	字符型	1	N
8	OID_	对象标识	整型		N
9	FeatID	行政编号	字符型	13	N
10	NameType	名称类型	字符型	2	N
11	PY	拼音	字符型	254	Y
12	Seq_Nm	序列号	字符型	2	N
13	SignNumFlg		字符型	1	Y
14	SignNameTp		字符型	1	Y
15	Language	语种	字符型	2	N
16	NameFlag	名称标记	字符型	1	N

附表 3.55 DH_PT 政府机关表结构

序号	字段名称	中文名称	字段类型	字段长度	空值
1	OBJECTID	系统标识	整型		N
2	Shape	几何对象	几何对象		N
3	ID	编号	字符型	13	N
4	Kind	类别	字符型	4	N
5	NAME	名称	字符型	254	N
6	MapID	地图编号	字符型	8	N
7	Class	分类	字符型	1	N
8	OID_	对象标识	整型		N
9	FeatID	行政编号	字符型	13	N
10	NameType	名称类型	字符型	2	N
11	PY	拼音	字符型	254	Y
12	Seq_Nm	序列号	字符型	2	N
13	SignNumFlg		字符型	1	Y
14	SignNameTp		字符型	1	Y
15	Language	语种	字符型	2	N
16	NameFlag	名称标记	字符型	1	N

附表 3.56　DH_PT 新闻媒体表结构

序号	字段名称	中文名称	字段类型	字段长度	空值
1	OBJECTID	系统标识	整型		N
2	Shape	几何对象	几何对象		N
3	ID	编号	字符型	13	N
4	Kind	类别	字符型	4	N
5	NAME	名称	字符型	254	N
6	MapID	地图编号	字符型	8	N
7	Class	分类	字符型	1	N
8	OID_	对象标识	整型		N
9	FeatID	行政编号	字符型	13	N
10	NameType	名称类型	字符型	2	N
11	PY	拼音	字符型	254	Y
12	Seq_Nm	序列号	字符型	2	N
13	SignNumFlg		字符型	1	Y
14	SignNameTp		字符型	1	Y
15	Language	语种	字符型	2	N
16	NameFlag	名称标记	字符型	1	N

附表 3.57　DH_PT 旅游景点表结构

序号	字段名称	中文名称	字段类型	字段长度	空值
1	OBJECTID	系统标识	整型		N
2	Shape	几何对象	几何对象		N
3	ID	编号	字符型	13	N
4	Kind	类别	字符型	4	N
5	NAME	名称	字符型	254	N
6	MapID	地图编号	字符型	8	N
7	Class	分类	字符型	1	N
8	OID_	对象标识	整型		N
9	FeatID	行政编号	字符型	13	N
10	NameType	名称类型	字符型	2	N
11	PY	拼音	字符型	254	Y
12	Seq_Nm	序列号	字符型	2	N
13	SignNumFlg		字符型	1	Y
14	SignNameTp		字符型	1	Y
15	Language	语种	字符型	2	N
16	NameFlag	名称标记	字符型	1	N

附表 3.58 DH_PT 星级饭店表结构

序号	字段名称	中文名称	字段类型	字段长度	空值
1	OBJECTID	系统标识	整型		N
2	Shape	几何对象	几何对象		N
3	ID	编号	字符型	13	N
4	Kind	类别	字符型	4	N
5	NAME	名称	字符型	254	N
6	MapID	地图编号	字符型	8	N
7	Class	分类	字符型	1	N
8	OID_	对象标识	整型		N
9	FeatID	行政编号	字符型	13	N
10	NameType	名称类型	字符型	2	N
11	PY	拼音	字符型	254	Y
12	Seq_Nm	序列号	字符型	2	N
13	SignNumFlg		字符型	1	Y
14	SignNameTp		字符型	1	Y
15	Language	语种	字符型	2	N
16	NameFlag	名称标记	字符型	1	N

附表 3.59 DH_PT 机场表结构

序号	字段名称	中文名称	字段类型	字段长度	空值
1	OBJECTID	系统标识	整型		N
2	Shape	几何对象	几何对象		N
3	ID	编号	字符型	13	N
4	Kind	类别	字符型	4	N
5	NAME	名称	字符型	254	N
6	MapID	地图编号	字符型	8	N
7	Class	分类	字符型	1	N
8	OID_	对象标识	整型		N
9	FeatID	行政编号	字符型	13	N
10	NameType	名称类型	字符型	2	N
11	PY	拼音	字符型	254	Y
12	Seq_Nm	序列号	字符型	2	N
13	SignNumFlg		字符型	1	Y
14	SignNameTp		字符型	1	Y
15	Language	语种	字符型	2	N
16	NameFlag	名称标记	字符型	1	N

附表 3.60　DH_PT 港口码头表结构

序号	字段名称	中文名称	字段类型	字段长度	空值
1	OBJECTID	系统标识	整型		N
2	Shape	几何对象	几何对象		N
3	ID	编号	字符型	13	N
4	Kind	类别	字符型	4	N
5	NAME	名称	字符型	254	N
6	MapID	地图编号	字符型	8	N
7	Class	分类	字符型	1	N
8	OID_	对象标识	整型		N
9	FeatID	行政编号	字符型	13	N
10	NameType	名称类型	字符型	2	N
11	PY	拼音	字符型	254	Y
12	Seq_Nm	序列号	字符型	2	N
13	SignNumFlg		字符型	1	Y
14	SignNameTp		字符型	1	Y
15	Language	语种	字符型	2	N
16	NameFlag	名称标记	字符型	1	N

附表 3.61　DH_PT 火车站表结构

序号	字段名称	中文名称	字段类型	字段长度	空值
1	OBJECTID	系统标识	整型		N
2	Shape	几何对象	几何对象		N
3	ID	编号	字符型	13	N
4	Kind	类别	字符型	4	N
5	NAME	名称	字符型	254	N
6	MapID	地图编号	字符型	8	N
7	Class	分类	字符型	1	N
8	OID_	对象标识	整型		N
9	FeatID	行政编号	字符型	13	N
10	NameType	名称类型	字符型	2	N
11	PY	拼音	字符型	254	Y
12	Seq_Nm	序列号	字符型	2	N
13	SignNumFlg		字符型	1	Y
14	SignNameTp		字符型	1	Y
15	Language	语种	字符型	2	N
16	NameFlag	名称标记	字符型	1	N

附表 3.62 DH_PT 警察局表结构

序号	字段名称	中文名称	字段类型	字段长度	空值
1	OBJECTID	系统标识	整型		N
2	Shape	几何对象	几何对象		N
3	ID	编号	字符型	13	N
4	Kind	类别	字符型	4	N
5	NAME	名称	字符型	254	N
6	MapID	地图编号	字符型	8	N
7	Class	分类	字符型	1	N
8	OID_	对象标识	整型		N
9	FeatID	行政编号	字符型	13	N
10	NameType	名称类型	字符型	2	N
11	PY	拼音	字符型	254	Y
12	Seq_Nm	序列号	字符型	2	N
13	SignNumFlg		字符型	1	Y
14	SignNameTp		字符型	1	Y
15	Language	语种	字符型	2	N
16	NameFlag	名称标记	字符型	1	N

附表 3.63 DH_PT 邮局表结构

序号	字段名称	中文名称	字段类型	字段长度	空值
1	OBJECTID	系统标识	整型		N
2	Shape	几何对象	几何对象		N
3	ID	编号	字符型	13	N
4	Kind	类别	字符型	4	N
5	NAME	名称	字符型	254	N
6	MapID	地图编号	字符型	8	N
7	Class	分类	字符型	1	N
8	OID_	对象标识	整型		N
9	FeatID	行政编号	字符型	13	N
10	NameType	名称类型	字符型	2	N
11	PY	拼音	字符型	254	Y
12	Seq_Nm	序列号	字符型	2	N
13	SignNumFlg		字符型	1	Y
14	SignNameTp		字符型	1	Y
15	Language	语种	字符型	2	N
16	NameFlag	名称标记	字符型	1	N

附表 3.64　DH_PT 银行表结构

序号	字段名称	中文名称	字段类型	字段长度	空值
1	OBJECTID	系统标识	整型		N
2	Shape	几何对象	几何对象		N
3	ID	编号	字符型	13	N
4	Kind	类别	字符型	4	N
5	NAME	名称	字符型	254	N
6	MapID	地图编号	字符型	8	N
7	Class	分类	字符型	1	N
8	OID_	对象标识	整型		N
9	FeatID	行政编号	字符型	13	N
10	NameType	名称类型	字符型	2	N
11	PY	拼音	字符型	254	Y
12	Seq_Nm	序列号	字符型	2	N
13	SignNumFlg		字符型	1	Y
14	SignNameTp		字符型	1	Y
15	Language	语种	字符型	2	N
16	NameFlag	名称标记	字符型	1	N

（五）DEM 基础地理信息数据库

附表 3.65　DEM 基础地理信息数据库数据表列表

序号	组	数据名称	格式	数据量	
				大小	记录数
1	DEM	srtm_海域	tif	1.1MB	1456
2		hillsha_海域		282.5KB	255
3		srtm_陆地		489.63MB	1969
4		hillsha_陆地		489.63MB	256

（六）DOM 基础地理信息数据库

附表 3.66　DOM 基础地理信息数据库数据表列表

序号	组	数据名称	格式	数据量	
				大小	记录数
1	DOM	TaiHu_L12	tif	1.1GB	

续表

序号	组	数据名称	格式	数据量	
				大小	记录数
2	DOM	TaiHu_L14	tif	17.62GB	
3		TaiHu_L16		281.88GB	

（七）太湖流域专题地理信息数据库——水系

附表 3.67　水系数据表列表

序号	类别	图层名称
1	专题水系（配图范围）	河流_PG
2		河流_PL
3		湖泊
4		流域范围

附表 3.68　太湖流域水系专题数据河流_PG 表结构

序号	字段名称	中文名称	字段类型	字段长度	空值
1	OBJECTID	系统标识	整型		N
2	Shape	几何对象	几何对象		N
3	MapID	地图编号	字符型	8	N
4	ID	编号	字符型	13	N
5	Kind	类型	字符型	4	N
6	AdminCode	行政编号	字符型	6	N
7	NAME	名称	字符型	50	N
8	Grade	级别	整型		N
9	FL	分类	字符型	50	N

附表 3.69　河流_PL 表结构

序号	字段名称	中文名称	字段类型	字段长度	空值
1	OBJECTID	系统标识	整型		N
2	Shape	几何对象	几何对象		N
3	NAME	名称	字符型	50	N
4	Grade	级别	整型		N

附表 3.70　湖泊表结构

序号	字段名称	中文名称	字段类型	字段长度	空值
1	OBJECTID	系统标识	整型		N
2	Shape	几何对象	几何对象		N
3	MapID	地图编号	字符型	8	N
4	ID	编号	字符型	13	N
5	Kind	类型	字符型	4	N
6	AdminCode	行政编号	字符型	6	N
7	NAME	名称	字符型	50	N
8	Class	分类	字符型	50	N
9	Grade	级别	整型		N

附表 3.71　流域范围表结构

序号	字段名称	中文名称	字段类型	字段长度	空值
1	OBJECTID	系统标识	整型		N
2	Shape	几何对象	几何对象		N
3	AREA	面积	浮点型		N
4	PERIMETER	周长	浮点型		N
5	范围地理坐标	范围地理坐标	整型		N
6	范围地理_1	范围地理_1	整型		N
7	BASIN_	流域	整型		N
8	BASIN_ID	流域编号	整型		N
9	CODE	标识码	字符型	2	N
10	NAME	名称	字符型	20	N
11	BASIN	所属流域	字符型	20	N

（八）太湖流域专题地理信息数据库——土地利用

附表 3.72　土地利用数据表列表

序号	类别	图层名称
1	土地利用	land1980
2		land1990
3		land1995
4		land2000
5		land2005
6		land2010

附表 3.73　土地利用数据 land1980 表结构

序号	字段名称	中文名称	字段类型	字段长度	空值
1	OID	系统标识	整型		N
2	VALUE	土地利用类型编码	整型		N
3	COUNT		整型		N
4	YJFL	一级分类	字符型	20	N
5	EJFL	二级分类	字符型	20	N

附表 3.74　土地利用数据 land1990 表结构

序号	字段名称	中文名称	字段类型	字段长度	空值
1	FID	系统标识	整型		N
2	Shape	几何对象	几何对象		N
3	AREA	面积	浮点型		N
4	DM	地貌编码	整型		N
5	YJFL	一级分类	字符型	20	N
6	EJFL	二级分类	字符型	20	N

注：1995 年、2000 年、2005 年和 2010 年表结构同 1990 年

（九）太湖流域专题地理信息数据库——土壤类型

附表 3.75　土壤类型数据表列表

序号	类别	图层名称
1	土壤类型	SOTER_CN
2		taihusoil

附表 3.76　SOTER_CN 表结构

序号	字段名称	中文名称	字段类型	字段长度	空值
1	FID	系统标识	对象 ID		N
2	Shape	几何对象	几何对象		N
3	AREA	面积	双精度		N
4	PERIMETER	周长	双精度		N
5	CHINA_PC_		双精度		N
6	CHINA_PC_I		双精度		N
7	SUBCLASS		字符型	13	N

续表

序号	字段名称	中文名称	字段类型	字段长度	空值
8	SUBCLASS_		双精度		N
9	RINGS_OK		整型		N
10	RINGS_NOK		整型		N
11	NEWSUID		双精度		N
12	DOMSOIL	土壤类型	字符型	10	N
13	LANDFORM	地形	字符型	10	N
14	SLOPE_MED	坡度	双精度		N
15	RELIEF_MED		双精度		N
16	ELEV_MED	高程	双精度		N
17	SMU_MOD		双精度		N
18	PRID	名称标记	双精度		N
19	LITHOLOGY	岩性	字符型	10	N
20	SQKM	面积	双精度		N
21	INDEX		双精度		N
22	ISOCSUID		字符型	10	N

（十）系统公共服务

附表 3.77　公共业务服务列表

序号	服务名	请求方式	说明
1	水质及五参数监测结果信息查询	GET	水质及五参数监测结果信息查询
2	浮游动物监测结果信息查询	GET	浮游动物监测结果信息查询
3	浮游植物监测结果信息查询	GET	浮游植物监测结果信息查询
4	底栖动物监测结果信息查询	GET	底栖动物监测结果信息查询
5	粪大肠菌群监测结果信息查询	GET	粪大肠菌群监测结果信息查询
6	发光菌监测结果信息查询	GET	发光菌监测结果信息查询
7	水产品残毒监测结果信息查询	GET	水产品残毒监测结果信息查询
8	采样点位基本信息查询	GET	采样点位基本信息查询
9	采样任务查询	GET	采样任务查询
10	查询生态功能区	GET	查询生态功能区
11	查询采样点信息高级查询	POST	查询采样点信息高级查询

附表 3.78　采样点查询和信息维护服务

序号	服务名	请求方式	说明
1	采样点位基本信息查询	GET	采样点位基本信息查询
2	采样点位基本信息高级查询	POST	采样点位基本信息高级查询
3	行政区划上图查询	GET	行政区划上图查询
4	采样点位基本信息新增	POST	采样点位基本信息新增

附表 3.79　采样任务信息和采样点信息服务

序号	服务名	请求方式	说明
1	采样点位基本信息查询	GET	采样点位基本信息查询
2	采样点位基本信息修改	POST	采样点位基本信息修改
3	采样点位基本信息删除	GET	采样点位基本信息删除
4	采样点位基本信息新增	POST	采样点位基本信息新增
5	采样任务查询	GET	采样任务查询
6	采样任务新增	POST	采样任务新增
7	采样任务删除	GET	采样任务删除

附表 3.80　采样点生境录入服务

序号	服务名	请求方式	说明
1	采样点位基本信息查询	GET	采样点位基本信息查询
2	采样点现场生境信息查询	POST	采样点现场生境信息查询

附表 3.81　监测结果录入服务

序号	服务名	请求方式	说明
1	采样点位基本信息查询	GET	采样点位基本信息查询
2	底栖动物监测结果信息查询	GET	底栖动物监测结果信息查询
3	浮游动物监测结果信息查询	GET	浮游动物监测结果信息查询
4	浮游植物监测结果信息查询	GET	浮游植物监测结果信息查询
5	水质及五参数监测结果信息查询	GET	水质及五参数监测结果信息查询
6	采样点现场生境信息新增	POST	采样点现场生境信息新增
7	水质及五参数监测结果信息新增	POST	水质及五参数监测结果信息新增
8	浮游植物监测结果信息新增	POST	浮游植物监测结果信息新增
9	浮游动物监测结果信息新增	POST	浮游动物监测结果信息新增

续表

序号	服务名	请求方式	说明
10	底栖动物监测结果信息新增	POST	底栖动物监测结果信息新增
11	水质及五参数监测结果信息修改	POST	水质及五参数监测结果信息修改
12	浮游植物监测结果信息修改	POST	浮游植物监测结果信息修改
13	浮游动物监测结果信息修改	POST	浮游动物监测结果信息修改
14	底栖动物监测结果信息修改	POST	底栖动物监测结果信息修改

（十一）水生态数据综合查询服务

附表 3.82　水质及五参数数据综合查询服务

序号	服务名	请求方式	说明
1	采样点位基本信息查询	GET	采样点位基本信息查询
2	采样点信息高级查询	POST	采样点信息高级查询
3	水质及五参数监测结果信息查询	GET	水质及五参数监测结果信息查询

注：浮游植物、浮游动物、底栖动物同水质及五参数，例行监测的粪大肠菌群、发光菌和水产品残毒也同

（十二）水生态物种资源库服务

附表 3.83　水生态物种资源库服务

序号	服务名	请求方式	说明
1	bbidentify	GET	bbidentify
2	bbysp	GET	bbysp
3	wzzlsl	GET	wzzlsl

（十三）流域地理环境服务

附表 3.84　流域地理环境服务

序号	服务名	请求方式	说明
1	行政区划上图查询	GET	行政区划上图查询
2	例行水生生物监测点位信息查询	GET	例行水生生物监测点位信息查询
3	水生生物监测点位信息查询	GET	水生生物监测点位信息查询

（十四）地理信息服务

附表 3.85 地理信息服务

序号	服务名	请求方式	说明
1	太湖流域地形图（冷色调）含水系	GET	符合 ESRI MapServer 服务协议
2	太湖流域矢量地图含注记	GET	符合 ESRI MapServer 服务协议
3	太湖流域土壤分类地图	GET	符合 ESRI MapServer 服务协议
4	太湖流域水系图含注记	GET	符合 ESRI MapServer 服务协议
5	太湖流域影像地图含注记	GET	符合 ESRI MapServer 服务协议
6	太湖流域土地利用 1980	GET	符合 ESRI MapServer 服务协议
7	太湖流域土地利用 1990	GET	符合 ESRI MapServer 服务协议
8	太湖流域土地利用 1995	GET	符合 ESRI MapServer 服务协议
9	太湖流域土地利用 2000	GET	符合 ESRI MapServer 服务协议
10	太湖流域土地利用 2005	GET	符合 ESRI MapServer 服务协议
11	太湖流域土地利用 2010	GET	符合 ESRI MapServer 服务协议